计量与评价

Metrics and Evaluation

主　编　邱均平

副主编　杨思洛（常务）　宋艳辉　韩　毅

编　委　邱均平　杨思洛　宋艳辉　韩　毅　蒋国华
　　　　蔡明月　黄慕萱　武夷山　梁立明　党亚茹
　　　　陈仕吉　赵蓉英　王　琳　沙勇忠　段宇锋
　　　　文庭孝　张　洋　潘云涛　汤建民　杨立英
　　　　张　琳　舒　非　王贤文

2019年卷

中国科学学与科技政策研究会科学计量学与信息计量学专业委员会

杭　州　电　子　科　技　大　学　中　国　科　教　评　价　研　究　院

主　办

图书在版编目(CIP)数据

计量与评价/邱均平主编.—武汉:武汉大学出版社,2020.12
ISBN 978-7-307-21433-0

Ⅰ.计… Ⅱ.邱… Ⅲ.科学计量学—文集 Ⅳ.G301-53

中国版本图书馆 CIP 数据核字(2020)第 024328 号

责任编辑:陈 豪　　责任校对:汪欣怡　　版式设计:马 佳

出版发行:**武汉大学出版社** (430072 武昌 珞珈山)
(电子邮箱:cbs22@whu.edu.cn 网址:www.wdp.com.cn)
印刷:湖北恒泰印务有限公司
开本:787×1092　1/16　印张:16.25　字数:392 千字　插页:4
版次:2020 年 12 月第 1 版　　2020 年 12 月第 1 次印刷
ISBN 978-7-307-21433-0　　定价:52.00 元

版权所有,不得翻印;凡购买我社的图书,如有质量问题,请与当地图书销售部门联系调换。

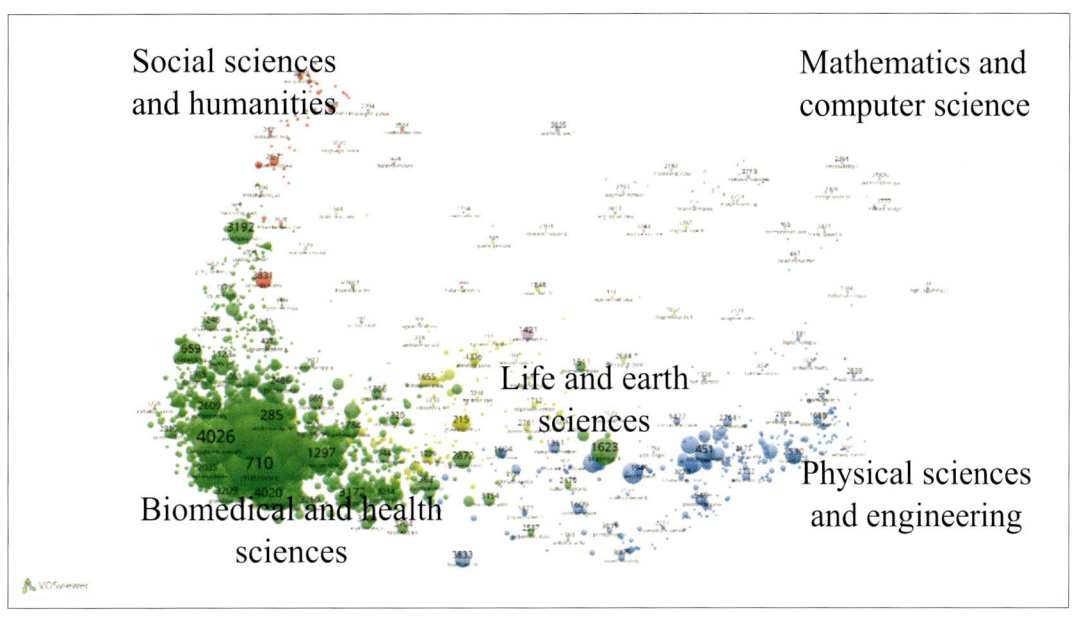

图1 2001—2018年干细胞领域微观主题类别比率图

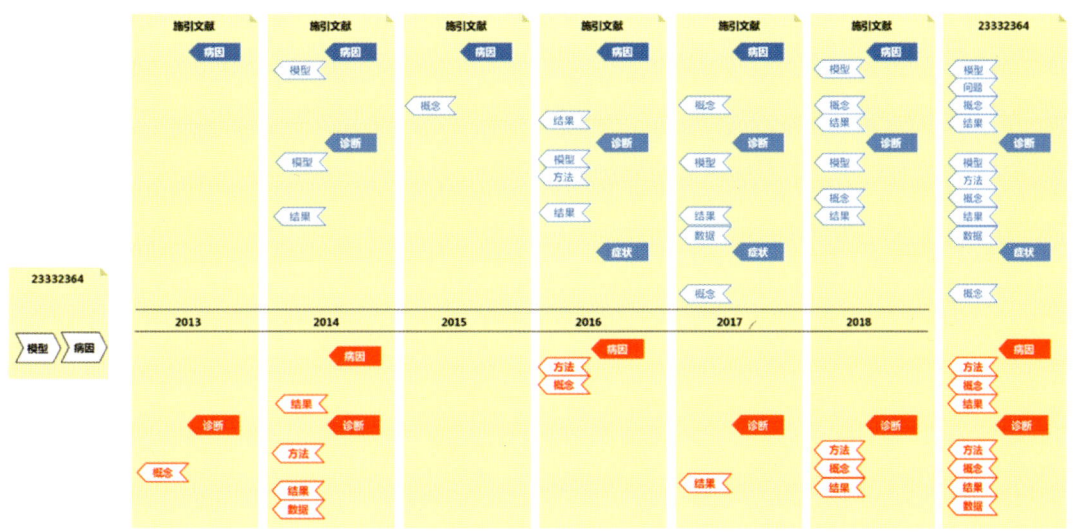

图2 流动过程中单篇文献知识单元继承与创新结果

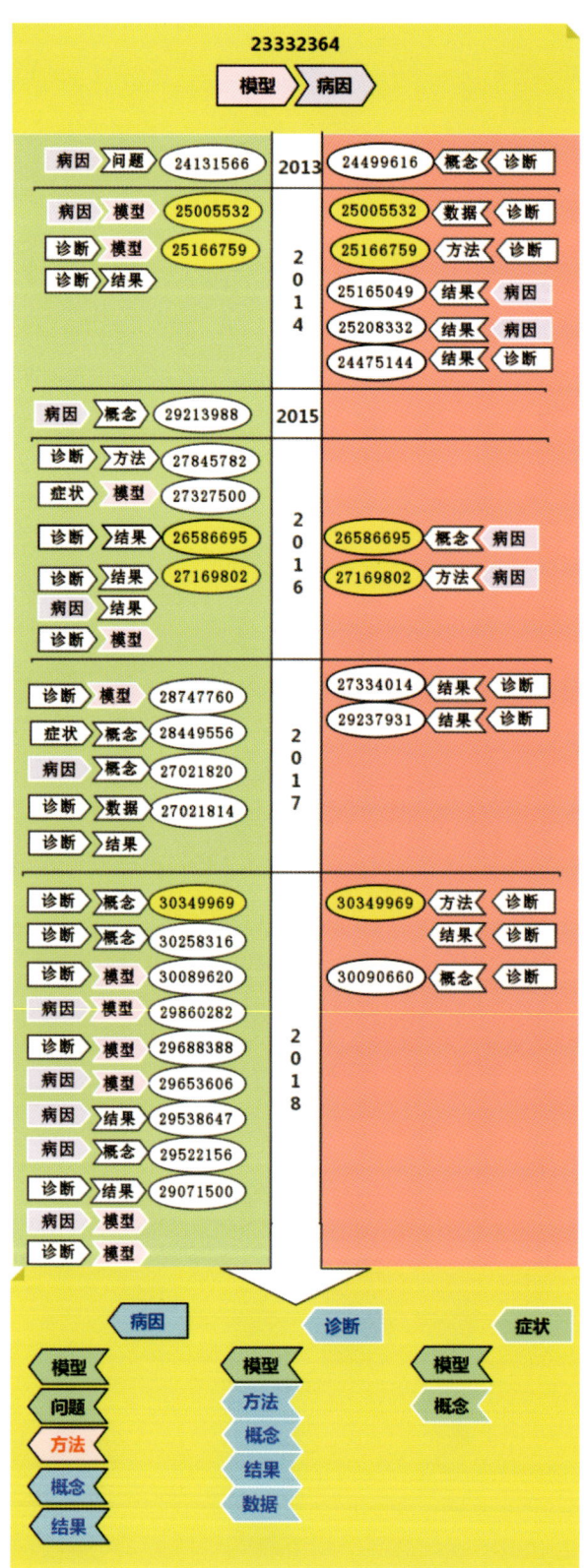

图3 扩散过程中单篇文献知识单元继承与创新结果

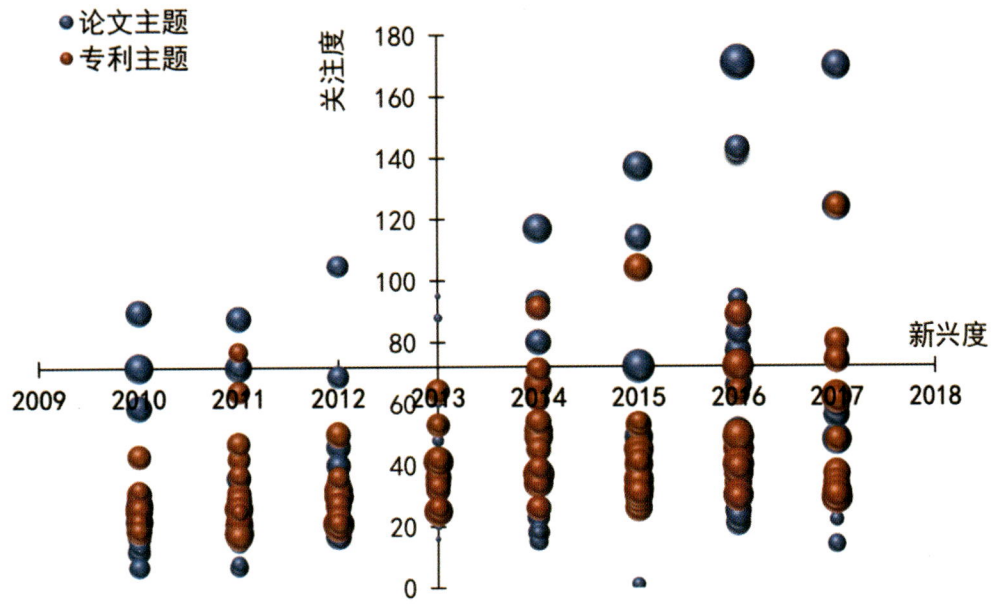

图4 科学与技术主题战略坐标气泡图

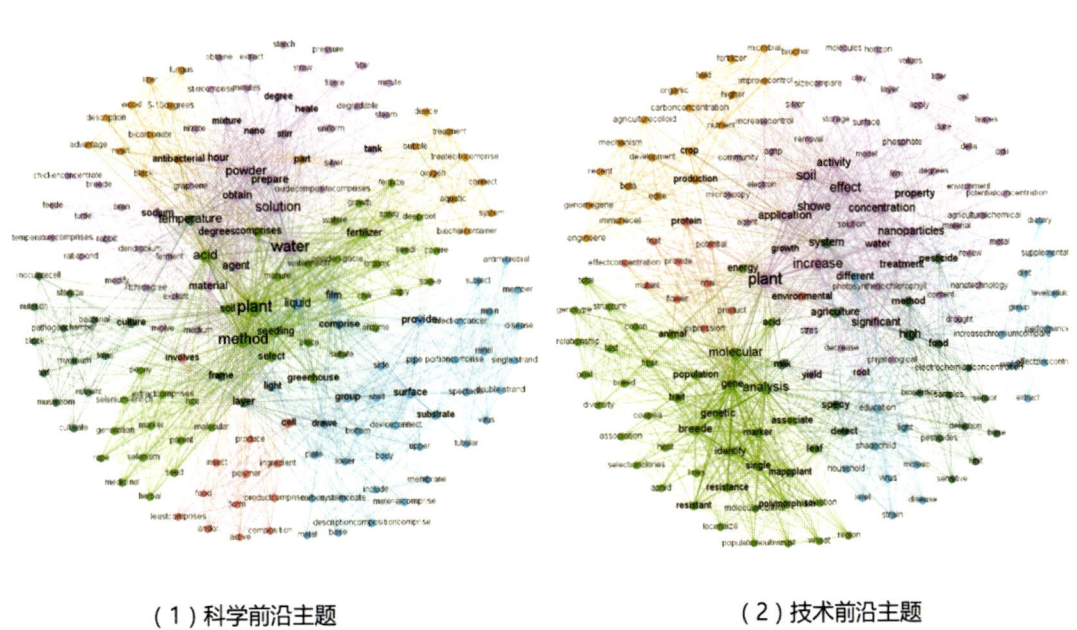

(1) 科学前沿主题　　　　　　　　　　　(2) 技术前沿主题

图5 科学与技术前沿主题图谱

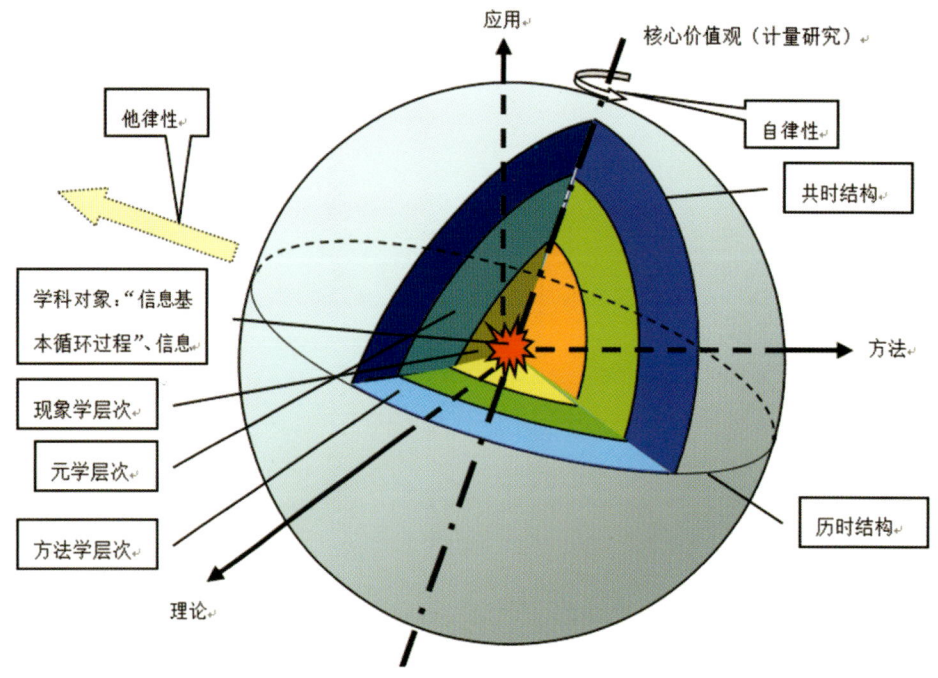

图6 信息计量学知识体系结构图

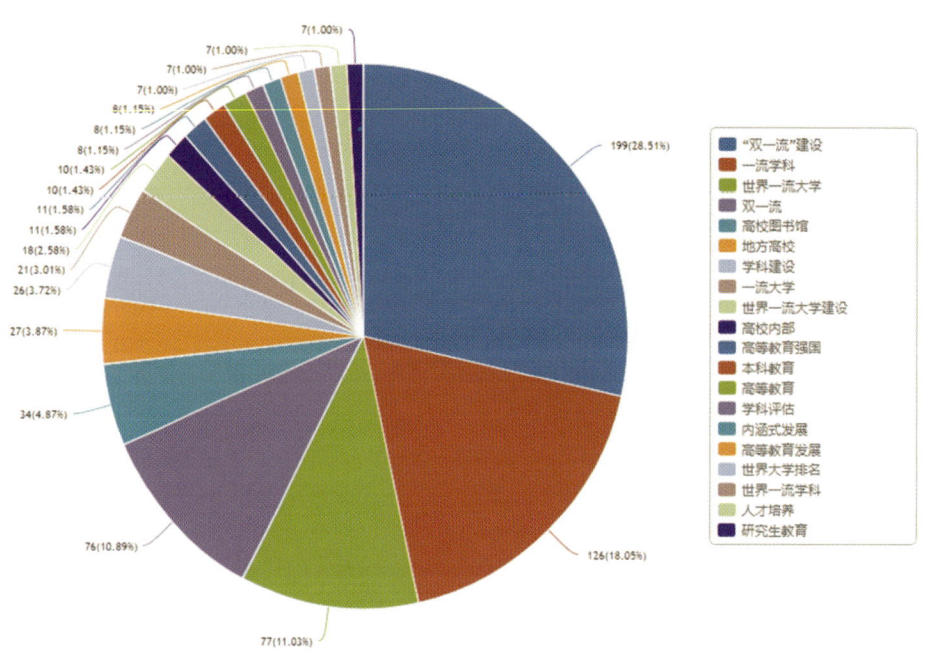

图7 国内"双一流"高校研究主题热点关键词分布

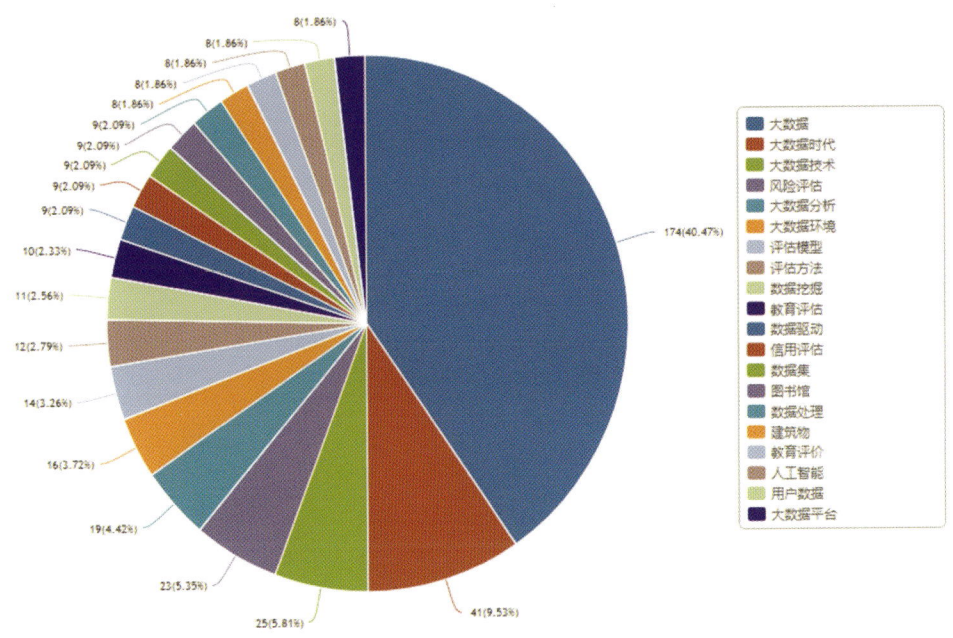

图8　国内大数据评估研究主题热点关键词分布

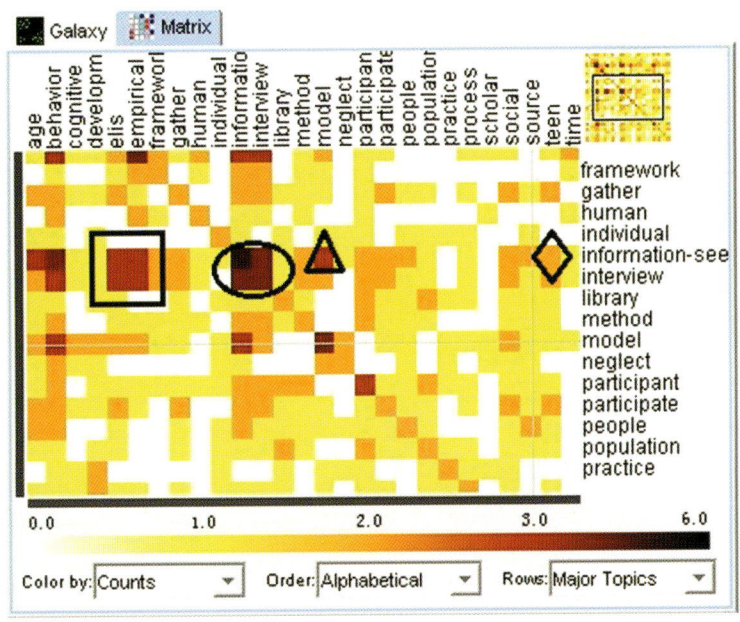

图9　关键词分布相关性图

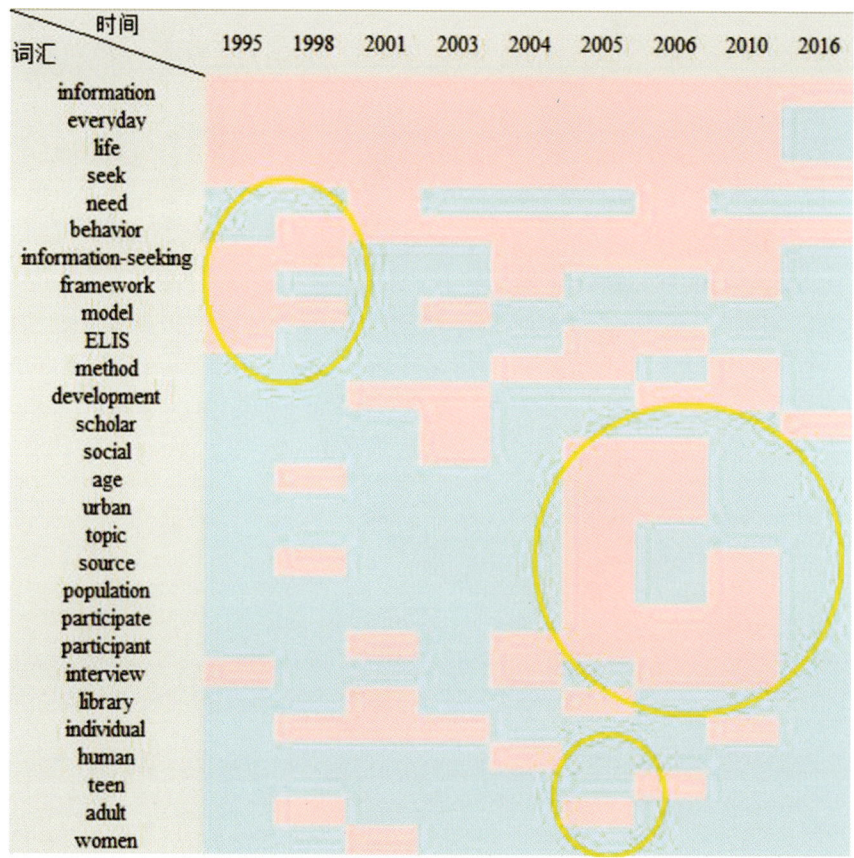

图10　关键词在主路径上的分布图

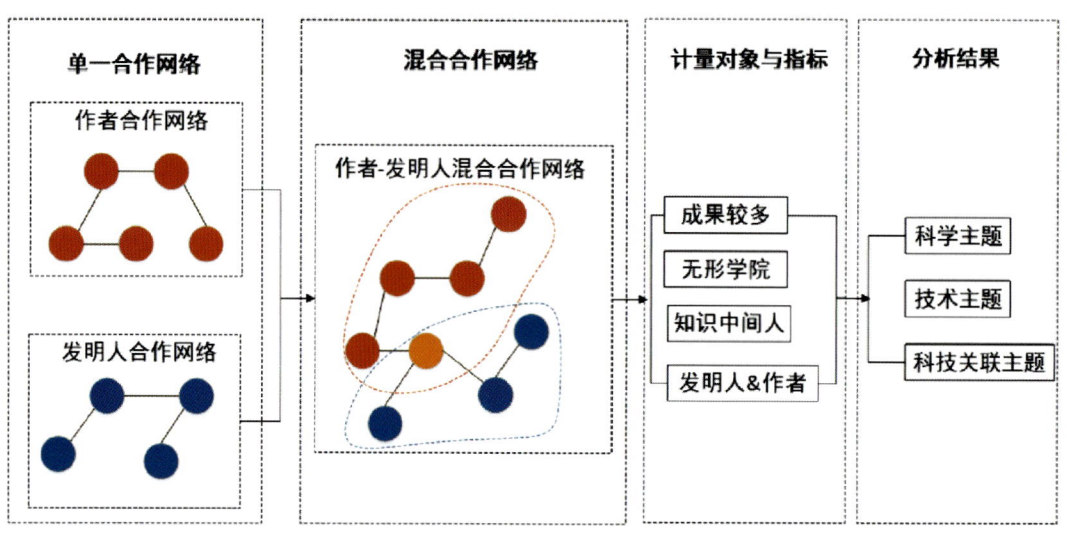

图11　技术路线图

前　言

20世纪60年代以来,科学技术快速进步,计算机互联网蓬勃发展,文献计量学、科学计量学、信息计量学、网络计量学、知识计量学等术语相继出现,分别代表了五个相似的定量性分支学科(简称"五计学")①。文献计量学起源于20世纪初的书目统计分析,1969年,英国学者阿伦·普理查德(Alan Pritchard)提出"文献计量学"(Bibliometrics)这一术语,标志着其正式诞生②。1961年,美国科学史专家德·普赖斯(Derek John de Solla Price)发表《巴比伦以来的科学》,奠定了科学计量学的理论基础。1969年,苏联学者纳利莫夫(Nalimov V V)和穆利钦科(Mulchenko Z M)提出术语"科学计量学"(наукометрия)。1978年,匈牙利学者布劳温(Tibor Blaun)创办《科学计量学》(Scientometrics)期刊,使"科学计量学"一词广为流传并得到认可。1979年,德国学者昂托·纳克(Otto Nacke)提出了信息计量学(Informetrics),主要以信息本身的计量问题为研究对象。20世纪90年代以来,随着计算机网络技术的迅速发展和广泛普及,以及知识经济与知识管理的兴起,又相继出现了以网络信息和数据为计量对象的网络信息计量学,或称为网络计量学(Webometrics),和以知识单元为计量对象的知识计量学(Knowledgometrics)。武汉大学邱均平教授团队进行了系统、深入的研究,分别于2011年和2014年在科学出版社出版了《网络计量学》和《知识计量学》专著③。2010年,美国学者普里姆(Jason Priem)提出"Altmetrics",翻译为"补充计量学"或"替代计量学",注重在线新型计量模型及其应用,尤其重视基于社交网络数据的计量指标,Altmetrics是网络计量学的新发展,可以认为两者是同一分支学科。尽管这些计量学分支学科有各自的侧重点和微观差异,但无论是研究方法、研究学者,还是专业期刊和会议,很大程度上具有一定的相似性,总体上出现了融合发展的趋势④。作为年轻的方法性学科,近年来"五计学"处于不断完善和变化之中。新时期"五计学"深受互联网、大数据、人工智能等技术的影响,"五计学"面临重大挑战,包括理论的突破、方法的改进、众多实践应用问题的解决等,同时也面临前所未有的良好发展机遇。"五计学"需要不断

---

① 邱均平. 科学计量学[M]. 北京:科学出版社,2016.
② 邱均平. 文献计量学[M]. 北京:科学技术文献出版社,1988.
③ 宋艳辉. 知识计量在人才评价中的应用——基于引文分析与人力资本测算的研究[J]. 重庆大学学报,2013(6):89-93.
④ 杨思洛,袁庆莉. 科学计量学与信息计量学之异同分析[J]. 知识管理论坛,2017,2(5):370-379.

完善，需要我们未来重点关注和深入研究①。

蒋国华教授曾指出："一门学科学术研讨会的兴旺是这门学科兴旺的一个重要标志。"②学术会议是一种重要的科学交流合作平台和方式，可以集中探讨当前的学科前沿和发展方向，充分展示最新成果，培养年轻学者，促进学科快速发展和国际化进程。1987年，国际性学术会议"文献计量学和信息检索的理论问题国际研讨会"（International Conference on Bibliometrics and Theoretical Aspects of Information Retrieval）在比利时召开，会后出版了引起学界巨大关注的《信息计量学》会议论文集③。此后，会议每两年举办一次。从1995年开始，会议名称正式定为"国际科学计量学与信息计量学学术研讨会"（International Conference of the International Society for Scientometrics and Informetrics，ISSI），国际学会的成立和会议名称的确定促使科学计量学与信息计量学得到了国际学界的认可，并且学科地位越来越突出④。中国科学学与科技政策研究会科学计量学与信息计量学专业委员会是国际科学计量学与信息计量学学会的团体会员，是与之对口的学术团体，可以直接与国际学会交流和合作。"全国科学计量学与科教评价研讨会"是科学计量学与信息计量学专业委员会主办的连续性会议，每两年举办一次，从1998年至今已举办过11次。在历届会议中，大会名称稍有变化，从2004年的第四届开始增加了"大学评价"的主题，后来又改为"科教评价"，适应了计量学应用重点的变化。其中，第四届（2004年，武汉大学）、第六届（2010年，武汉大学）、第七届（2012年，华中师范大学）是国际研讨会，加强了与国际同行的学术交流。此外，专业委员会还在2003年于北京、2017年于武汉大学承办了两次ISSI大会，中国是目前唯一举办过两届ISSI大会的国家，扩大了国际影响，为国际计量学的发展作出了应有的贡献。

为进一步贯彻落实"科教兴国"战略，为国内专家学者提供更广阔的学术交流平台，"第十一届全国科学计量学与科教评价研讨会"以"大数据背景下'五计学'与评价科学的新发展"为主题，于2019年4月26—28日在西南大学隆重召开。本届全国科学计量学与科教评价研讨会顺应新时代、新形势的发展要求，与会代表全面深入探讨了大数据智能化时代科学计量学与科教评价面临的机遇与挑战，尤其是开放科学环境下的计量学发展创新问题。会议面向全国相关学科领域师生、学者、从业人员征文，获得了积极响应，共收到投稿论文近百篇。大会组委会对收到的论文进行了初步筛选后，邀请本学科领域的5位知名专家分别进行匿名严格评审、择优录用，根据征文数量和质量从中评选出20篇优秀论文，其中一、二、三等奖分别有2篇、6篇、12篇；给每篇论文作者颁发荣誉证书和奖金，一等奖、二等奖和三等奖的奖金分别为5000元、3000元和1000元，全部奖金由邱均平教育基金会（筹）提供。每篇优秀论文的作者也全部到场进行了专题报告交流。

---

① 杨思洛，沈小雯，欧佳. 新时期"五计学"的研究内容与趋势——以第16届ISSI会议为视角[J]. 图书情报知识，2019，187(1)：69-82.
② 侯海燕. 基于知识图谱的科学计量学进展研究[D]. 大连理工大学，2006.
③ 邱均平. 信息计量学[M]. 武汉：武汉大学出版社，2007：6-8.
④ 赵蓉英，郭凤娇，赵月华. ISSI会议视角下的科学计量学演进可视化分析[J]. 情报杂志，2015(2)：124-125.

总体上看，这些论文成果代表了我国计量学领域的最新进展和水平，借用梁立明教授的话："这次会议提交的论文质量不错，选题广泛，方法多样，分析深入，结论也富有启发性，从中可见中国科学计量学的健康蓬勃发展。"这些优秀论文内容涉及计量学的理论、方法与应用等多个方面，集中探讨了当前的学科前沿和发展方向：①"五计学"内容的整体把握。涉及《"五计学"的整体化发展出路》《"五计学"的兴起及其作者合作探析》等。②研究主题与模型分析。包括《基于突变理论的新兴主题突变潜力评估方法研究》《基于LDA模型的人工智能领域前沿识别研究》《基于主路径的研究领域主题演化识别》《作者-发明人融合网络视角下的领域科技关联主题识别》等。③论文层面的评价研究。例如《基于知识继承与创新的单篇学术论文评价研究》《基于区块链的全生命流程学术成果评价研究》。④期刊层面的评价研究。包括《z指数在学术期刊学术影响力评价中的应用研究》《基于双重激励模型的学术期刊动态综合评价研究》等。⑤学者层面的分析与评价研究。有《〈图书情报工作〉优秀审稿人群体研究》《基于SNA的核心作者合著网络研究》《基于科学网的学者影响力指标研究》等。⑥其他相关主题。包括《"双一流"建设的国际标准与中国道路》《国内外科学数据引用研究进展》等。

这些优秀论文内容上有以下特色①：①学科交叉融合。跨学科化和综合化是当今世界学科发展和学术研究的主要趋势之一。图书情报学领域，特别是计量学领域也不例外，计量学包含的科学计量学、文献计量学和信息计量学等分属于不同的二级学科。相关论文有从科技管理与科技政策角度的评估分析，也有从图书情报角度的主题分析，还涉及管理学角度的学者研究，以及对"双一流"建设的分析，这些研究往往结合了不同学科的理论、方法与技术，应用也涉及多个特定对象领域。②研究手段创新。以计算机网络技术为代表的新兴技术手段为计量学的科学性和高效率提供了越来越好的条件，在传统文献计量学手段基础上，结合大数据技术、云计算平台和人工智能等，实现了研究工具、方法和技术手段的不断推陈出新。例如，对双重激励模型、区块链和突变理论的吸收采纳。③研究领域拓展。在传统的计量学领域基础上，不断开拓新的领域。例如，研究主题和前沿的拓展、Altmetrics的兴起、科学与技术关联的分析、高等教育评估的关注等。④研究内容深化。比如，从简单的频次分析深入到语义层面的研究，从一般的主题展示深入到前沿趋势的精细化操作，从整体宏观浅层次把握深入到特定对象或个体的精准计量与评价，等等。

专业期刊是科学研究成果传播及学术信息交流的重要媒介和平台，也是专业领域地位和影响力的重要体现。目前国内计量学领域有较为稳定的大量科研工作者，有专门的专业委员会，也有系列专门的学术会议，在各高校有专门的计量学课程和研究生培养方向，但是，尚无专门的计量学学术期刊。针对这一情况，专委会全体会议多次商讨创办国内首本计量学刊物事宜，最终决定每年以集刊的形式将获奖论文在武汉大学出版社进行连续性的正式出版。在新的背景和环境下，计量学研究进展日新月异，研究内容纷繁复杂，涉及的学科和研究领域也非常广泛。本次专辑集中展示了近年来的计量学领域的最新研究成果，希望给国内计量学研究者带来新的思考和启示，为推动我国计量学研究更好地发展提供参考和借鉴；希望培养和推出更多的年轻优秀学者，为计量学的深入发展注入新的活力；希

---

① 黄长. 信息资源管理研究进展·序二[M]. 武汉：武汉大学出版社，2010.

望能为国内计量学的传播和交流提供新的渠道和平台，促进计量学的快速发展和提高计量学的影响力。

最后，感谢全体专委会委员、全体论文作者以及各位评审专家的大力支持，感谢武汉大学出版社詹蜜编辑的辛勤劳动。此次优秀论文的结集正式出版是我们的首次尝试，由于时间仓促、水平有限，难免存在不足之处，敬请批评指正。

中国科学学与科技政策研究会
科学计量学与信息计量学专业委员会
二〇一九年七月一日，于杭电

目 录

基于突变理论的新兴主题突变潜力评估方法研究
　　——以干细胞领域为例 1
基于知识继承与创新的单篇学术论文评价研究 18
z 指数在学术期刊学术影响力评价中的应用研究
　　——以图书馆、情报与文献学期刊为例 35
国内外科学数据引用研究进展 45
基于 LDA 模型的人工智能领域前沿识别研究 57
基于区块链的全生命流程学术成果评价研究 74
科学与技术关联的前沿主题互动模式研究
　　——以农业纳米新材料与功能产品制造领域为例 82
"五计学"的整体化发展出路 97
"五计学"的兴起及其作者合作探析 107
《图书情报工作》优秀审稿人群体研究 114
融入大数据驱动的"双一流"高校监测评估模型研究 128
基于 SNA 的核心作者合著网络研究
　　——以国内情报学领域为例 138
基于科学网的学者影响力指标研究 152
基于双重激励模型的学术期刊动态综合评价研究 172
基于学科评价的跨库综合 H 指数实证研究 189
基于知识流动级联模型的作者影响力评价 201
基于主路径的研究领域主题演化识别
　　——以日常生活信息查询行为领域为例 213
"双一流"建设的国际标准与中国道路 227
作者-发明人融合网络视角下的领域科技关联主题识别 236

基于突变理论的新兴主题突变潜力评估方法研究
——以干细胞领域为例①

许海云[1,2]　岳增慧[3]　武华维[4]　袁国廷[5]　罗瑞[4]

(1. 山东理工大学管理学院；2. 中国科学技术信息研究所；
3. 济宁医学院医学信息工程学院；4. 中国科学院大学；
5. 济宁医学院国际教育学院)

摘要:[目的/意义]对新兴主题的突变潜力进行评估有助于在早期对突破性创新进行监测，为突破性技术的识别与预测提供可资借鉴的理论。[方法/过程]以干细胞领域为例开展实证研究，利用突变理论评估模型，从文献计量、经济社会影响力、网络特征以及不确定性程度四个方面，选取11项指标对干细胞领域新兴主题的突变潜力进行评估。[结果/结论]结果显示干细胞领域不同新兴主题发生变革与创新的可能性存在一定的差异。该方法可在一定程度上实现新兴主题未来突变态势的识别和预测，为科技规划和产业政策的制定与科研管理提供参考。

关键词:突变理论；新兴主题；突变潜力

Research on Evaluating the Catastrophic Potential of Emerging Topics Based on Catastrophe Theory
——Taking the Stem Cell Field as an Example

Xu Haiyun[1,2]　Yue Zenghui[3]　Wu Huawei[4]　Yuan Guoting[5]　Luo Rui[4]

(1. Business School, Shadong University of Technology;
2. Institute of Scientific and Technical Information of China (ISTIC);
3. School of Medical Information Engineering, Jining Medical University;
4. University of Chinese Academy of Sciences;
5. School of Foreign Languages, Jining Medical University)

---

① 本文系国家自然科学基金项目"基于科学-技术主题关联分析的创新演化路径识别方法研究"(项目编号：71704170)、中国博士后科学基金资助项目"面向多关系融合的知识创新路径的识别与预测方法研究"(项目编号：2016M590124)、中国科学院青年创新促进会(项目编号：2016159)、国家自然科学基金青年科学基金项目"学科知识扩散规律及动力学机制研究"(项目编号：71704063)研究成果。

作者简介：许海云，女，1982年生，博士，教授，研究方向为情报计量学的理论与实践；岳增慧，女，1985年生，博士，副教授，研究方向：科学计量；武华维，男，1985年生，博士，研究方向：情报研究方法与技术；袁国廷，1985年生，硕士，讲师，研究方向：英汉语对比与翻译；罗瑞，女，1995年生，硕士，研究方向：情报计量学的理论与实践。

Abstract:［Purpose/Significance］Evaluating the catastrophic potential 276826 of emerging topics helps to monitor breakthrough innovations at an early stage and provides a theory for the identification and prediction of breakthrough technologies.［Methods/Process］Taking the stem cell field as an example to carry out empirical research, using the catastrophe theory evaluation model, and selecting eleven indicators from four aspects: bibliometrics, economic and social influence, network characteristics and degree of uncertainty to evaluate the emerging topics' catastrophic potential.［Results/Conclusion］The results show that there exist differences in the possibilities for change and innovation in different emerging topics in the stem cell field. This method can realize the identification and prediction of the future catastrophic situation of emerging topics to a certain extent, and provide reference for the scientific and technological planning, industrial policy and scientific research management.

Keywords: catastrophe theory; emerging topics; catastrophic potential

1 前言

变革性创新颠覆了原有的技术理念，重新定义学科内涵、技术基础，最终导致学科范式演变、技术路径重置。通过加强对复杂问题多元因源的矛盾识别、缺口分析和隐性关联分析，提高变革性创新的准确度已经成为实施创新驱动发展战略的重要工作[1]。目前，突破性创新筛选和甄别主要依靠专家的知识基础和主观感知，容易造成偏差，因此定量识别突破性创新的研究日益增多。由于变革性创新需要较长的时间积累，识别阶段越靠前，越利于技术实施和产业布局，但突破性创新的早期征兆并不明显，阶段越早，信息量越少，识别难度越大。许多科学突破和创造性的发现，其实没有任何可以让人们提前发现或利用的早期迹象。有关早期迹象的问题，以及如何在研究项目的开始时期测量变革潜力的问题，是科学政策和研究评估中最具挑战性的问题之一。

本文利用突变理论评估模型，选取 11 项指标，从文献计量、经济社会影响力、网络特征以及不确定性程度四个方面评估干细胞领域新兴主题的突变潜力，以期为突破性技术的识别与预测提供可借鉴的理论与方法参考。

2 研究现状

2.1 变革性科学研究

科学发现因其创新程度的大小以及发生的剧烈程度不同而分为不同类型。Thomas Kuhn[2]将创新性研究分为变革性创新与渐进性创新两大类。Kuhn 认为科学发现离不开科学范式(paradigm)，当常规范式不能解决新出现的问题时，就需要通过科学革命重新确立科学范式，科学革命的过程伴随着变革性科学发现。变革性研究是能够变革研究主题、研究领域甚至学科的一项科学工作。创造性成果有几种常见的类型，包括新理论、新发现、新方法、新仪器、新合成等。变革性创新旨在改变当前存在漏洞的研究范式，重建新的研究范式，常规科学侧重于当前研究范式下的现状整理与开拓。Science 杂志前主编 Koshland Jr[3]将科学发现分为攻关型、挑战型和机遇型三类，其中，挑战型科学发现颠覆现有的理论体系和认识。Small[4]将科学发现根据它们在领域的革命性共现的大小分为：破坏性创新发现、一般性创新发现和延伸性发现，其中，破坏性创新发现是指打破了当前的认知，提出解决科学问题的另外一条路径。

2.2 变革性技术研究

本文中变革性技术研究包括突破性技术创新、颠覆性技术创新（破坏性技术创新）。变革性创新关注创新，能带来影响并引起变革。在"变革性创新"中，"颠覆性创新"更注重市场影响，相比于技术带来的创新，更加关注市场/营销创新，"突破性创新"则更注重技术本身的发展[5]。接下来本文对三个概念的内涵进行更详细的分析。

2.2.1 突破性技术创新

突破性创新起源于熊彼特的思想[6]，但真正意义上的突破性创新研究兴起，是在 Dosi 的经典论文《技术范式与技术轨道》[7]发表之后，他将突破性技术创新和渐进性技术创新统一到一个理论框架之内。当前各种突破性创新都是面向技术创新方法、产品、设备、材料等技术主题的变化，表现结果是市场、产品、服务、商业模式的不连续性变化——前者是突破性创新的原因，后者是突破性创新的结果。研究人员的理论基础和假设不同，分析和识别方法也各有不同。突破性创新包含市场突破性创新和技术突破性创新：一方面是现有技术的应用和组合产生的市场突破性；另一方面是技术的不连续性产生的技术突破性。

市场突破性创新[8-9]是指通过市场、产品、服务、商业模式的不连续变化形成的，即在企业提供的技术性能供给超过用户的技术性能需求的条件下，企业偏离主流用户所重视的功能，引入低端用户或新用户所重视的功能，形成新的产品或服务，进而取代主流市场的产品或服务的一类创新。

技术突破性创新[10-11]是指技术所依赖的科学技术知识发生了突变导致技术产生突变。技术创新所依赖的科学知识导致技术创新的方法、产品、设备和材料等技术主题发生不连续变化，并引发性能的跃迁或功能的变化，如方法的替换、产品的变革、设备的换代以及材料的更替。

2.2.2 颠覆性创新

颠覆性技术（disruptive technology）最早由哈佛大学商学院 Christensen 教授提出。颠覆性技术与持续性技术是相对的两个概念，持续性技术是指现有技术渐进式、增量式的改进，而颠覆性技术改变已有的技术范式和技术发展轨道，形成新的跳跃式的性能提升轨道，对产业或市场格局产生破坏性、颠覆性影响的一类技术[12]。颠覆性技术可以是一系列已有技术的组合，也可以是一种新技术[13]。Nagy 等[14]从技术创新本质的角度出发，将颠覆性技术定义为提供全新的功能、不连续的新技术标准以及新的所有制形式的技术，可改变市场标准和消费者期望。

2.2.3 变革性研究相关概念的辨析

突破性创新和破坏性创新（颠覆性创新）既有区别又有联系，突破性创新核心视角和维度是技术，而破坏性创新核心视角在于市场细分和价值体系。

Govindarajan认为破坏性创新和突破性创新是两种不同的创新类型，并认为破坏性创新、突破型创新是可以通过量化区分开来的[15]。破坏性创新不一定包含前沿的知识与技术，但在功能、价格和质量等方面有重大的改进，且该创新不在主流市场上实施，而是倾向于在新市场上寻找价值。Tushman指出突破性创新是建立在完全不同的科学技术原理基础上，并会对企业的技术轨迹和组织等相关能力产生根本性改变的创新，与破坏性创新不同。后者强调避开主流市场，将以低端市场和新市场为代表的非主流市场作为破坏起点，而市场机制所引起的公司向上位惯性和边际需求递减法则是破坏性创新发生的原因。

综上可见，颠覆性创新和突破性创新不能画等号，从英文名称来看，前者是disruptive technology，后者是radical innovation，前者重在颠覆性的影响，后者重在发展变化极为激进的技术。与创新的各种分类概念相比，颠覆性创新是侧重于创新对市场以及产业的影响来界定的，而突破性创新侧重于技术跃迁程度和技术革新强度。

当前颠覆性技术概念、特征和运行机制多是围绕对市场、企业和产业的影响而展开，缺少对颠覆性技术内在本质的研究。后继的识别预测方法也多是利用技术产生的影响来预测颠覆性技术发生与否，当然，随后有学者开始从颠覆性技术的内在特征展开识别预测，如利用专利文献。刘秋艳[17]等研究了颠覆性技术识别的主要评判指标及其取值办法，研究发现：技术性能突破、技术前沿性、外部因素协调性等指标在多种颠覆性技术发现方法中都有应用；技术可行性、技术通用性、技术影响力、技术效用、技术接受率、在位技术成熟度、技术融合性和目标市场差异性等指标只在某些颠覆性技术发现方法中被应用。

2.3 突破性创新的动因研究

弄清突破技术形成动因即突破性技术是如何形成的是实现突破性预测的前提。创新活动都带有复杂系统的特征，包括随机性、可突变性、路径相关性、不可逆转性等[18]。变革性技术的内涵、特征、运行机制方面的相关理论研究为变革性创新的识别预测提供了可能。

2.3.1 创新的随机性

突破性创新可能是众多偶然、即兴创新的积累，就如科学发现和技术发明本身的特征一样，本质可能来自不确定性。库恩指出原因和结果仅仅是表象，不确定性才是本来面目，革命是科学时代的规则[19]。Chen提出了研究科学知识不确定性的框架，利用科学图谱技术研究科学发展过程中的进化过程，发现科学知识的里程碑、关键路径、转折点和边界范围[20]。

突破性创新难以预测的重要原因在于技术的不确定性，但突破性创新看似横空出世，如新苗破土而发的现象背后是有了广阔和深厚的积累，因此突破性创新并非无根之源、无源可循。

2.3.2 科学与技术的关联机制

科学知识突变或科学原理变化是导致突破性创新发生的重要影响因素。Nadler 等[21]认为基于被引科学知识突变的技术突破在于技术创新所基于的科学原理发生了变化。张金柱通过总结多个学科研究突破性创新识别的指标和方法，发现基础研究影响技术创新的视角是突破性创新识别的重要方面[22]。杜建[23]（2007）发现睡美人研究既是基础研究又是应用导向的，属于应用基础型或者基础应用型，即钱学森的技术科学。同时睡美人文献的唤醒机制中，科学-技术之间的互动起了非常重要的作用。

刘魁[24]指出颠覆性技术是颠覆性科技创新的一部分，颠覆性技术的出现离不开基础研究和应用研究。在科学技术关联视角下，对突破性技术知识基础的研究有助于理解突破性技术与已有知识之间的链接关系。Poel 认为突破性技术应该具备全新的知识基础[25]，Hoed[56]、Castiaux[27] 和 Schmickl[28] 同样认为突破性技术与现有技术基于不同的科学和技术原理，建立在新的知识基础之上，对现有技术形成替代。

科学进步与技术进化遵循相同的逻辑，有相同的自组织动力学机制，自组织模式表现的是知识结构的有序化和逻辑性。Noyons 与 VanRaan[29-30]指出科学知识增长问题很大程度上是一个科学认知系统内部的自组织过程，并伴随着科学知识的动态增长和老化。靖继鹏和马费成认为科学是在一个不稳定的逻辑混乱系统中通过逻辑合理化组织来获得稳定有序性建构[31]。Popper 指出科学始于问题，科学理论就是对问题的试探性答复，科学发展是一个从问题到问题的链式过程，并将"进化"思想引入科学认知过程之中[32]。技术系统内部知识增长也有其自身的自组织机制。Arthur 认为技术创新具有共同的抽象属性和结构，并遵循三个基本原理，分别为组合原理、循环原理和自然现象附着原理[33]。技术一方面是自组织的，可以通过某些简单规则自行聚集起来；另一方面，技术是自我创生的。所有的技术产生于已有技术，即任何人类需求的方案，任何达到目的的新手段，都只有通过使用已有的方法和组件才能使其在现实中实现[34]。

3 突变理论简介与主要应用

3.1 突变理论评估法的基本原理

突变理论（catastrophe theory）是由法国数学家 Rene Thom 于 20 世纪 70 年代创立的[35]。突变理论建立在拓扑动力学和奇点理论基础之上，描述各种现象为何从形状的一种形式突然地跳跃到根本不同的另一种形式，研究动态系统在连续发展变化过程中出现的不连续突变现象及其与连续变化因素之间的关系。Prigogine 发现，一个开放系统处于远离平衡态的非线性区时，一旦系统的某个参量的变化达到一定阈值，通过涨落，系统可能发生突变，即非平衡相变，由原来的无序混乱状态转变到一种时间、空间或功能有序的新的状态[36]。这种有序状态需要不断地与外界交换物质和能量才能维持，并保持一定的稳定性，不因外界的微小扰动而消失。

3.2 突变理论评估的模型

在区分系统某一发生与演化过程是渐变还是突变的问题上，突变论的看法是：既不能说系统状态存在中间过渡态就是渐变，也不能说过渡态变化速度快就是突变，而要看系统状态是否经过不稳定点而达到新的稳定态[37]，该不稳定点可由一些特殊的数学方程描述。其主要原理是：通过对系统势函数分析，将系统的发生与演化按照临界点分类，进而形象且精确地描述各种临界点附近非连续系统行为或状态的特征[38]。

根据势函数对临界点分类进而研究临界点附近的不连续特征，可将奇点突变类型分为折叠、尖点、燕尾、蝴蝶、双曲脐点、椭圆脐点和抛物脐点突变 7 种，其中控制变量一般不多于 4 个，状态变量一般不多于 2 个，前 4 种应用较多。常见的突变模型及其归一公式见表 1。

表 1 常见突变模型及其归一公式

突变模型	势函数	归一公式
折叠型突变	$V(X) = x^3 + ax$	$x_a = \sqrt{a}$
尖点型突变	$V(X) = x^4 + ax^2 + bx$	$x_a = \sqrt{a}$，$x_b = \sqrt[3]{b}$
燕尾型突变	$V(X) = \dfrac{x^5}{5} + \dfrac{ax^3}{3} + \dfrac{bx^2}{2} + cx$	$x_a = \sqrt{a}$，$x_b = \sqrt[3]{b}$，$x_c = \sqrt[4]{c}$
蝴蝶型突变	$V(X) = \dfrac{x^6}{6} + \dfrac{ax^4}{4} + \dfrac{bx^3}{3} + \dfrac{cx^2}{2} + dx$	$x_a = \sqrt{a}$，$x_b = \sqrt[3]{b}$，$x_c = \sqrt[4]{c}$，$x_d = \sqrt[5]{d}$
椭圆型脐点突变	$V(X) = x^3 - xy^2 + a(x^2 + y^2) + bx + cy$	$x_a = \sqrt{a}$，$x_b = \sqrt[3]{b}$，$x_c = \sqrt[4]{c}$
双曲型脐点突变	$V(X) = x^3 + y^3 + axy + bx + cy$	$x_a = \sqrt{a}$，$x_b = \sqrt[3]{b}$，$x_c = \sqrt[4]{c}$
抛物型脐点突变	$V(X) = y^4 + x^2 y + ax^2 + by^2 + cx + dy$	$x_a = \sqrt{a}$，$x_b = \sqrt[3]{b}$，$x_c = \sqrt[4]{c}$，$x_d = \sqrt[5]{d}$

其中 $V(X)$ 表示一个系统的状态变量 x 的势函数，状态变量 x 的系数 a、b、c、d 表示该状态变量的控制变量。指标可分解为 1、2、3、4 个子指标，分别采用相应的突变模型进行归一化。在突变理论方程中，尖点型突变模型反映出系统由一种状态到另一种状态的变化方式，其变化过程既有渐变也有突变，可以较好地反映颠覆性技术的发生和演变，适合作为针对颠覆性技术预测的科技评价数学模型。尖点型突变(cusp catastrophe)相对比较简单，应用广泛，其势函数一般形式为：

$$V(X) = x^4 + ax^2 + bx$$

其中，$V(X)$ 代表势函数，描述系统整体状态。所谓势，是指系统由一种状态达到另一种状态的能力；函数就是描述这种"势"随着系统的行为变量与控制变量的变化而变化的关系。x 表示行为或状态变量，几乎处处连续变化，仅在少数临界点上发生突变。a、b 代表控制变量，反映连续变化现象。

(1) 利用归一化公式进行量化递归运算。

归一化方程是突变理论中的基本运算公式，用它进行递归计算，求出各个控制变量的突变值，最终求得系统的总突变值，以此作为综合评估的依据[39-42]。归一化公式作为应用突变理论进行综合评估的基本运算公式，将系统内各控制变量的不同质态归化为可比较的同一种质态，进而对系统进行递归运算，求出表征系统状态特征的总突变隶属函数值，以此作为综合评估的依据。归一化公式的导出首先要针对势函数 $V(x)$，由 $V'(x)=0$ 和 $V''(x)=0$ 消去 x，得到突变系统的分歧点集方程，然后通过分歧点集方程导出归一化公式[43]。

(2) 计算状态变量突变隶属函数值。

根据初始隶属值归一化后，由于评估指标（控制变量）的性质不同，利用突变理论进行综合评估时，多采用"非互补"准则和"互补"准则。当系统的各评估指标的控制变量（如 a、b、c、d）之间不可互相弥补其不足时，按"大中取小"原则从其对应的 x 值中取值，可以满足分歧方程，发生质变；反之，当评估指标间可相互弥补其不足时，取各指标的平均值，得到总突变隶属函数值。

4. 突变理论在科技评估中的应用

突变理论已经形成多个现代新兴数学的分支，并在物理和工程领域、医学和生物学、社会科学中有诸多应用。对于经典的研究成果，Thompson 和 Hunt[44]在 1973 年做了很好的总结，其中有许多结果可用突变理论更好地加以说明、归纳和扩展[45]。Seif 与 Zeeman 利用尖点型突变模型进行对甲状腺机能亢进的治疗[46-47]和蜂群规模大小的研究，以及自然界中经常可以看到的两种物种所占地域之间的明显分界[48]。突变理论也逐步用于社会科学中，用于研究王朝寿命[49]。

近来，突变理论开始运用于高校评估与科技发展中，冯润民运用突变理论进行高校稳定工作分析与评判，动态地对学校稳定状况进行模糊综合评判，并通过实例进行了检验[50]。李存斌等[51]在广泛调研的基础上，构建了国网公司颠覆性创新技术评价指标体系，结合突变理论构建国网公司颠覆性创新技术指标评估模型。李政等[52]探讨一种基于突变理论的针对颠覆性技术的科技评价方法。本文将突变理论应用于新兴主题突变潜力评估研究。

5. 基于突变理论的新兴主题突变潜力评估方法

本研究利用突变理论评估法，从文献计量、经济社会影响力、网络特征以及不确定性程度等角度对新兴主题突变潜力进行评估，具体的评估指标见表 2。

表 2 新兴主题突变潜力评估指标

评估角度	评估指标	定义	计量方式	计量特征
文献计量指标	科技文献增长率	论文与专利数量变化率	论文发表与专利申请数量的时序变化	科技产出的效率
	期刊数量增长率	新期刊增加速率	期刊数量的时序变化	科技产出的积累
	资金数量增长率	基金资助增长率	基金数量的时序变化	科技规划的关注度
	作者数量增长率	新作者增加速率	研究人员数量的时序变化	对研究人员的吸引力
经济社会影响力	专利技术被引用数量增长率	专利被论文引用的数量增长率	专利被引量的时序变化	应用研究助推基础研究的能力
	专利技术引用数量增长率	专利引用论文的数量增长率	专利引用量的时序变化	基础研究转换为应用研究的效率
网络结构变化	中介中心度增长率	网络结构变化	网络链接结构及中心度时序变化率	变革性创新将导致网络主题发生重大变化
	特征向量中心度增长率	特征向量变化	特征向量中心度时序增长率	
不确定性测度	社区变化率	关系社区时序变化	关系社区时序变化率	在新旧创新轨道的交替期间，存在大量的新旧知识的弱关联。弱关系是学科交叉和技术融合的一个初期特征，通过强、弱社区数量变化，探索技术的跃迁潜力
	弱关系社区变化	弱关系社区时序变化	弱关系社区数量变化率	
	强关系社区变化	强关系社区时序变化	强关系社区数量变化率	

6. 实证分析

6.1 数据集与统计描述

干细胞是一类具有自我更新和多向分化能力的细胞，是生物医学领域的重要研究对象。干细胞因其在疾病治疗和再生医学方面的重要价值和巨大的发展前景，在生命科学和医学研究中引起了世界的关注。本文以干细胞领域为例进行实证研究,检索 Web of Science(WOS)数据库,2018 年 10 月 20 日检索到 422101 篇论文和 50556 项专利文献。

为了避免数据库的扩大或缩小等随机波动的影响,我们采用平滑的年度发表量,选取 2004—2018 年为研究时间段,以每 5 个相邻年份为一组设置了 11 个时间切片。在时间切片上,发表数量呈指数增长,应注意的是,图表中的下降线并不代表数字的减少,因为检索时无法检索到 2018 年的全部记录。422101 条记录的精细主题粒度分类涉及不同切片过程中的变化,例如,2004—2008 年切片中 4047 条记录的 1584 个分类,以及 2013—2017 年切片中 2058 个记录的 Leiden 分类(图 1)[53]。

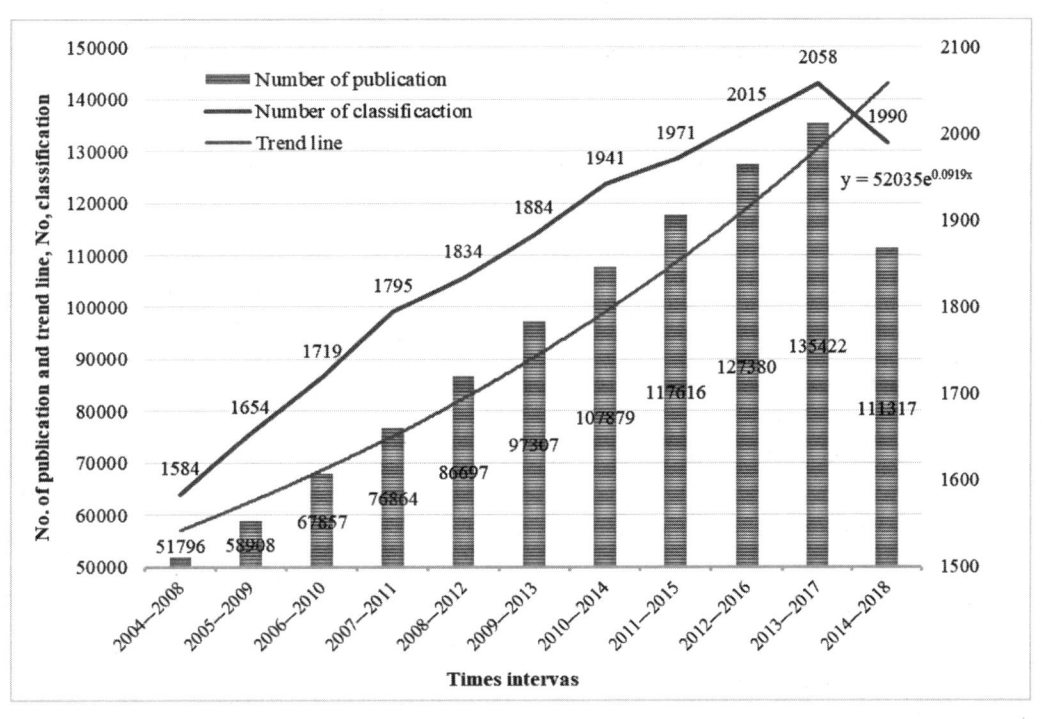

图 1　2001—2018 年干细胞领域文献量及主题类别量分布图

尽管 CWTS 的分类是建立在整个 WOS 数据库的基础上,这有助于更准确地发现主题,但却缺乏领域特异性。为得到更具针对性的干细胞主题,我们进一步获取干细胞各主题在 CWTS 分类中的比例,并删除只有少数发表属于干细胞的主题,最后选择 54 个高比例的主题作为干细胞领域的候选新兴主题(见图 2)。

同时考虑到从 CWTS 获得的主题是固定的,缺乏特异性,为了进一步深入了解干细胞领域,本文对每个 CWTS 主题下的文本集进行了进一步的主题分析,并对每个主题进行了重新标记。干细胞领域中 10 个新兴主题的主题标签和 CWTS 分类中的原始主题标签见表 3。

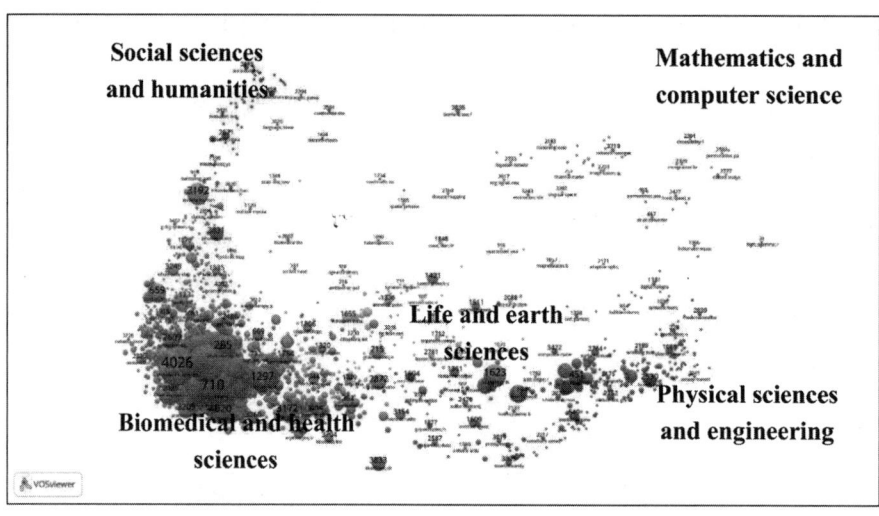

图 2　2001—2018 年干细胞领域微观主题类别比例图(参见彩图 1)

表 3　干细胞领域新兴主题(部分)

主题编号	干细胞主题标签	基于 CWTS 分类的原始主题标签
353	stem cell;cell;surface;mesenchymal stem;extracellular matrix;substrate;differentiation;tissue;hydrogel;biomaterial	micrornas;microrna expression;Mir;cluster;serum mir
2276	stem cell;intestinal stem;expression;organoid;cancer;intestinal;colorectal cancer;crypt;model;Lgr5	chondrogenesis;chondrocyte;chondrogenic differentiation;cartilage tissue engineering;talus
1460	stem cell;scaffold;tissue engineering;cell;extracellular matrix;tissue;mesenchymal stem;VITRO;regeneration;decellularized	mage;cancer testis antigen;ny eso;chimeric antigen receptor;cytokine induced killer cell
142	DNA methylation;stem cell;epigenetic;gene;gene expression;EMBRYONIC STEM;expression;human;cell;	DNA methylation;hydroxymethylcytosine;promoter hypermethylation;dnmt1;rassf1a
60	stem cell;mesenchymal stem;ARTICULAR CARTILAGE;scaffold;tissue engineering;chondrocyte;chondrogenic differentiation;bone marrow;growth factor;cartilage repair	acute promyelocytic leukemia;myelodysplastic syndrome;azacitidine;aml;trans retinoic acid

续表

主题编号	干细胞主题标签	基于CWTS分类的原始主题标签
921	stem cell; dental pulp; expression; periodontal ligament; mesenchymal stem; pulp stem; osteogenic differentiation; human dental; VITRO; growth factor	leber congenital amaurosis; autosomal dominant retinitis pigmentosa; cone; mouse retina; mammalian retina
727	beta catenin; stem cell; expression; Wnt beta; signaling pathway; cell; catenin signaling; protein; gene	human mesenchymal stem cell; human adipose tissue; jelly; derived stem cells; umbilical cord
1046	stem cell; EZH2; expression; cell; gene; protein; gene expression; differentiation; embryonic; chromatin	follicular lymphoma; mantle cell lymphoma; classical hodgkin lymphoma; refractory hodgkin; aggressive non hodgkin
161	acute myeloid; myeloid leukemia; stem cell; myelodysplastic syndrome; cell transplantation; patient; AML; hematopoietic stem; leukemia AML; treatment	atomic force microscopy; mesenchymal stem cell; microrheology; substrate stiffness; fabrication
221	stem cell; retina; transplantation; cell; differentiation; retinal pigment; photoreceptor; pluripotent stem; macular degeneration; progenitor cell	thalidomide; multiple myeloma; myeloma; undeterminedsignificance; bortezomib

6.2 干细胞领域新兴主题的突变潜力评估

干细胞领域新兴主题的突变潜力评估指标如表4所示。其中,一级指标分别为文献计量、经济社会影响力、网络特征以及不确定性程度,二级指标按照其对于突变潜力评估的贡献大小降序排序,以文献计量指标A为例,A1>A2>A3>A4。

为了充分利用各指标从不同角度对干细胞领域新兴主题的突变潜力进行定量描述,对缺失值采用"补零"和"平均值插值"两种方式进行数值填充。由于原始数据聚类范围和度量单位各不相同,原始数据之间无法进行直接比较,因此,对指标体系的底层指标进行赋值和标准化处理,即将控制变量的原始数据转化到0~1范围内,得到初始的隶属值。

根据突变模型及其归一化公式,文献计量指标较适用于蝴蝶型突变模型,经济社会影响力指标和网络特征指标适用于尖点突变模型,不确定性程度指标适用于燕尾型突变模型,分别对其进行归一化处理。

表4 干细胞领域新兴主题的突变潜力评估指标

主题编号	文献计量 A				经济社会影响力 B		网络特征 C		不确定性程度 D		
	主题数量增长率 A1	期刊数量增长率 A2	资金数量增长率 A3	作者数量增长率 A4	专利技术被引用数量增长率 B1	专利技术引用数量增长率 B2	中介中心度增长率 C1	特征向量中心度增长率 C2	社区变化率 D1	弱关系社区变化率 D2	强关系社区变化率 D3
353	2.0413	1.7989	2.1306	0.9793	0.0745	0.0082	0	0	-0.1701	-0.1847	1.0833
2276	1.3939	1.1206	5.2969	0.6943	0.1061	0.0051	0	0	0.1917	-0.0083	0.4375
1460	1.3736	1.6603	6.678	0.6241	0.111	0.0202	0	0	-0.3333	-0.5000	-0.2500
142	1.7261	1.9868	4.8302	1.1661	0.1191	0.0014	0	0	0.4167	0.0833	35.3759
60	1.2293	0.9753	5.1354	0.6355	0.113	0.0086	0	0	-0.7500	1.0000	-0.0833
921	1.6619	0.7476	5.3999	0.6695	0.0777	0.0015	0	0	0.3889	0.2083	0.1250
727	0.9001	0.8833	4.2569	0.8067	0.1539	0.0104	0	0	0.0000	-0.5000	#
1046	1.5523	1.3998	5.4607	1.4547	0.0972	0.0091	0	0	-1.0000	#	0.0000
161	0.699	0.3582	5.4756	0.615	0.0937	0.0015	0	0	-0.2500	0.1250	0.2125
221	0.5806	0.5394	4.1834	0.3643	0.1423	0.0018	0	0	-1.0000	0.0000	-0.2500
261	0.1637	0.008	4.0955	0.4299	0.0396	0.0004	0	0	-1.0000	-0.5556	0.0000
867	0.7569	0.7243	3.8682	0.2653	0.0291	0	0	0	-0.0556	0.0625	0.1111
648	0.5334	0.3161	4.3602	0.4662	0.1193	0.0065	0	0	-0.1667	0.0000	-0.5000
1095	0.5965	0.4699	5.2891	0.5621	0.1361	0.0043	-0.0400	-0.0365	0.0000	-0.1250	-0.1250
107	0.3912	1.6111	4.249	0.0386	0.2617	0.0089	0	0	0.0000	#	#
965	0.5988	1.1307	4.46	0.378	0.1075	0.0057	0.0226	-0.0217	-0.1111	0.5000	0.2917
469	0.3001	-0.1736	4.0197	0.3381	0.1609	0.0041	0.0263	-0.0044	0.3750	0.1458	1.0833

由于突变潜力评估底层指标间存在相互关联作用，属于"互补"型，为增大指标的突变性差异，本研究选取最大值(非均值)作为干细胞领域新兴主题的突变潜力评估中间指标的变量值，如表5所示。

表5 干细胞领域新兴主题的突变潜力评估中间指标的变量值(部分)

指标代码 主题编码	A	B	C	D
353	0.7615	0.5336	0.8449	0.4892
2276	0.9452	0.6367	0.8449	0.4459
1460	0.9999	0.6513	0.8449	0.3789
142	0.9244	0.6746	0.8449	1.0000
60	0.9382	0.6571	0.8449	0.3984
921	0.9496	0.5449	0.8449	0.4194
727	0.8967	0.7669	0.8449	0.5331
1046	0.9522	0.6094	0.8449	0.4072
161	0.9529	0.5984	0.8449	0.4273
221	0.8929	0.7374	0.8449	0.3789
1290	1.0000	0.4903	0.8449	0.7330
2	0.9891	0.6794	0.8449	0.3938
1199	0.8854	0.5611	0.8449	0.5331
710	0.9393	0.6322	0.8336	0.4019
814	0.9193	0.6047	0.8449	0.2742
254	0.9301	0.8098	0.9843	0.4088
581	0.9376	0.6483	0.8449	0.3980
1142	0.9330	0.7916	0.8449	0.3094
461	0.9443	0.5529	0.8130	0.3424
261	0.8884	0.3890	0.8449	0.4072
867	0.8763	0.3335	0.8449	0.4181
648	0.9019	0.6752	0.8449	0.3424
1095	0.9449	0.7212	0.3757	0.3938
107	0.8963	1.0000	0.8449	0.5331
965	0.9068	0.6409	0.9715	0.4341
469	0.8844	0.7841	1.0000	0.4892

该指标体系由四个部分组成,符合蝴蝶型突变模型,按照上述方式,进一步计算总突变隶属函数值。由于A、B、C、D四项指标不存在相互关联性,属于"非互补"型,因此取最小值作为总突变隶属函数值,如表6所示。

表6 干细胞领域新兴主题的突变潜力评估指标总突变隶属函数值(部分)

主题编号	突变值	主题编号	突变值
353	0.7096	710	0.7064
2276	0.7495	814	0.000
1460	0.6790	254	0.7139
142	0.8202	581	0.7021
60	0.7025	1142	0.5459
921	0.7198	461	0.6231
727	0.8137	261	0.5408
1046	0.7122	867	0.4338
161	0.7325	648	0.6231
221	0.6790	1095	0.6115
1290	0.6677	107	0.8137
2	0.6973	965	0.7389
1199	0.7339	469	0.7840

经过突变理论的计算，总突变隶属函数值最高的是编号142的主题(突变值高达0.8202)，说明该主题未来发生技术突变的潜力最大。编号727和107的主题的突变值都为0.8137，居于第二位，这两个主题领域内部产生变革创新的可能性亦十分显著。

7. 小结

本文利用突变理论评估模型，从文献计量、经济社会影响力、网络特征以及不确定性程度四个方面对干细胞领域新兴主题的突变潜力进行了评估，结果显示干细胞领域不同新兴主题发生变革与创新的可能性存在一定的差异。该方法可在一定程度上实现新兴主题未来突变态势的识别和预测，为科技规划、产业政策的制定与科研管理提供参考。但本研究仅采用了有限的指标对干细胞这一领域进行了实证研究，其可推广性还有待进一步讨论。未来，在新兴主题突变潜力评估中，我们将进一步深入研究科技创新主题的突变规律以及突变理论的计量变量和方法，提高新兴主题突变预测的准确性。

◎ 参考文献

[1] 张金柱. 利用被引科学知识的突变识别突破性创新[M]. 北京：科学出版社，2017：3.
[2] Kuhn T, Kuhn T. The Structure of Scientific Revolution Chicago Press[M]. Chicago：University of Chicago Press，1999：821-824.
[3] Koshland D E. The Cha-cha-cha Theory of Scientific Discovery[J]. Science，2007，317

（5839）：761-762.

[4] Small H, Tseng H, Patek M. Discovering Discoveries：Identifying Biomedical Discoveries using Citation Contexts[J]. Journal of Informetrics, 2017, 11(1)：46-62.

[5] Xu H, Zeng-Hui Y, Luo R, et al. A Study on the Multidimensional Scientometric Indicators to Detect the Emerging Topics[C]//Proceedings of the 17th International Conference on Scientometrics and Informetrics (ISSI 2019). Roma：ISSI, 2019.

[6] Schumpeter J A. History of Economic Analysis[M]. East Sussex：Psychology Press, 1996.

[7] Dosi G. Technological Paradigms and Technological Trajectories：A Suggested Interpretation of the Determinants and Directions of Technological Change[J]. Research Policy, 1993, 22(2)：102-103.

[8] Christensen C M. The Innovator's Dilemma：When New Technologies Cause Great Firms to Fail[M]. Harvard：Harvard Business Review Press, 2016：661-662.

[9] 张建宇. 基于破坏性创新的企业执行力形成路径与变革机制研究[D]. 天津：天津财经大学, 2008.

[10] National Research Council. Persistent Forecasting of Disruptive Technologies-Report 2[M]. Washington：National Academies Press, 1969.

[11] Schoenmakers W, Duysters G. The Technological Origins of Radical Inventions[J]. Research Policy, 2010, 39(8)：1051-1059.

[12] Christensen C M. The Innovator's Dilemma[M]. Boston：Harvard Business School Press, 1997.

[13] Kotnour T, Farr J V. Engineering Management：Past, Present, and Future[J]. Engineering Management Journal, 2005, 17(1)：15-26.

[14] Nagy D, Schuessler J, Dubinsky A. Defining and Identifying Disruptive Innovations[J]. Industrial Marketing Management, 2016, 57：119-126.

[15] Govindarajan V, Kopalle P K, Danneels E. The Effects of Mainstream and Emerging Customer Orientations on Radical and Disruptive Innovations[J]. Journal of Product Innovation Management, 2011, 28(S1)：121-132.

[16] Tushman M L, Anderson P. Technological Discontinuities and Organizational Environments[J]. Administrative Science Quarterly, 1986, 31：439-465.

[17] 刘秋艳, 吴新年. 国内外颠覆性技术发现方法研究综述[J]. 图书情报工作, 2017, 61(7)：127-136.

[18] 董洁林. 复杂系统理论在创新研究中的应用——兼谈复杂理论视角下创新的起源、结构和演化[J]. 上海理工大学学报, 2011, 33(5)：473-479.

[19] 康德. 纯粹理性批判[M]. 北京：中国人民大学出版社, 2004.

[20] Chen C, Song M. Representing Scientific Knowledge：The Role of Uncertainty[M]. London：Springer, 2018.

[21] Nadler D, Tushman M L, Nadler M B. Competing by Design：The Power of Organizational Architecture[M]. Oxford：Oxford University Press, 2011.

[22] 张金柱, 张晓林. 基于专利科学引文的突破性创新识别研究述评[J]. 情报学报, 2016, 35(9): 955-962.

[23] 杜建. "睡美人"文献的识别方法与唤醒机制研究[D]. 南京: 南京大学, 2017.

[24] 刘魁. 当代科技创新的颠覆性及其现代化价值重估[J]. 自然辩证法通讯, 2013, 35(6): 74-78.

[25] Poel I V D. The Transformation of Technological Regimes[J]. Research Policy, 2003, 32(1): 49-68.

[26] Hoed R V D. Sources of Radical Technological Innovation: The Emergence of Fuel Cell Technology in the Automotive Industry[J]. Journal of Cleaner Production, 2007, 15(11/12): 1014-1021.

[27] Castiaux A. Radical Innovation in Established Organizations: Being a Knowledge Predator[J]. Journal of Engineering & Technology Management, 2007, 24(1): 36-52.

[28] Schmickl C, Kieser A. How Much do Specialists Have to Learn from Each other When They Jointly Develop Radical Product Innovations?[J]. Research Policy, 2008, 37(3): 473-491.

[29] Noyons E C M, Raan A F J V. Monitoring Scientific Developments from a Dynamic Perspective: Self-organized Structuring to Map Neural Network Research[J]. Journal of the Association for Information Science & Technology, 1998, 49(1): 68-81.

[30] Raan A F J V. On Growth, Ageing, and Fractal Differentiation of Science[J]. Scientometrics, 2000, 47(2): 347-362.

[31] 靖继鹏, 马费成, 张向先. 情报科学理论[M]. 北京: 科学出版社, 2009.

[32] Popper K R. The Logic of Scientific Discovery[J]. Yinshan Academic Journal, 2005, 12(11): 53-54.

[33] Arthur W B. The Nature of Technology: What it is and How it Evolves[M]. London: Penguin Books, 2009.

[34] 阿瑟. 技术的本质[M]. 杭州: 浙江人民出版社, 2014.

[35] 托姆. 突变论: 思想和应用[M]. 上海: 上海译文出版社, 1989.

[36] Prigogine I, Lefever R. Symmetry Breaking Instabilities in Dissipative Systems II[J]. Journal of Chemical Physics, 1968, 48(4): 1695-1700.

[37] 李曙华. 从系统论到混沌学: 信息时代的科学精神与科学教育[M]. 桂林: 广西师范大学出版社, 2002.

[38] Thom R. Structural Stability and Morphogenesis[J]. Pattern Recognition, 1977, 39(5): 629-632.

[39] 史志富, 张安, 刘海燕, 等. 基于突变理论与模糊集的复杂系统多准则决策[J]. 系统工程与电子技术, 2006, 28(7): 1010-1013.

[40] 包同岗, 赵捷琴, 祁之强. 基于突变理论电网企业信息安全风险管理模型研究[J]. 山西电力, 2014(4): 45-49.

[41] 唐明, 邵东国, 姚成林, 等. 改进的突变评价法在旱灾风险评价中的应用[J]. 水利学

报，2009，40(7)：858-862.

[42] 李海广，安振涛，王阵，等. 改进的突变理论在弹药包装性能评估中的应用[J]. 包装工程，2012(21)：134-136.

[43] 托姆. 突变论：思想和应用[M]. 上海：上海译文出版社，1989.

[44] Thompson J M T, Hunt G W. A General Theory of Elastic Stability[M]. New Jersey：Wiley，1973.

[45] Thompson J M T, Leipholz H H E. Instabilities and Catastrophes in Science and Engineering[M]. New Jersey：Wiley，1982：932.

[46] Seif F J. Cusp Bifurcation in Pituitary Thyrotropin Secretion[M]. Berlin：Springer，1979：275-289.

[47] Zeeman E C. Bifurcation, Catastrophe, and Turbulence[M]//New Pirections in Applied Mathematics. Berlin：Springer，1982：109-153.

[48] Poston T, Stewart I, Plaut R H. Catastrophe Theory and its Applications[M]. London：Pitman，1978：572-573.

[49] 金观涛，刘青峰. 兴盛与危机：论中国封建社会的超稳定结构[M]. 长沙：湖南人民出版社，1984.

[50] 冯润民. 基于突变理论的高校稳定状况动态模糊评价研究[J]. 上海管理科学，2009，31(2)：72-74.

[51] 李存斌，鲁平. 基于突变理论的国网公司颠覆性创新技术评价研究[J]. 陕西电力，2016，44(4)：60-64.

[52] 李政，罗晖，李正风，等. 基于突变理论的科技评价方法初探[J]. 科研管理，2017，(S1)：193-200.

[53] Traag V A, Waltman L, van Eck N J. From Louvain to Leiden：Guaranteeing Well-connected Communities[J]. Scientific Reports，2019，9(1)：1-12.

基于知识继承与创新的单篇学术论文评价研究

张庆芝 白如江 王效岳

（山东理工大学科技信息研究所）

摘要：[目的/意义]论文的评价本质是对其学术价值的评价，本研究从论文内容角度出发，构建基于文本内容的单篇论文评价方法。[方法/过程]通过基于知识组织的细粒度结构化文本内容挖掘及指标体系的构建，提取表征文献静态主观价值的被引文献摘要的知识单元；提取表征文献动态客观价值的施引文献引文内容的知识单元。根据引文内容分析框架计算被引文献与施引文献的关系，并将关系量化为知识单元的继承与知识单元的创新。计算施引文献知识单元在知识扩散过程中与知识流动过程中的继承能力与创新能力，评价论文文本内容输出的稳定性及文本主题输出的多样性，实现基于文本内容的单篇论文评价研究。[结果/结论]基于知识继承与创新的单篇学术论文评价为现有学术论文评价理论与方法提供了一种新的研究思路，被引文献及施引文献结合可实现对被引文献的动态持续性评价，能够在一定程度上满足当前论文评价发展要求。

关键词：知识流动；知识扩散；论文评价；文本内容挖掘；引文内容分析

An Empirical Study on the Evaluation of a Single Academic Paper Based on the Theory of Genetics and Variation of Knowledge Memes

Zhang Qingzhi Bai Rujiang Wang Xiaoyue

(Institute of Scientific & Technical Information, Shandong University of Technology)

Abstract：[Purpose/Significance]The value of a single paper based on the external attributes of the paper is the current mainstream single paper evaluation method. The evaluation essence of the paper is the evaluation of its academic value. This study constructs a single paper evaluation method based on text content from the perspective of the content of the paper. [Method/Process]Through the fine-grained structured text content mining and index system construction based on knowledge organization, the knowledge unit of the original document abstract that characterizes the static subjective value of the document is extracted, and the knowledge unit of the cited article citation content is characterized by the dynamic objective value of the document. The citation content analysis framework calculates the relationship between the original document and the cited literature and quantifies the relationship as the inheritance of the knowledge unit and the innovation of the knowledge unit. Calculate the proportion of inheritance and innovation in the citing literature knowledge unit and judge the knowledge diffusion ability and flow ability of the original literature. [Result/Conclusion] The evaluation of papers based on text content provides a new research idea for the existing theory and method of paper evaluation. The combination of cited literature and citing literature can realize the dynamic persistence evaluation of cited papers, which is in line with the development trend of current paper evaluation.

Keywords: paper evaluation; knowledge diffusion; knowledge promulgation; text mining; citation content analysis

随着论文发表数量的激增,科研人员比以往任何时候都能够更方便地获取文献,但同时又迷失在茫茫海量文献之中,为找不到所需知识而困惑。我们生活在信息的海洋之中,而知识却像淡水一样匮乏[1]。论文数量的增加,影响了科研人员选取论文的判断力,降低了科研人员的工作效率,在此情况下,如何通过有效的科学评价机制为用户推荐适合他们需要的优秀论文显得极为迫切和重要。但是论文评价发展状况并未跟上论文数量的增长态势,因此,对单篇学术论文的评价成为当前情报学实现其知识服务职能的研究重点之一[2]。

1. 相关研究

1.1 单篇论文评价方法

随着人才培养、成果鉴定与科技奖励对论文的重视,探索一种客观、公正的论文评价体系是当今中国科研界的关注焦点,也是情报学的主要研究内容之一。当前对论文评价的方法主要分为基于同行评议的主观评价方法与基于指标分析的客观评价方法[3]。

(1)主观评价方法。主观评价方法主要包含同行评议及 Altmetrics 评论。同行评议作为论文发表的基础,对于论文的评价是不可替代的,但是传统的单盲或双盲评审费时费力,评审专家的结论不对外公开,因此具有一定的片面性[4]。公开认可评审人贡献的 Publons 同行评议信息平台激励了审稿人的积极性,Publons 等平台记录审稿人的学术贡献,使审稿专家这一"幕后英雄"的心血及学术贡献得到充分尊重,通过公开审稿人及评审意见,有助于提升论文评审质量和效率[5]。

传统的审稿模式由编辑通过学术关系网、参考文献作者、专家库等方式寻找特定审稿人,因此,并非所有人都具有评审门槛[6]。Altmetrics 平台使评价门槛变低,各个行业的科研人员皆可对论文发表意见,并及时展示在平台中,因 Altmetrics 的评论数量与评论内容可获取,可对获取数据进行客观计量与评价,因此,Altmetrics 成为当前的研究热点[7]。但 Altmetrics 的开放性也使其评论内容的权威性受到质疑[8]。

包括同行评议及 Altmetrics 在内的主观评价方法是对论文科学性、准确性、合理性、创新性、实用性的综合评价,并使论文在形式和内容上得到质的升华,如何确定审稿人的学术认可及制定衡量标准实现量化是当前发展的主要方向[9]。

(2)客观评价方法。学术论文的外部属性特征由一组可表征论文质量的冷冰冰的数字组成,对客观数字的计算不带有任何个人感情,同时,不涉及论文内容的数字能否代表单篇论文的价值成为讨论热点[10]。当前对论文的评价研究流程如图1所示。

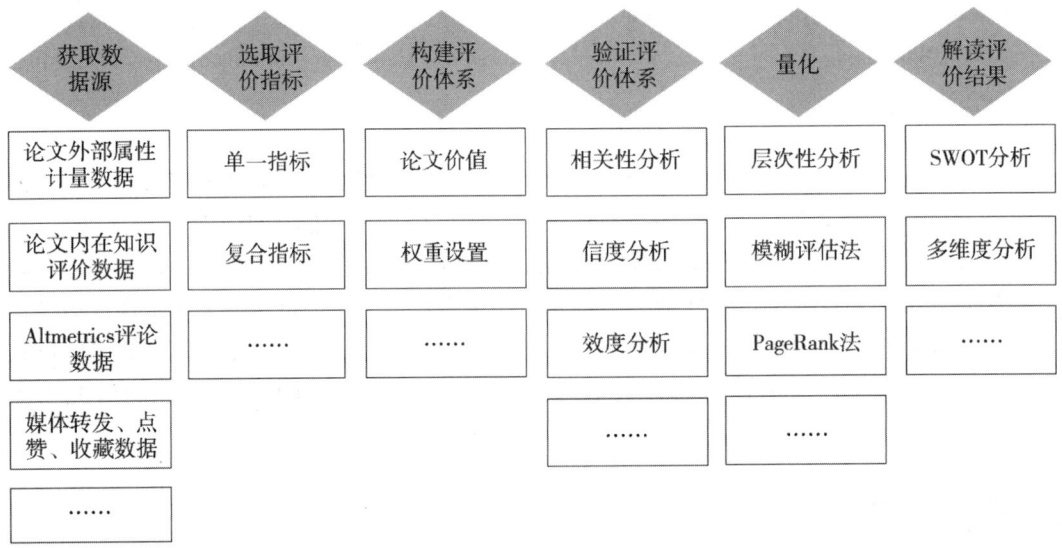

图1 论文评价基本流程

①获取数据源。对论文评价的角度不同,其获取数据源也不尽相同,当前对论文外部属性指标的计量数据来源于各个引文数据库[11],对论文内在知识的评价源于全文数据库[12],使用 Altmetrics 计量指标论文数据来源于各个文献管理工具与社交媒体[13]。

获取论文数据时,还需要考虑时间段的设置。当研究初期发表论文时,主要研究高影响力论文[14]、高关注论文[15]、热点论文[16]。当选取时间段为10年时间时,主要研究高影响力论文[17]。初期发表论文被引频次较少,因此主要从其内容方面进行评价(高影响力论文),或将内容与其他量化指标结合进行评价(高关注论文),或基于被引频次,对近期发表、短时间内获得高引用的进行评价(热点论文)。各类型论文分类依据及主要评价指标如图2所示。

高影响力论文的评价目的在于对论文发表时的内容价值进行判定[18],论文从发表到引用需要一定时间,且施引作者在引用时,受到自身的知识背景、研究方向、引用动机、引用目的、引用情感等因素的影响,因此,高影响力论文的判定未将被引频次纳入指标中,其评价指标基于论文内容的创新力、影响力、价值输出能力,试图在论文发表时对论文进行客观的评价。

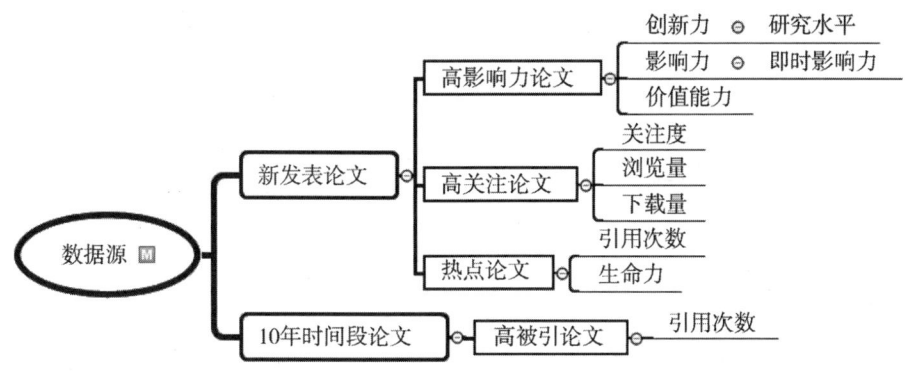

图 2　以数据源时间长度为依据的论文分类及主要评价指标

高影响力论文评价深入到文章文本内容中，提取论文的突出贡献点（创新力），如新方法、新工具、新思路等，量化新的研究成果所带来的性能方面的提升，从而判定论文的影响力；根据论文中性能提升具体数值与前期论文数值的比较，判定论文价值输出能力及论文是否为高影响力论文。高影响力论文的判定方法决定了其判定指标只适合某一特定学科领域，并且对此学科领域具有一定的知识背景，因此，高影响力论文评价方法的迁移能力较差。

随着 Altmetrics 及各个社交平台的发展，关注度成为评价论文的一项重要指标[19]，与以往论文下载量指标所不同的是，高关注论文评价不仅可以抓取点赞量、转发量等具体数值，还可以抓取其评论内容，并计算评论感情、评论内容与论文输出内容的相似性等[20]。将媒体知名度、论文点赞量、转发量、讨论热度、评论感情等指标纳入框架体系，计算单篇论文的关注度，成为高关注论文的主要评价方法[21]。但是转发量与点赞量等指标人为操作性较强[22]，因此使用 Altmetrics 计算高关注论文的专业性有待提高。

科睿唯安 ESI 数据库将最近两年发表，在最近两个月里被引用次数排名世界前千分之一的论文称为热点论文。由此可以看出，热点论文最重要的两个指标是时间与被引频次。但是热点论文周期为两个月，论文评价时效力低，某篇论文可能在最近一年中频繁进出热点论文，且热点论文能否成为高被引论文有待研究。

②选取评价指标。当前基于单一评价指标论文评价多数为基于文本内容，如耿树青等人利用层次分析法确定引用情感权重，提出基于"被引次数—引用情感"的论文学术影响力评价方法，从而提高论文影响力的区分能力。基于复合指标的论文评价主要是对论文的引用次数、下载量、阅读量、发表期刊、论文合著者等进行计量，根据框架计算引用次数的引用强度、引用深度及引用广度，评价论文的影响力等[17]，如杨京等人对论文的学术创新力进行研究，使用 Keygraph 算法提取论文关键词，将单篇论文关键词与科学研究前沿主题进行相似度对比，结合期刊影响因子与 Altmetrics 两个外部属性指标实现对论文创新力的评定[16]。复合指标评价维度及相应指标如图 3 所示，主要评价维度为论文原创力、论文创新力、论文影响力、论文认知能力、论文价值能力、论文生命力、论文学术影响力、论文社会影响力。对文本内容的客观评价一直为单篇论文评价的研究重点，索传军等

人构建了基于认知计算的学术论文评价系统，将学术论文评价视为一个复杂的不确定性问题，根据神经网络和深度学习构建认知计算，使用认知系统模仿人类思维，实现对文本内容的客观评价[23]。

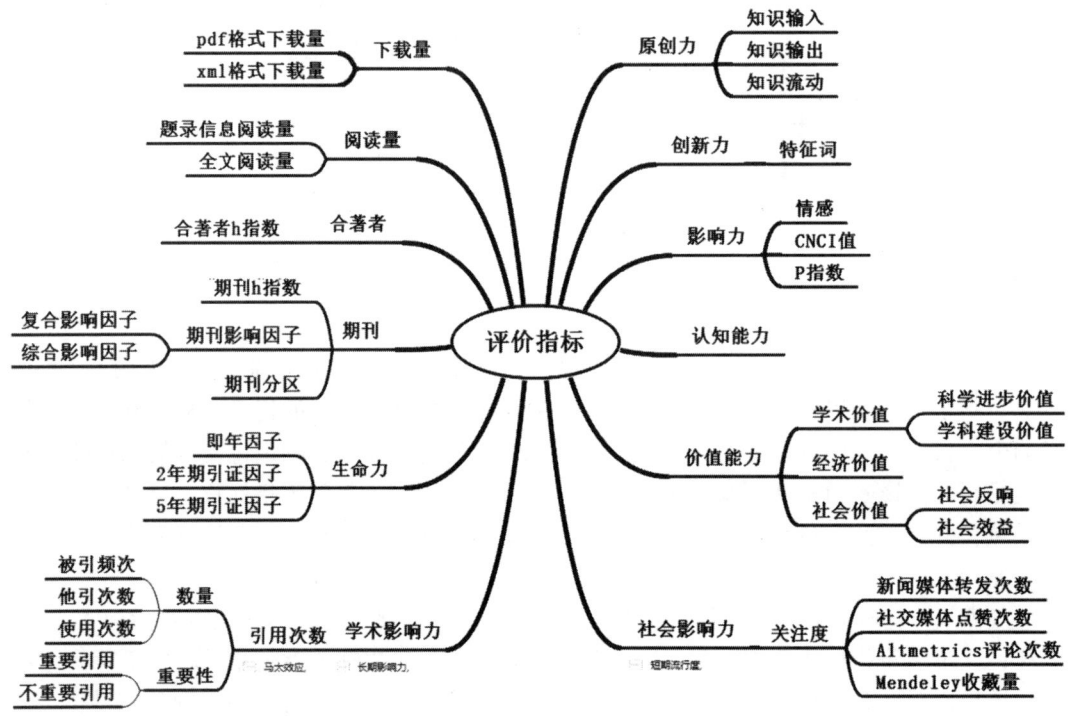

图 3　复合指标评价维度及相应指标

③构建评价体系。通过对各个指标的结合生成可评价单篇论文的 p 指数[24]、CNCI 值、TVF（累计综合影响力）、VF(t)年度新增影响力[11]等。对论文数据按照评价指标体系计算其数值，并根据计算结果评价论文质量。主要计算方法有神经网络法[18]、PageRank 法等。如苏成等人分别使用 PageRank、HITS、SALSA 算法对图情领域论文进行计算及排序，并根据 Spearman 相关系数数值比较不同算法的优缺点及适用范围[25]。

④解读评价结果。通过对构建的新式论文评价体系计算结果及评价能力与以往评价体系进行对比，可说明当前构建指标体系的优点。基于论文评价的文献数量众多，论文评价体系已成熟，研究论文评价的论文的创新点基本思路为数据源的改变、计算方法的改变、加入新的评价指标、构建新的指标体系等。但是当前各个数据库在评价过程中，并未采用任何新式评价体系。自然指数（nature index）的计算方法也未采用新式评价方法。"爱思唯尔宣言"中关于评价指标的原则提到"应避免采用复合指标"，但当前研究论文大多将越来越多的指标融合在一起，进行"大锅饭式创新"，这种"反创新"不具备应用性[26]。

综上所述，目前单篇论文评价主要存在问题如图 4 所示。第一，单一论文评价指标的科学性与多个指标综合的论文评价的科学性。当对论文评价基于单个指标时，如被引频次、立即指数等,此时,仅单个指标是否可以评判论文质量成为讨论焦点。单个指标对论文的评判是"一刀切"模式,应多把"尺子"使"量"文更科学。在使用多个指标进行单篇论文评价过程中,哪些指标可以用来评价单篇论文?指标数量是越多越好吗?对这些问题的讨论及相应的对策以期刊论文形式发表,虽然相应论文数量庞大,但未被科研管理人员采纳及应用[27]。

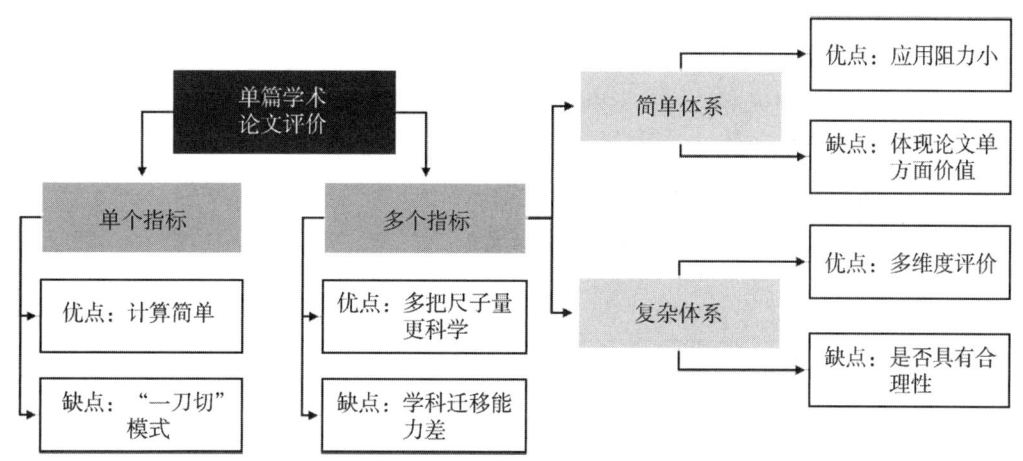

图4 基于外部属性指标的单篇学术论文评价存在的问题

第二,使用简单评价体系还是复杂评价体系?评价体系基于学科领域对数值进行标准化处理,简单的评价体系对评价指标收集到的数据不做过多处理,其结果多为二元分类,在应用过程中阻力较小,但简单的评价体系往往只能体现论文的一方面。全面的评价就需要复杂的评价体系,除了将这些指标融合在一起,构成合理的评价体系这个难题外,如何向科研人员解释及阐述,往往成为应用过程中的最大阻力。复杂的评价体系必然蕴含着情报学专业的学科知识,在推行过程中,需要对发文数量相对较少的社科学科研究人员多次阐述[28]。

以上问题产生的根源为使用论文外部属性指标构建的论文评价体系。评价学科作为一门既古老又年轻的学科,其古老体现在使用外部属性指标进行评判的研究历史,其年轻体现在新的评价方法(Altmetrics评价方法、文本内容评价方法)带来的生命力与活力。本文尝试从表征论文价值的文本内容入手对文献进行价值评判,并且将文献发表时作者的主观评价内容与后续的施引文献的客观、动态评价内容相结合,评价单篇论文的文本内容价值。

随着引文内容分析的深入发展,对表征论文动态价值的引文内容进行分析成为可能。本文尝试利用自然语言处理技术与语义分析技术对论文摘要及引文内容进行提取,结合知识单元继承与创新判断方法,提出基于知识单元继承与创新的单篇论文评价指标体系,以期实现对论文静态主观价值与动态客观价值的评价,为基于文本内容的论文评价体系研究提供借鉴思路。

2. 研究思路

2.1 论文价值力评价体系构建

论文的本质属性应该在于它的创新价值性，论文评价的终极目标是发现对科学发展有重要学术价值的成果，因此需要深入到文本内容中，对被引文献的文本内容及施引文献中的引文内容进行分析，主观评价与客观评价相结合，实现基于文本内容的单篇论文学术评价。本文通过对文献中提取出的知识单元继承与创新的比例，评价论文在知识扩散过程中文本内容输出的稳定性；通过施引文献的特定类别与通用类别和被引文献的特定类别与通用类别的累计年份比，评价论文在知识流动过程中文本主题输出的多样性。通过知识扩散过程中文本内容输出的稳定性及文本主题输出的多样性，可实现基于文本内容的单篇文献评价。单篇论文的价值力表述如图 5 所示。

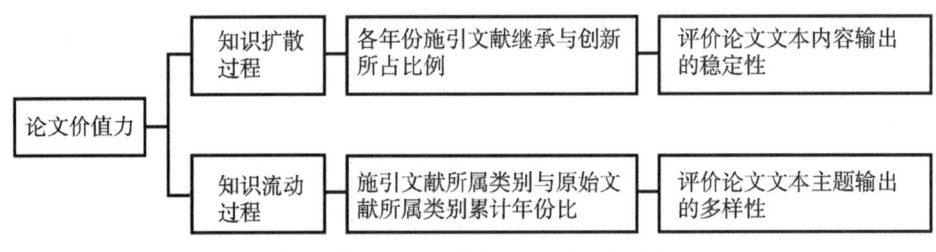

图 5　基于知识单元的单篇论文评价体系

论文价值力由论文的文本内容的稳定性及文本主题的多样性决定。对于任意一篇学术论文，其学术价值自论文发表时就已产生，并在后续被引用时体现出其隐含价值，施引文献中的引文内容也是对被引文献的评价。本文将论文的价值分成两部分，一部分为文献发表时作者认可的文献主观且静态价值，另一部分为施引文献中读者认可的文献客观且动态价值。静态价值及动态价值从不同角度评价论文的价值力，同时也构成了论文的知识扩散过程与知识流动过程。

2.2 论文知识单元继承与创新的判定

文献主观静态价值可在论文摘要内容中获取，文献客观动态价值在施引文献引文内容中获取。对被引文献的摘要进行类别判定，判断被引文献的通用类型输出及特定类别输出。对于引文内容，由于读者的个人背景及应用目的的不同，引文文本内容发挥的价值也不相同。引文文本内容研究框架逐渐成熟，引用重要性（真引用与假引用）、引用位置（where to cite）、引用程度（引用强度）、引用语境、引用行为（how to cite）、引用动机（why to cite）、引用情感成为引文分析的主流[29]。单篇论文的继承与创新判定研究如图 6 所示。

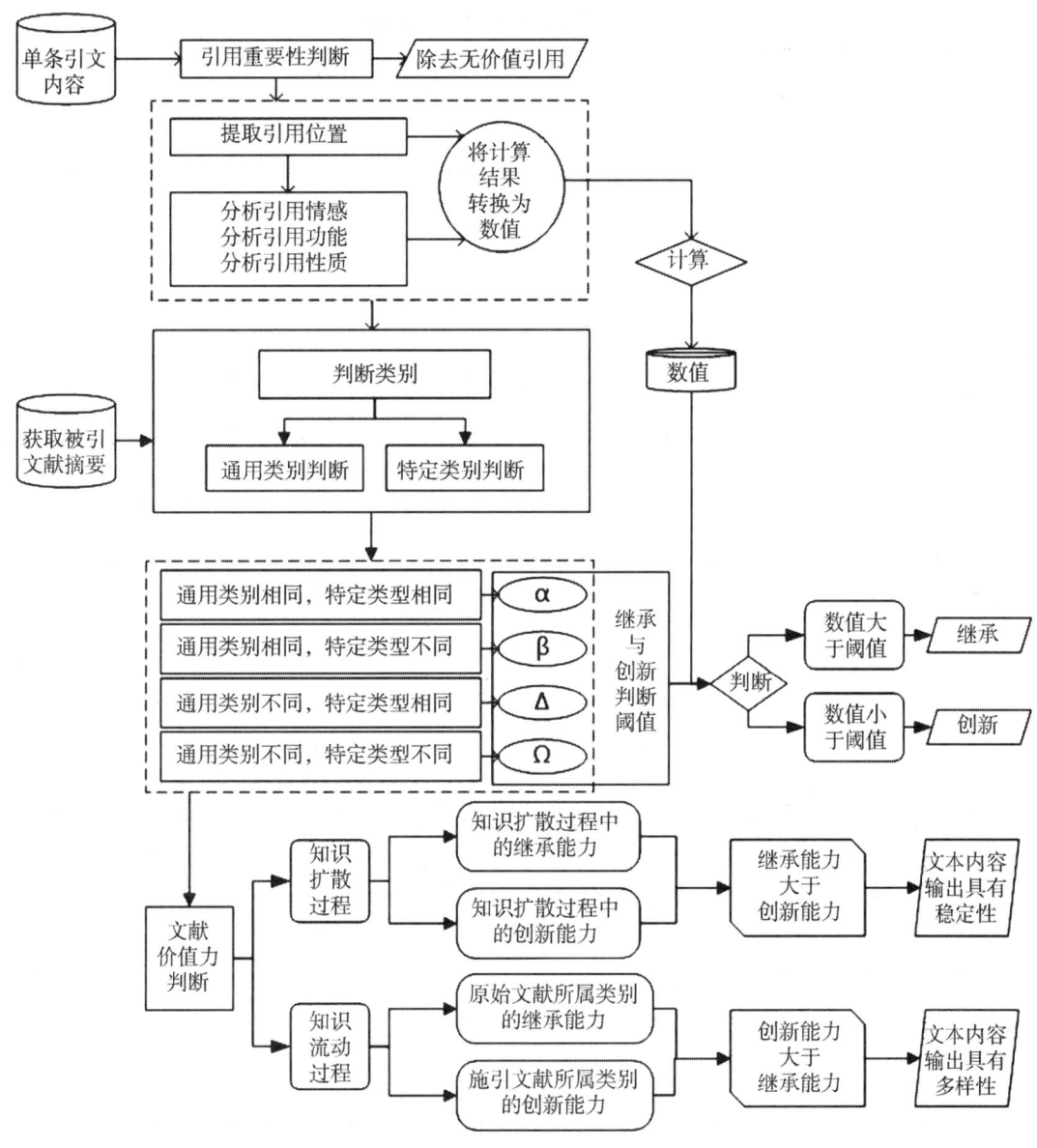

图 6 单篇论文的继承与创新判断流程

在对知识单元继承与创新判定过程中,需要将标注数据转换为数值,通过计算公式得出数值,并与阈值对比,得到文献知识单元的继承与创新。引用位置、引用情感、引用功能、引用性质的具体标注框架及标注系数如表 1 所示,数值计算方式为:

$$\gamma_n = \lambda_1 * X_a + \lambda_2 * X_b + \lambda_3 * X_c + \lambda_4 * X_d \tag{1}$$

式中 γ_n 表示最终计算数值, λ_1、λ_2、λ_3、λ_4 及 X_a、X_b、X_c、X_d 如表 1 所示,λ_1、λ_2、λ_3、λ_4 的具体数值根据所选领域文献的特点赋值,单个指标项目得分基于专家讨论,如引用情感的赋值中,积极引用使用正值,消极引用使用负值,中立引用不赋分。

表 1 基于引文内容的指标计算框架

指标	系数	具体指标	符号	项目得分
引用位置	λ_1	引言部分	Xa_1	0.5
		综述部分	Xa_2	0.5
		方法部分	Xa_3	1
		实验部分	Xa_4	1
		结果部分	Xa_5	1
引用情感	λ_2	积极引用	Xb_1	1
		中立引用	Xb_2	0
		消极引用	Xb_3	-1
引用功能	λ_3	相关研究	Xc_1	0.5
		比较研究	Xc_2	0.5
		现有研究	Xc_3	1
		延伸研究	Xc_4	1
引用性质	λ_4	定义类型	Xd_1	0.5
		实用类型	Xd_2	1

　　知识单元由通用类别及特定类别组成，其判断框架如表 2 所示。被引文献的通用类别和特定类别会与施引文献的通用类型和特定类别不同，但并不一定是被引文献产生了创新。如某篇文献的主要研究内容为如何诊断阿尔茨海默症并提出诊断模型，作者在提出诊断模型后会进行实证研究，后续施引文献可能引用此文献的数据或研究结果，本文认为，此时虽然通用类别与特定类别均发生改变，但原文的输出价值并未产生创新。因此，将各个引文指标纳入继承与创新的判定中具有一定的科学性。

表 2 研究对象标注框架体系

研究 对 象		
通用类别研究对象		特定类别研究对象
概念(G1)	方法(G7)	疾病症状研究(S1)
问题(G2)	算法(G8)	疾病病因研究(S2)
数据(G3)	模型(G9)	疾病检查研究(S3)
材料(G4)	应用(G10)	疾病诊断研究(S4)
设备(G5)	结果(G11)	疾病治疗研究(S5)
工具(G6)	其他(G12)	疾病预防研究(S6)

将被引文献类别标注结果与引文内容标注结果进行对比,一共可得到四种对比结果,根据前期引文内容指标的判断及数值化处理,可得到施引文献中一条引文内容的计算值,与既定的继承与创新阈值相对比,可得到引文内容是对被引文献知识单元的继承还是创新。阈值的设定根据所选领域论文特点赋值。

2.3 文本内容输出的稳定性研究

施引文献对被引文献的引用,是被引文献知识扩散的一种表现,同时施引文献的引文内容也丰富了被引文献的价值维度。被引文献在发表时的价值及后续施引文献认可的价值,本文使用通用类别与特定类别进行标记,经过前期的继承与创新计算,得到每个年份的继承与创新的引文数量及类别标注,可计算每年知识扩散的能力。知识扩散过程中,部分表现为继承形式,部分表现为创新形式,因此在具体计算过程中,分为知识扩散继承能力与知识扩散创新能力,计算方式如(2)和(3)所示。

(1)知识扩散过程中的继承能力:

$$\text{KMDH}_k = \frac{n}{N} \tag{2}$$

k:表示第 k 年;n:表示施引文献数据中继承引文条目总数;N:表示施引文献引文条目总数。

(2)知识扩散过程中的创新能力:

$$\text{KMDM}_k = \frac{u}{N} = 1 - \frac{n}{N} \tag{3}$$

u:表示施引文献数据中创新引文条目总数。

知识扩散能力的研究以各年份的总引文条目数量为分母,以各年份继承引文条目数量或创新引文条目数量为分子,知识扩散能力的数值为1,其主要考察文献的稳定性。当某篇文献在流动过程中,每一年份知识扩散中创新能力皆大于其继承能力,则说明被引文献并未对后续文献做出推动性贡献。每一年份的继承能力大于其创新能力时,则说明被引文献是后续文献研究的基石,为此领域的发展做出实质性贡献,科研人员在选取文献时,根据阅读目的进行选择性阅读。部分文献也会产生波动,比如某些文献在扩散前期以创新为主,但创新为主所持续时间不长,后续持续以继承为主进行知识扩散,前期的创新可能由于当前技术不支持等原因而不被认可,随着科技的发展及相关研究的进展,其逐渐得到认可并持续对后续研究做出贡献。

2.4 文本主题输出的多样性研究

知识流动能力选取的时间段范围大于等于知识扩散能力的时间范围,知识扩散能力以某一特定年份的数据为研究对象,知识流动能力则以论文发表时至某一特定年份的时间段内数据为研究对象。知识扩散能力研究引文继承与创新之间的变量关系,知识流动能力将同类标签汇总,研究汇总后标签类别与被引文献的类别对比,分析被引文献类别的输出能力。当被引文献的通用类别及特定类别的输出能力较强,即继承能力较强时,说明文献价值输出较为固定;当被引文献在后续输出过程中散向其他类别,并且数量较多,说明被引文献价值输出具有多样性，除主要类别的贡献外，其他类别也具有价值性。知识流动过程中的继承能力与创新能力计算公式如(4)和(5)所示。

(1) 知识流动过程中的继承能力：

$$KMMH = \frac{\sum_{v}^{w} T_{mi}}{\sum_{v}^{w} T_{i}} \quad (4)$$

v：表示样本的起始年份；w：表示样本的结束年份；T_{mi}：表示第i年文献的继承引用标签数；T_i：表示第i年文献的总引用标签数。

(2) 知识流动过程中的创新能力：

$$KMMM = \frac{\sum_{v}^{w} T_{hi}}{\sum_{v}^{w} T_{i}} = 1 - \frac{\sum_{v}^{w} T_{mi}}{\sum_{v}^{w} T_{i}} \quad (5)$$

T_{hi}：表示第i年文献的创新引用标签数。

由上述公式可知，知识流动能力的定义数值为1，在文献发表初期，文献在流动过程中的创新能力产生的影响相对较大，随着文献发表时间变长，选取的时间范围变久远，文献在流动过程中的继承能力与创新能力逐渐稳定。

3. 实证研究

3.1 实验准备

本文首先下载EuroPMC数据库中所有包含Alzheimer的论文，检索式为(TITLE："Alzheimer") AND (OPEN_ACCESS：y) AND (PUB_TYPE："Journal Article") AND (LANG："eng" OR LANG："en" OR LANG："us") AND FIRST_PDATE：[2009 TO 2018]，检索时间为2018年11月21日，检索到6849篇论文，将所有论文以XML格式下载。对所有论文的引文内容进行抽取，共计抽取到533346条引文内容，每条引文内容包括施引文献的PMID号，论文发表时间，期刊，引文内容，引用位置；参考文献的PMID号，发表时间。

本文在WOS(Web of Science)检索主题为Alzheimer的论文，选取高被引论文，并选择2013年被引次数最高的单篇文献PMID23332364作为本文研究对象。在前期抽取到的533346条引文内容中，选择参考文献的PMID号为23332364，共计得到265条引文文本内容。

3.2 文本内容处理

(1) 去除不重要引用。根据前文对不重要引用的定义，剔除不重要引用。例：PMID23874844的引文内容显示为：[50]</xref>，则表示是与参考文献50并行出现在文章中，属冗杂性引用。PMID4724025 在文献中的引用为：Jack et al.，2010</xref>，是对作者的简单提及，并未涉及原文内容，这种仅简单提及作者姓名的引用为不重要引用。将所有冗杂性引用及不重要引用剔除后，共计得到 29 篇文献的 45 条引文内容。

（2）判定引文内容的引用情感、引用功能、引用性质、通用引用类别、特定引用类别。例：文献 PMID29213988 的引文内容 "Brain glucose metabolism is a surrogate marker of synaptic activity" 判断结果为中立引用情感。

（3）对被引文献 PMID23332364 的文本摘要内容的通用引用类别、特定引用类别进行人工判定。部分施引文献对被引文献进行多次引用，多数引文内容在各次引用中，其引用情感、引用功能、引用性质、引用类别及知识单元的继承与创新结果不同，例如：文献 27169802 对被引文献引用 4 次，本文将多次引用过程中的相同标注结果进行合并，不同标注结果进行多标签展示，数据处理结果如表 3 所示。

表3 施引文献多次引用，引文内容人工标注结果

文献编号	引用位置	引用情感	引用功能	引用性质	通用类别	特定类别
27169802	Introduction	中立	相关研究	定义类型	方法	病因
27169802	Discussion	消极	比较研究	实用类型	结果	病因
27169802	Discussion	消极	现有研究	实用类型	结果	诊断
27169802	Discussion	中立	比较研究	定义类型	模型	诊断

（4）知识单元继承与创新关系计算。本文所选文献为研究阿尔茨海默症的文献，属医学领域文献，将所有数据判断完毕后，对 λ_1、λ_2、λ_3、λ_4 进行赋值研究，在四个系数中，λ_2 所占权重应大于其他权重，经小部分数据实验，得出 $\lambda_1=0.15$、$\lambda_2=0.6$、$\lambda_3=0.15$、$\lambda_4=0.1$，阈值 $\alpha=0.25$、$\beta=0.35$、$\Delta=0.35$、$\Omega=0.5$。根据表 1 及表 2，将所有数据转换为数值或符号，根据公式（1）进行知识单元继承与创新计算，根据结算结果及阈值对比，得出施引文献对被引文献的继承或创新。

3.3 论文价值力计算与论文评价

（1）知识扩散过程中继承能力与创新能力的计算。根据施引文献知识单元继承与创新的计算结果，添加时间属性，结合标注标签，对 29 篇施引文献进行整理，结果如图 7 所示。左边部分为知识单元的继承，右边部分为知识单元的创新。黄色填充 PMID 号的文献表示单篇文献多次引用，且存在既有知识单元的继承，又有知识单元的创新。圈内数字表示文献的 PMID 号，圈外标签表示各条引文内容通用类别判定结果与特定类别判定结果。通过对施引文献内容的判定，发现被引文献由最初的阿尔茨海默症发病原因模型的价值输出，扩大为使用原文中的模型、问题、概念、方法、数据、结果等内容进行后续研究，助力阿尔茨海默症疾病病因探寻与阿尔茨海默症疾病诊断。

根据知识扩散过程中继承能力与扩散能力的计算公式，可以得到被引文献在施引过程中的继承与创新情况，按照公式（2）和（3），得出具体数值，如图 8 所示。

计量与评价

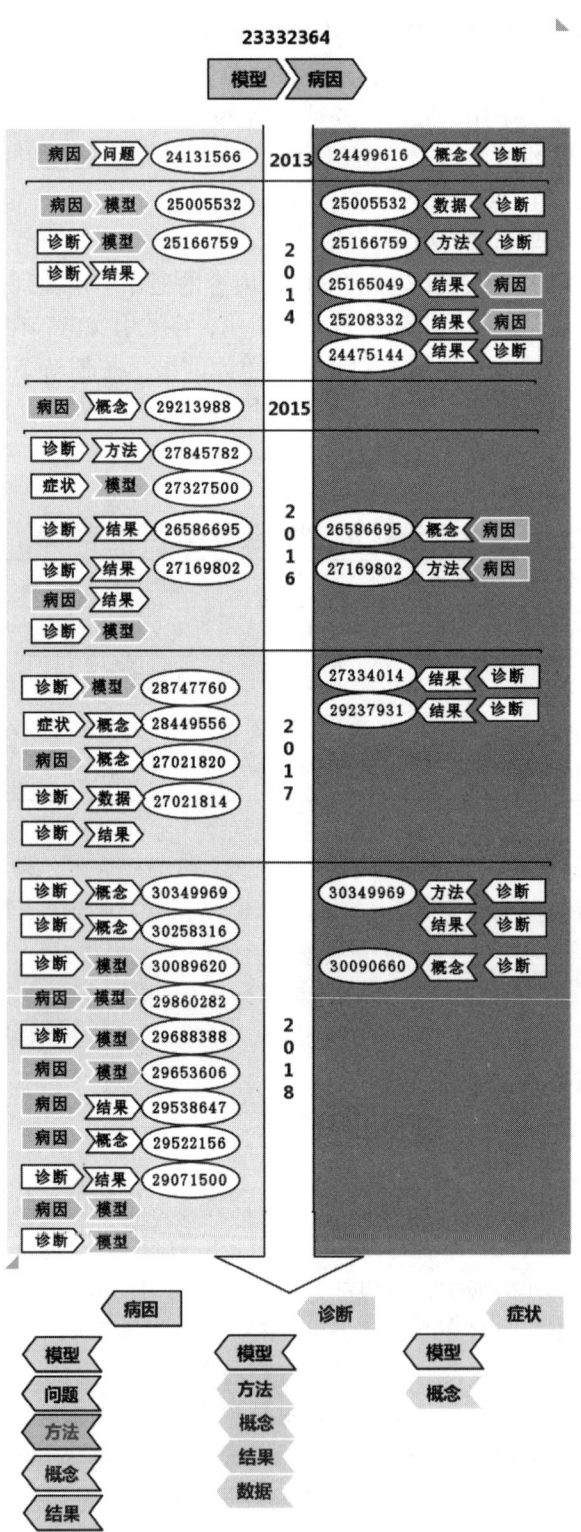

图 7 扩散过程中单篇文献知识单元继承与创新结果(参见彩图 3)

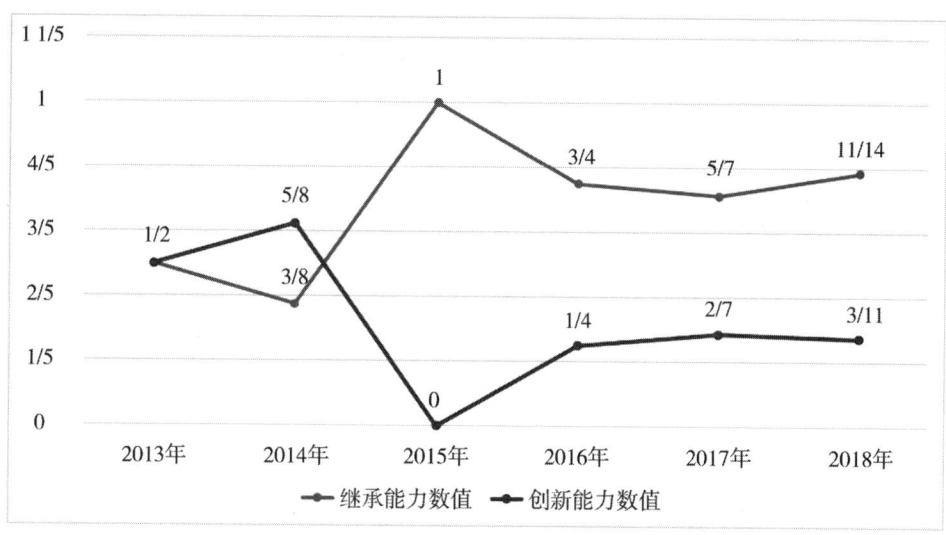

图 8　扩散过程中单篇文献知识单元继承与创新计算数值

由图 7、图 8 可得出被引文献在论文发表初期,其引用次数较少,但知识单元发生创新的数量相对较多。在论文发表后续期间,知识单元在扩散过程中发生创新的能力逐渐降低,并趋于稳定。

(2)知识流动过程中继承能力与创新能力的计算。将通用类别及特定类别重复标签合并,可计算得到知识流动的原始数据,将数据按年份整理后如图 9 所示。同上述设置原则一致,将知识单元的继承标签置于年份上方,使用黑色表示;将知识单元的创新标签置于年份下方,使用黑色表示。

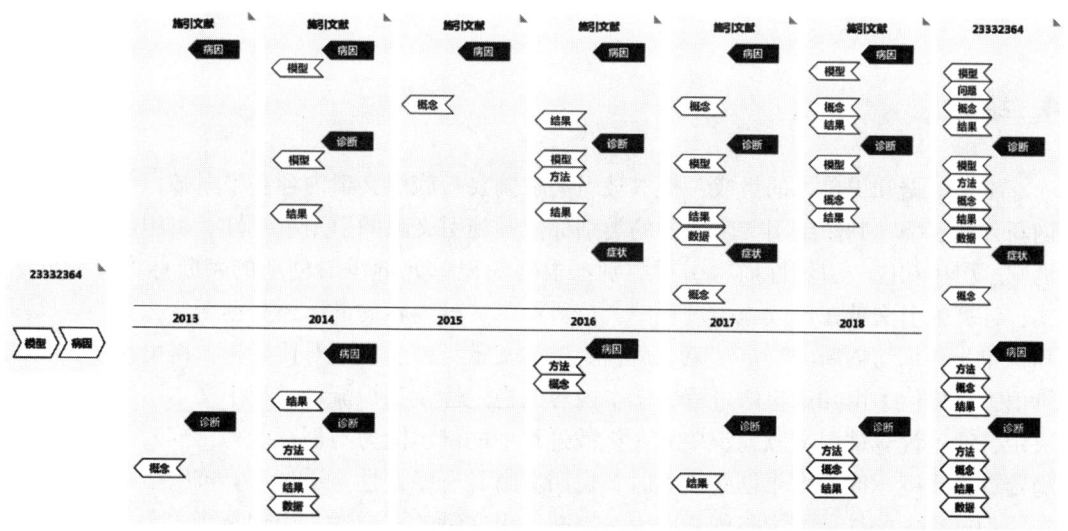

图 9　流动过程中单篇文献知识单元继承与创新结果(参见彩图 2)

被引文献的最初类别判断为模型与病因，因此 $G_0 = G9$，$S_0 = S2$，按照公式(4)和(5)，可以得出被引文献在后续被引用的知识流动过程中的知识继承与知识创新的具体数值，如图10所示。

通过图9、图10可以得出，被引文献的特定类别——病因标签在后续文献中持续流动，在知识单元创新标注数据中，病因的创新标注少于诊断的标注数据，并且在流动过程中，与病因并列的通用标注标签数量较少。被引文献的特定标注——模型标签较为活跃，对模型的引用过程没有发生过知识单元的创新，并且多将模型应用于疾病的诊断之中。

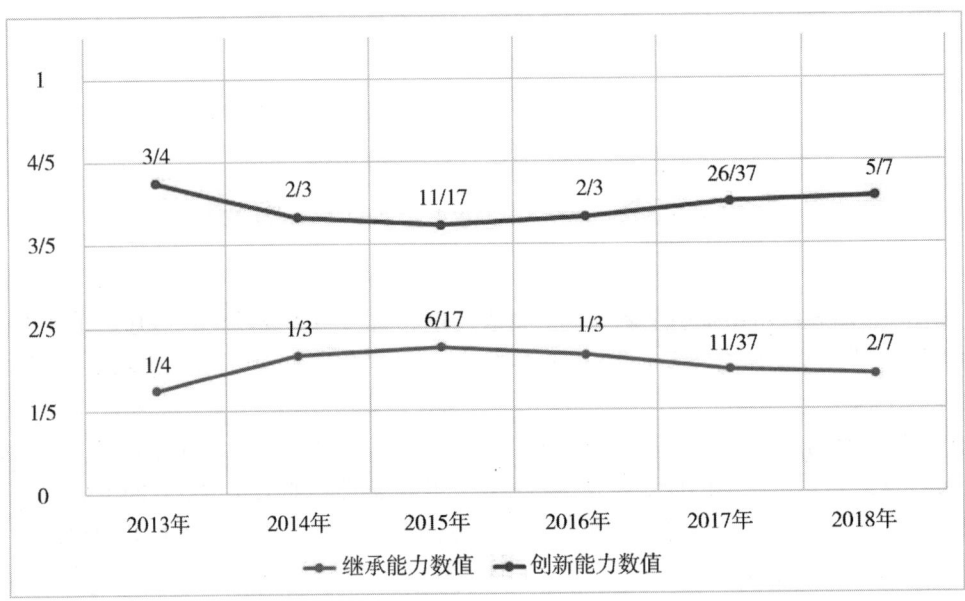

图10 流动过程中单篇文献知识单元继承与创新计算数值

4. 结论

本文根据知识单元的组成，提取被引文献摘要与施引文献内容；根据知识单元继承与创新判断框架，判断施引文献摘要的类别标注及施引文献的引用重要性、引用位置、引用情感、引用功能、引用性质、引用类别；根据知识单元继承与创新的判断标准及判断公式，计算施引文献在后续施引过程中，是对被引文献内容的继承还是创新。在对施引文献知识单元继承与创新的判定结束之后，将施引文献与被引文献对比分析，得出被引文献的价值力。价值力由知识扩散过程中文本内容的稳定性及知识流动过程中文本主题的多样性决定，通过计算被引文献知识单元在扩散过程中的继承能力与创新能力，判断被引文献的稳定性，当继承能力大于创新能力时，说明文献具有稳定性。通过计算被引文献知识单元在流动过程中的继承能力与创新能力，判断被引文献的多样性，当创新能力大于继承能力时，说明被引文献的价值输出具有多样性。

开放获取的推进对基于知识继承与创新的单篇学术论文评价至关重要，引文内容的获取离不开全文数据库的支持。本文选取 PMID23332364 文献进行实证研究，单篇文献在各个数据库中的被引频次数量不同，本文依据文本内容进行单篇论文评价，因此数据源为支持开放获取的 XML 格式论文数据，而支持开放获取期刊的施引文献数量（265 次）远远低于引文数据库如 Web of Science 数据库（1153 次）的被引频次。开放获取运动的推进有利于获取更多施引文献的引文内容，从而使结果更加准确，更加具有代表性。

◎ 参考文献

[1] 王效岳，白如江. 海量网络学术文献自动分类技术研究[M]. 北京：人民出版社，2015：40-42.

[2] 索传军，盖双双. 单篇学术论文的评价本质、问题及新视角分析[J]. 情报杂志，2018，37(6)：102-107.

[3] 白如江，杨京，王效岳. 单篇学术论文评价研究现状与发展趋势[J]. 情报理论与实践，2015，38(11)：11-17.

[4] 曾群，龚胜生，刘建超. 论科技期刊论文审稿人的学术评价[J]. 编辑学报，2018，30(3)：234-236.

[5] 曾群. Publons 对传统审稿模式的改变[J]. 科技与出版，2018(5)：60-64.

[6] 孟美任，张晓林. 中国科技期刊引入开放同行评议机制的思考与建议[J]. 中国科技期刊研究，2019，30(2)：149-155.

[7] 赵蓉英，张扬，陈婧. Altmetrics 在论文影响力评价中的应用研究[J]. 情报科学，2018，36(6)：3-8，39.

[8] 赵蓉英，郭凤娇. Altmetrics：学术影响力评价的新视角[J]. 情报科学，2017，35(1)：14-18.

[9] 刘盛博，王博，丁堃. 科技论文评价研究综述[J]. 情报理论与实践，2016，39(6)：126-130，138.

[10] 齐世杰，郑军卫. 科技论文定量评价方法研究进展[J]. 情报理论与实践，2017，40(10)：140-144.

[11] 何春建. 单篇论文学术影响力评价指标构建[J]. 图书情报工作，2017，61(4)：98-107.

[12] 章成志，丁睿祎，王玉琢. 基于学术论文全文内容的算法使用行为及其影响力研究[J]. 情报学报，2018，37(12)：1175-1187.

[13] 赵蓉英，郭凤娇，谭洁. 基于 Altmetrics 的学术论文影响力评价研究——以汉语言文学学科为例[J]. 中国图书馆学报，2016，42(1)：96-108.

[14] 张冬梅，闫蓓. 对话冯长根：用学术影响力评价学术论文[J]. 科学通报，2016，61(26)：2851-2852.

[15] 楼海萍，潘杏梅，方红，胡海翔，袁明捷. 我国学术论文下载指标研究综述[J]. 图书馆研究与工作，2018(10)：50-55.

[16] 杨京，王芳，白如江. 基于研究水平的单篇学术论文创新力评价研究——以碳纳米管材料领域为例[J]. 情报理论与实践，2017，40(9)：76，105-111.

[17] 耿树青, 杨建林. 基于引用情感的论文学术影响力评价方法研究[J]. 情报理论与实践, 2018, 41(12): 93-98.

[18] 索传军, 盖双双. 基于引文的论文质量与影响力探析[J]. 情报理论与实践, 2018, 41(5): 11-15.

[19] 杨思洛, 程爱娟, 袁庆莉. 基于Altmetrics的论文影响力三维测度方法研究[J]. 农业图书情报学刊, 2018, 30(10): 5-12.

[20] 由庆斌, 韦博, 汤珊红. 基于补充计量学的论文影响力评价模型构建[J]. 图书情报工作, 2014, 58(22): 5-11.

[21] 邱均平, 余厚强. 论推动替代计量学发展的若干基本问题[J]. 中国图书馆学报, 2015, 41(1): 4-15.

[22] 邱均平, 余厚强. 替代计量学的提出过程与研究进展[J]. 图书情报工作, 2013, 57(19): 5-12.

[23] 索传军, 盖双双, 周志超. 认知计算——单篇学术论文评价的新视角[J]. 中国图书馆学报, 2018, 44(1): 50-61.

[24] 刘运梅, 李长玲, 冯志刚, 刘小慧. 改进的p指数测度单篇论文学术质量的探讨[J]. 图书情报工作, 2017, 61(21): 106-113.

[25] 苏成, 潘云涛, 袁军鹏, 马峥. 基于优化PageRank、HITS和SALSA算法的期刊评价研究[J]. 编辑学报, 2015, 27(4): 330-333.

[26] 刘春丽. 论文层面计量学(Article-Level Metrics): 发展过程、特点、指标与应用[J]. 图书馆杂志, 2016, 35(2): 63-69, 110.

[27] 张晓林. 从Informetrics到Decision Intelligence: 呼唤知识发现研究的范式演变[J]. 数据分析与知识发现, 2019, 3(1): 1-2.

[28] 叶鹰. 高品质论文被引数据及其对学术评价的启示[J]. 中国图书馆学报, 2010, 36(1): 100-103.

[29] 王佳敏, 李信, 刘齐进. 全文本文献计量分析学术沙龙综述[J]. 信息资源管理学报, 2018, 8(4): 119-125.

(作者贡献说明: 张庆芝: 负责论文撰写; 白如江: 进行研究命题和思路设计; 王效岳: 细节修改。)

z指数在学术期刊学术影响力评价中的应用研究

——以图书馆、情报与文献学期刊为例①

方兴林

（黄山学院经济管理学院）

摘要：[目的/意义]对基于z指数的学术期刊学术影响力进行量化实证研究，以期为国内公平合理地评价学术期刊学术影响力提供新的视角和方法。[方法/过程]以图书馆、情报与文献学期刊类别中最具代表性的18种学术期刊为研究样本，对比分析z指数在不同期刊中与总刊文量、总被引频次、篇平均被引频次、引文分布一致性指标、h指数、p指数等指标间的差异，并进行相关性分析。[结果/结论]结果表明，z指数较好实现了学术期刊所刊发文章的被引数量与被引质量以及被引分布之间的平衡，具有更好的区分度、灵敏性和稳定性，是一种较好的具有较广泛应用前景的学术期刊学术影响力评价指标。

关键词：z指数；p指数；h指数；学术期刊；学术影响力

The Application Research of z-Index in Evaluating Academic Influence of Academic Journal
——Take the Field of Journal of Library, Information and Bibliography as an Example

Fang Xinglin

(School of Economics and Management, Huangshan University)

Abstract: [Purpose/Significance] In order to provide a new perspective and method for evaluating academic influence of academic periodicals, the academic influence of academic periodicals based on z-index is quantified. [Method/Process] The 18 most representative journals of Library Science, Information Science and Bibliography are selected as the research samples, and the differences of the z-index in different periodicals with the total quantity, total citation frequency, average citation frequency, the index of the consistency of

---

① 本文系黄山学院校级科研平台建设项目"互联网+文化"（项目编号：kypt201812）研究成果之一。
作者简介：方兴林，黄山学院经济管理学院讲师，硕士。

the citation, the h-index and the p-index are compared analysis. [Result/Conclusion] The results show that the z-index has better realized the balance between the quoted quantity and the cited quality and the quoted distribution, and has better regional diversity, sensitivity and stability. It is a better evaluation index of academic influence with large application prospects.

Keywords: z-index; p-index; h-index; academic journal; academic influence

1. 引言

学术期刊的本质是用于展示各学科研究领域最新的研究成果,主要刊发原创研究、综述等类型的文章。学术期刊所刊发文章作为相关研究人员科研创新的核心成果之一,对其学术影响力评价的方法的科学性、公平性和精准性,一直以来都是相关学者研究的焦点,并逐渐演变成科学计量领域中的一个热点研究方向。影响因子(impact factor)的易用性和易理解性,使得它一经提出便得到了追捧和最广泛的应用,至今它依然是主流的学术期刊评价和某些类别核心期刊遴选的标准。但学者们在实际应用影响因子评价工具时发现其存在很多不足[1-2],于是众多学者开始致力于研究和提出新的学术期刊量化评价工具。2005年美国学者Hirsch提出h指数,其以简单稳健的特点迅速成为学术评价新指标和信息计量学研究热点[3]。将h指数应用于学术期刊评价[4-5],虽然能够较好地平衡学术期刊的产出和影响,但是也存在一定的不足,如对评价对象的区分度不理想、被评价对象被引频次不同却拥有相同的h指数等。h指数在学术期刊应用领域的不足进一步激发了信息计量学领域的研究活力,h指数的各种变体,如h(2)指数、h_f指数、连续h指数、锥形h指数等相继被提出[6]。此外,各种h型指数也随之而诞生,如g指数、e指数等。在h型指数中,影响较大的是2010年Prathap所提出的p指数[7-9],Prathap将p指数解释为卓越因子(prominence factor)或杰出因子(prestige factor)。p指数的提出能够较好地弥补h指数区分度差的问题,但是p指数也存在先天性的不足,即其无法表达被评价对象的引文分布情况[10]。针对p指数的不足,Prathap于2014年在p指数的研究基础上新提出一个综合评价工具,即z指数[11]。作为一个全新的计量评价工具,Prathap系统地解释了z指数的内涵[12],并较为全面地分析了z指数与h指数之间的关系[13]。为了验证z指数的有效性,Prathap将z指数分别应用于太阳能电池研究现状评价和印度国家整体科研水平评价,并取得了较好的结果[14-15]。

由于z指数提出的时间距当前较短,基本上属于一个全新的评价指标体系,当前国外的研究大多是由其提出者Prathap完成,国内关于z指数的研究较少,何晓庆等学者曾将z指数成功应用于国外科研机构学术影响力评价、Muscular Dystrophy研究领域代表性研究学者学术影响力评价[16-17],最近何晓庆等学者又基于Web of Science数据库,将z指数应用于2016年版JCR中位于Q1和Q2分区的信息科学和图书馆学期刊学术影响力评价[18]。目前鲜有将z指数应用于国内学术期刊学术影响力评价研究领域,基于此,本文拟将以国内主流学术文献数据库——中国知网(CNKI)所收录的图书馆、情报与文献学类期刊为研究对象,将z指数应用于该类学术期刊学术影响力评价研究领域,一方面为国内学术期刊学术影响力评价研究领域探寻新的研究方法,另一方面也将为z指数应用于学术期刊学术影响力评价研究领域提供新的实证研究案例。

2. z指数基本原理

按照Prathap对z指数的原始定义,学术期刊学术影响力的z指数值将取决于该期刊在指定研究时间窗口内所有刊发文章的总量、平均每篇所刊文章的被引率以及被引用的集中程度三个变量[11]。假设某学术期刊刊发文章总数为N,N篇文章总被引频次为C,篇平均被引频次为i,C_k表示第k篇文章的被引频次,被引用的集中程度,即引文分布变化的一致性指标用η表示,则有如下等式成立:

$$\eta = \frac{X}{E} = \frac{C^2/N}{\sum_{k=1}^{N} C_k^2} \tag{1}$$

公式(1)中,Prathap认为X和E为能量因子。η的计算过程得益于经济学中计算集中度的综合指数HHI(herfindahl-hirschman index)的计算过程思路[18],篇平均被引频次$i = C/N$,则$X = iC$,$E = \sum_{k=1}^{N} C_k^2$。z指数的最终表达式为:

$$z = (\eta X)^{\frac{1}{3}} = (\eta^2 E)^{\frac{1}{3}} = \left(\frac{C^4/N^2}{\sum_{k=1}^{N} C_k^2} \right)^{\frac{1}{3}} \tag{2}$$

Prathap指出C为一阶性能指标,X和E为二阶性能指标,X和E的同时出现为三阶性能指标η创造了条件,z指数开立方根后与h指数和p指数保持同维度[12]。

3. 实证分析

3.1 数据来源与统计

本文研究对象的相关数据信息均来源于中国知网(CNKI),选取同时存在于中文社会科学引文索引(Chinese Social Sciences Citation Index,CSSCI)"2012—2013版"与"2014—2016版"中"图书馆、情报与文献学来源期刊目录"大类里的19种学术期刊,由于《情报学报》在中国知网数据库中缺少2012年的数据,因此暂不将其作为统计对象,最终确定研究对象共计18种。分别统计2012—2016年上述18种学术期刊的总刊文量、总被引频次、篇平均被引频次、一致性指标 η、h 指数、p 指数、z 指数，详情如表 1 所示。

表 1　2012—2016 年 18 种学术期刊的文献计量指标

期刊名称	总刊文量	总被引频次	篇平均被引频次	η	h 指数	p 指数（排名）	z 指数（排名）
大学图书馆学报	743	6900	9.2867	0.1969	36	40.0163（7）	23.2818（9）
档案学通讯	770	4311	5.5987	0.2746	25	28.8994（17）	18.7837（14）
档案学研究	746	3585	4.8056	0.3665	22	25.8273（18）	18.4835（16）
国家图书馆学刊	636	4021	6.3223	0.2129	26	29.4038（16）	17.5578（18）
情报科学	1886	12792	6.7826	0.3717	35	44.2702（4）	31.8305（4）
情报理论与实践	1763	12025	6.8208	0.3879	35	43.4483（5）	31.6863（5）
情报杂志	2301	19129	8.3133	0.3260	43	54.1780（3）	37.2892（2）
情报资料工作	798	5634	7.0602	0.2367	31	34.1358（11）	21.1149（11）
图书馆	1405	6872	4.8911	0.2569	24	32.2723（14）	20.5156（12）
图书馆工作与研究	1969	9266	4.7059	0.3004	29	35.1976（10）	23.5726（8）
图书馆建设	1640	7785	4.7470	0.1790	28	33.3087（13）	18.7726（15）
图书馆论坛	1241	8164	6.5786	0.2828	32	37.7292（8）	24.7644（7）
图书馆杂志	1402	7908	5.6405	0.1870	34	35.4646（9）	20.2808（13）
图书情报工作	4233	25991	6.1401	0.2027	47	54.2416（2）	31.8643（3）
图书情报知识	537	4513	8.4041	0.2822	30	33.5984（12）	22.0378（10）
图书与情报	807	7931	9.8278	0.2137	35	42.7163（6）	25.5394（6）
现代图书情报技术	1145	5703	4.9808	0.2025	30	30.5117（15）	17.9174（17）
中国图书馆学报	325	7550	23.2308	0.3250	42	55.9762（1）	38.4874（1）

注：《现代图书情报技术》于 2017 年起正式更名为《数据分析与知识发现》，数据采集时间为 2018 年 7 月 15 日。

3.2　评价结果分析

3.2.1　排名对比分析

从表 1 中可以清晰地看出，h 指数应用于学术期刊评价的区分度明显弱于 p 指数和 z 指数，表现在上述 18 种学术期刊中，《情报科学》《情报理论与实践》《图书与情报》三种学术期刊拥有不同的总刊文量、不同的总被引频次，然而却拥有相同的 h 指数，《图书情报知识》和《现代图书情报技术》两种学术期刊也同样如此。

从表1中可以看出,上述18种样本学术期刊中,以z指数为评价标准来排名时,位列前6名的学术期刊依次是《中国图书馆学报》《情报杂志》《图书情报工作》《情报科学》《情报理论与实践》《图书与情报》;如果换作以p指数为评价标准来排名时,位列前6名的学术期刊依次是《中国图书馆学报》《图书情报工作》《情报杂志》《情报科学》《情报理论与实践》《图书与情报》。不难发现,在排名前6名中,除了《情报杂志》和《图书情报工作》两种学术期刊的排名有微小差异(仅差一位)外,其他4种学术期刊在两类评价指标体系中均获得相同的排名。进一步分析《情报杂志》和《图书情报工作》排名出现差异的原因,《情报杂志》相对于《图书情报工作》而言,其篇平均被引频次明显较高,但是《情报杂志》的总刊文量明显低于《图书情报工作》,这说明z指数比p指数对学术期刊所刊发每一篇文章的被引次数更加敏感。值得特别关注的是《中国图书馆学报》,无论是z指数还是p指数,其排名均位于第一位。《中国图书馆学报》的出版周期为双月刊,其总刊文量在18种样本学术期刊中排名倒数第一,对应的总被引频次在18种样本学术期刊中也并不显眼,但是它的篇平均被引频次却达到了23.2308,遥遥领先于其他17种学术期刊,显然z指数和p指数的评价体系相较于h指数来说,对篇平均被引频次更加敏感。对比z指数和p指数排名有差异的13种学术期刊,总体差异不大,具体差异可以归纳为两种类型,即z指数排名劣于p指数排名、z指数排名优于p指数排名。其中,《大学图书馆学报》《国家图书馆学刊》《图书馆建设》《图书馆杂志》《图书情报工作》《现代图书情报技术》共计6种学术期刊的z指数排名劣于p指数排名,不难发现,这6种学术期刊的引文分布一致性指标 η 均小于18种学术期刊的平均值($\bar{\eta}=0.2670$),而《档案学通讯》《档案学研究》《情报杂志》《图书馆》《图书馆工作与研究》《图书馆论坛》《图书情报知识》共计7种学术期刊的z指数排名优于p指数排名,这7种学术期刊中,除了《图书馆》,其他6种学术期刊的引文分布一致性指标 η 均大于18种学术期刊的平均值($\bar{\eta}=0.2670$)。显然 η 值的大小对学术期刊影响力最终排名有较大的作用性,即引文分布一致性指标 η 越小,表明该种学术期刊的引文分布情况集中程度越高,分布不均匀,那么其z值排名就越低;反之,引文分布一致性指标 η 越大,表明该种学术期刊的引文分布情况集中程度越低,分布较均匀,那么其z值排名就越高。

总的来说,h指数、p指数和z指数均是一种兼顾数量和质量的综合性学术期刊评价指标体系,但是h指数评价灵敏度相对较低,p指数虽然灵敏度高于h指数,但是它无法完全有效地反映学术期刊被引文献分布,而z指数不仅兼顾数量和质量,而且通过引入引文分布一致性指标 η,使得z指数在充分吸收了h指数和p指数的优点的基础上,更深层次地反映出期刊被引分布情况。

3.2.2 描述性分析

为了能够清晰地揭示z指数与h指数和p指数之间的联系,本文对18种学术期刊的3种指数进行描述性统计,结果如表2所示。z指数变异系数>p指数变异系数>h指数变异系数,即说明z指数的离散程度>p指数的离散程度>h指数的离散程度,显然z指数区分度>p指数区分度>h指数区分度。

表 2 描述性统计结果

指标	z 指数	h 指数	p 指数
均值	24.6545	32.4444	38.3998
标准差	6.7139	6.7408	9.0928
变异系数	0.2723	0.2078	0.2368

3.2.3 相关性分析

为了能够进一步深层次分析 z 指数和 h 指数、p 指数之间的关系，本文利用统计学分析软件 SPSS 21 对本文所研究的 18 种学术期刊的各项评价指标进行相关性分析，结果如表 3 所示。

表 3 指标相关性分析结果

		总刊文量	总被引频次	篇平均被引频次	一致性指标 η	h 指数	p 指数	z 指数
总刊文量	Pearson 相关性	1	.918**	-.325	-.029	.535*	.484*	.390
	显著性(双侧)		.000	.188	.908	.022	.042	.109
	N	18	18	18	18	18	18	18
总被引频次	Pearson 相关性	.918**	1	-.007	.083	.793**	.768**	.684**
	显著性(双侧)	.000		.979	.744	.000	.000	.002
	N	18	18	18	18	18	18	18
篇平均被引频次	Pearson 相关性	-.325	-.007	1	.189	.502*	.607**	.616**
	显著性(双侧)	.188	.979		.453	.034	.008	.006
	N	18	18	18	18	18	18	18
一致性指标 η	Pearson 相关性	-.029	.083	.189	1	.010	.207	.496*
	显著性(双侧)	.908	.744	.453		.967	.409	.036
	N	18	18	18	18	18	18	18
h 指数	Pearson 相关性	.535*	.793**	.502*	.010	1	.948**	.837**
	显著性(双侧)	.022	.000	.034	.967		.000	.000
	N	18	18	18	18	18	18	18
p 指数	Pearson 相关性	.484*	.768**	.607**	.207	.948**	1	.950**
	显著性(双侧)	.042	.000	.008	.409	.000		.000
	N	18	18	18	18	18	18	18
z 指数	Pearson 相关性	.390	.684**	.616**	.496*	.837**	.950**	1
	显著性(双侧)	.109	.002	.006	.036	.000	.000	
	N	18	18	18	18	18	18	18

注：**. 在 0.01 水平(双侧)上显著相关；*. 在 0.05 水平(双侧)上显著相关。

从表3中可以看出，首先，z指数与p指数在0.01水平（双侧）上显著相关，相关系数为0.950；与h指数在0.01水平（双侧）上显著相关，相关系数为0.837，说明z指数非常好地模拟了p指数和h指数，继承了它们的优势。其次，z指数与总被引频次、篇平均被引频次在0.01水平（双侧）上显著相关，其相关系数分别为0.684和0.616，这说明z指数对总被引频次和篇平均被引频次具有较强的敏感性，即z指数能够敏锐地捕捉到学术期刊所刊出文章的总被引频次或是篇平均被引频次的提升所带来的变化。p指数、h指数同样也与总被引频次、篇平均被引频次在0.01水平（双侧）上显著相关，甚至p指数与总被引频次、篇平均被引频次的相关性均高于z指数，仔细分析不难发现其原因在于z指数在评价学术期刊影响力时还考虑到了引文分布一致性指标η，而p指数和h指数与引文分布一致性指标η均不相关。

上述分析表明，z指数是在分析h指数和p指数的不足的基础上研究出来的，显然z指数能够较好地继承h指数和p指数在评价学术期刊时兼顾数量和质量的优势，但是z指数在评价学术期刊时又表现出了与传统评价方法不完全一致的一面，表现在z指数不仅兼顾了数量和质量，而且还考虑到了被评价学术期刊的引文分布情况，使得其评价结果更加客观和公正。

4. 基于z指数的学术期刊评价的优劣分析

4.1 z指数优势分析

z指数是在h指数和p指数已有的研究基础上提出的，具有良好的理论基础，充分吸收了h指数和p指数的优点，在兼顾了学术期刊刊文数量和质量的同时，还充分考虑到了被评价的学术期刊的引文分布一致性情况。为了能够充分说明z指数相较于h指数和p指数的高灵敏性和稳定性，本文将学术期刊《中国图书馆学报》2012—2016五年内的所有引文按被引频次降序排列，记该序列为$S_i (i = 1, 2, \cdots, 325)$，并假设按照下列三种所描述情形做相应处理。

情形1：降序排列序号为1的文献的被引频次加1，即$S_1 + 1$；
情形2：降序排列序号为2的文献的被引频次加1，即$S_2 + 1$；
情形3：降序排列序号为3的文献的被引频次加1，即$S_3 + 1$。

在上述三种情形下，《中国图书馆学报》的h指数均没有任何变化。p指数均从55.9762变为55.9812，但是针对增加的被引频次发生在不同文献这一问题，p指数不能敏感地反映出来。然而对于z指数来说，当情形1发生时，$\eta = 0.32481263$，z指数由38.4874变为38.4816；当情形2发生时，$\eta = 0.32484992$，z指数由38.4874变为38.4830；当情形3发生时，$\eta = 0.32487158$，z指数由38.4874变为38.4839，显然z指数灵敏地反映出了不同文章被引频次发生的微小变动。

依据经典的h指数定义，当某种学术期刊的h指数为h_1时，即意味着该学术期刊所有刊出的N篇文章中，至少有h_1篇文章的被引频次不少于h_1次，此时将该学术期刊所有刊出的N篇文章按被引频次降序排列，假设序号为$h_1 + 1$的那篇文章的被引频次小幅度增加，此时该学术期刊的 h 指数将有可能变动为 h_1+1 甚至更高，显然此时并不会导致该学术期刊 z 指数出现大幅波动。

综上对比分析，z 指数具有更好的灵敏性和稳定性。

4.2　z 指数劣势分析

4.2.1　引用长尾分布现象的副效用分析

引用长尾分布现象是指某学术期刊存在大量低引用频次的文章。为了验证引用长尾分布现象对学术期刊 z 指数影响的大小，本文做出以下假设：将学术期刊《中国图书馆学报》2012—2016 五年内所刊发的 325 篇文章中被引频次小于等于 1 次的文章删除，这将删除 17 篇文章，引文分布一致性指标 η 由之前的 $\eta=0.32504737$ 变成删除后的 $\eta=0.34145620$，相应的 z 指数也由之前的 38.4874 变成了 39.7716，无论是一致性指标还是 z 指数均有较大幅度的上升，说明低引用文章的存在会降低 z 指数，尤其是某学术期刊的被引分布出现引用长尾分布现象时，将会在较大程度上降低 z 指数。

4.2.2　高被引频次再增长的副效用分析

为了验证学术期刊高被引文章被引频次的再增长对 z 指数的影响，本文做出以下假设：将学术期刊《中国图书馆学报》2012—2016 五年内所刊发的 325 篇文章的被引频次按降序排序，对排序后序号为 1 的文章和序号为 2 的文章的被引频次各增加 1 次，其他 323 篇文章被引频次保持不变，此时该学术期刊的引文分布一致性指标 η 由原先的 $\eta=0.32504737$ 变成增加后的 $\eta=0.32461560$，相应的 z 指数也由之前的 38.4874 变成了 38.4772，被引频次的增长却导致 z 指数的下降，究其原因在于高被引文章被引频次再增长，加剧了该学术期刊被引分布的不平衡，导致 η 值变小，从而导致 z 指数的降低。

4.3　结论

相对于经典的 h 指数和 p 指数，z 指数具有更高的灵敏性，它能够敏锐地捕捉到学术期刊被引频次甚至是单篇被引频次的增加，与此同时，z 指数具有更好的稳定性，被引频次的变动不会引起 z 指数大幅波动。此外，z 指数还是一个综合性评价指标，它不仅仅兼顾学术期刊刊文的数量和质量，更关注文章被引分布的均衡性，对于学术期刊来说，片面追求刊出文章的数量，或者单一追求被引频次的增加，不仅不会提升其学术影响力，反而会产生副作用，如上文所分析，低引用文章的大量产生以及高被引文章被引频次再增长只会对学术期刊 z 指数产生副作用，这就表明，学术期刊提升自身学术影响力的本质措施是提升所刊发文章的整体质量，让其所刊发的文章的被引分布尽可能趋于均衡，减少刊发低质量文章。

5. 结束语

本研究以国内图书馆、情报与文献学研究领域中具有代表性的 18 种学术期刊为研究样本，进行了z指数应用于学术期刊学术影响力评价中的实证研究。研究结果表明，z指数作为一种新近提出的评价方法，有效地继承了经典并广泛运用的h指数和p指数的优点，即兼顾数量和质量。此外，z指数在已有的理论基础上又引进了引文分布的一致性指标η，因此z指数属于一种综合性测度评价方法，相比较于h指数和p指数，z指数应用于学术期刊学术影响力评价领域具有更好的灵敏性和稳定性，而且z指数具有更好的区分度。基于此，z指数在学者成果评价、科研机构学术影响力评价等领域中也将具有广泛的应用前景。

然而，z指数被提出时间还比较短，相关研究还不够成熟，其作为一种学术影响力的评价标准，也存在一定的不足，如引用长尾分布现象的副效用、高被引频次再增长的副效用等。此外，z指数与h指数、p指数一样，依然存在无法有效区分施引文献学术影响力大小的问题，以及没有充分考虑时间因素如何影响学术期刊学术影响力问题等。而且作为一种评价指标体系，z指数的计算和获取过程明显比h指数和p指数繁琐。

综上所述，未来为了能够将z指数更加有效地应用于学术期刊评价领域中，一方面，要不断改进和完善z指数目前所存在的不足，使其能够更为客观和公正；另一方面，需要综合运用其他评价指标体系，对学术期刊进行多角度、全方位评估和定性。

◎ 参考文献

[1] 徐兴余,陈志强. 影响因子(IF)在中文科技期刊评价中的局限性[J]. 情报资料工作, 2005(3)：98-99, 110.

[2] 任胜利,王宝庆,郭志明,金碧辉. 应慎重使用期刊的影响因子评价科研成果[J]. 科学通报, 2000(2)：218-222.

[3] Hirsch J E. An Index to Quantify an Individual's Scientific Research Output[J]. Proceedings of the National Academy of Sciences of the United States of America, 2005, 102(46)：16569-16572.

[4] 刘银华. h指数评价期刊的有效性分析[J]. 情报理论与实践, 2007(6)：809-811, 815.

[5] 赵波,周传敬. 评价学术期刊的新文献计量指标——h指数及其发展[J]. 中国科技期刊研究, 2007, 18(5)：775-777.

[6] 叶鹰,唐健辉,赵星. h指数与h型指数研究[M]. 北京：科学出版社, 2011.

[7] Prathap G. Is There a Place for a Mock h-Index? [J]. Scientometrics, 2010, 84(1)：153-165.

[8] Prathap G. The 100 Most Prolific Economists Using the p-Index[J]. Scientometrics, 2010, 84(1)：167-172.

[9] Prathap G, Mittal R. A Performance Index Approach to Library Collection[J]. Performance Measurement & Metrics, 2010, 11(3)：259-265.

[10] 夏慧,韩毅. 一个新的综合性科技评价指标——p指数研究综述[J]. 图书情报工作, 2014, 58(8)：128-132.

[11] Prathap G. The Zynergy-Index and the Formula for the h-Index[J]. Journal of the

American Society for Information Science & Technology,2014,65(2):426-427.

[12] Prathap G. A Three-Class, Three-Dimensional Bibliometric Performance Indicator[J]. Journal of the Association for Information Science & Technology, 2014, 65(7): 1506-1508.

[13] Prathap G. Measures for Bibliometric Size, Impact, and Concentration[J]. Journal of the Association for Information Science & Technology,2014,66(8):1740-1741.

[14] Prathap G. A Three-Dimensional Bibliometric Evaluation of Research in Polymer Solar Cells[J]. Scientometrics,2014,101(1):889-898.

[15] Prathap G. A Three-Dimensional Bibliometric Evaluation of Recent Research in India[J]. Scientometrics,2017,110(3):1-13.

[16] 何晓庆,王圣洁,胡琳.基于z指数的科研机构评价的有效性实证研究[J].现代情报,2018,38(5):82-86.

[17] 何晓庆,王圣洁,胡琳.z指数在学者学术影响力评价中的应用[J].情报理论与实践,2018,41(5):50-54.

[18] 何晓庆,王圣洁,胡琳.z指数在期刊评价实践中的应用研究[J].中国科技期刊研究,2018,29(5):509-514.

国内外科学数据引用研究进展[①]

李健　韩毅　徐杰杰　丁文姚

（西南大学计算机与信息科学学院）

摘要：［目的/意义］随着数据密集型科学研究范式的发展，科学数据备受关注，科学数据引用问题成为研究者关注的焦点。本文梳理国内外科学数据引用的相关研究，以明晰科学数据引用的研究现状，促进科学数据引用的理论与实践研究。［方法/过程］对国内外科学数据引用相关研究文献进行分析，探析科学数据引用的概念内涵，剖析科学数据引用的国内外研究现状。［结果/结论］研究发现，国外对科学数据引用的研究主要集中在引用动机、引用规范、引用行为和引用工具等方面；我国的研究则主要体现在科学数据引用规范及利益相关者、引用服务、引用行为等方面。科学数据引用规范、科学数据引用行为已成为国内外研究者共同关注的问题。

关键词：科学数据；数据引用；引用规范；引用行为；数据引用服务

Overview of Scientific Data Citation in China and Abroad
Li Jian　Han Yi　Xu Jiejie　Ding Wenyao
（College of Computer and Information Science, Southwest University）

Abstract：［Purpose/Significance］With the development of data-intensive scientific research paradigms, scientific data has received much attention. Scientific data citation has become the focus of researchers. In order to clarify the current development direction and promote the practical work of scientific data citation, this paper analyzes the relevant research on scientific data citation at home and abroad. ［Method/Process］The relevant literatures of scientific data citation at home and abroad are explored. The evolution of concept of scientific data citation is probed. And the status of scientific data citation domestic and abroad is analyzed. ［Result/Conclusion］The research on scientific data citation abroadis mainly focused on citation motivations, citation standard, citation behaviors and citation tools. The research in China is mainly focused on scientific data citation standard and stakeholders, citation services, citation behaviors and so on. And the citation standard and scientific data citationbehavior are the common focus in China and abroad.

---

① 本文系四川省教育厅人文社会科学重点研究基地四川学术成果分析与应用研究中心资助项目"大数据环境下科学数据的引用行为研究"（项目编号：SCAA18-022）研究成果之一。

Keywords: scientific data; data citation; citation standard, data citation behavior; data citation services

1. 引言

科学数据是在科学研究过程中产生的数据，计量学家加菲尔德在1955年提出科学论文引文索引思想时就指出："即使在极少数数据引用中，将其进行编撰的引文索引也有一定价值"[1]。随着计算机技术飞速发展，科学数据呈海量增长之势，科学第四范式[2]——数据密集型科学应运而生，科学研究的引证关系不仅体现在书目篇章上，也更深入、更细粒度地体现在数据上，科学数据引用备受关注。

数据引用就是指以类似于研究人员为印本资源提供书目参考的方式提供数据引用的做法[3]，与引用文献相似，只是引用的对象不同。数据引用技术可以作为一种基本的信息确权技术和方法[4]，其作用表现在：可以作为数据定位和追踪的线索，减少不尊重数据创作者的不良行为发生；还可以作为评价数据创作者或机构的学术水平的指标；提供数据引用的线索使得研究过程被审视，重复验证研究得出的理论或结果，增加研究成果的信度和效度。但相较于文献引用，不少研究者的数据引用意识、分享意识比较淡薄，如存在对数据引用的来源不做注明，或者有注明但是引用格式不规范等问题。因此，科学数据的引用问题近年来受到研究者的广泛关注。众多学术机构提出，科学数据和学术论文同样重要，科学数据需要被正确引用。由此，本文对科学数据引用相关研究进行梳理，厘清科学数据引用相关概念，剖析国内外科学数据引用的研究现状，分析当前研究重点和今后发展趋势，促进科学数据引用的理论和实践研究。

2. 科学数据引用相关概念的研究

由于科学数据是在科学研究过程中产生的，与科学数据相关的概念有科研数据或研究数据。

2.1 科学数据

科学数据这一概念最早是在"国际地球物理年"（International Geophysical Year，1957—1958年）期间的WDC刚设立阶段提出的[5]。世界经济合作与发展组织（OECD）在《关于公共资助科学数据获取的原则和方针》中将科学数据定义为：来源于科学研究的事实记录，如实验数值、图像等，并被科学团体或科学研究者所共同认为对研究结果有用的数据[6]。科学数据共享调研组定义科学数据是人类社会科技活动中所产生的基本数据、资料，以及按照不同需求而系统加工的数据产品和相关信息[7]。陈传夫认为，科学数据是指各类科技活动产生的原始性、基础性数据[8]。杨从科指出，科学数据是科学技术活动中，采用一定的技术方法和手段，用不同的符号对特定环境下的事物运动状态和方式的记录[9]。邢文明认为科学数据侧重于政府、行业部门长期采集和管理的业务数据[10]，张丽丽认为科学数据与数据的区别在于对"科学性"的强调，侧重描述具有价值的数据[11]。

科学数据概念的产生发展，反映了人们对科学数据来源、性质、表现形式等的不断认知。

2.2 科研/研究数据

科研/研究数据是与科学数据紧密相关的概念，既能从数据管理视角进行理解，也能从数据生产角度进行认识。

已有多个国家从科研机构对数据管理的职责角度界定科研/研究数据。澳大利亚国家数据服务中心指出：研究数据包括科研人员在工作过程中产生的一切数据，以及根据澳大利亚负责任研究法案及相关法规的要求应加以长期保存的资料、第三方在本机构产生的数据。美国白宫管理与预算办公室对研究数据的定义是：为科学界共同接受的为确保研究发现有效性的记录型事实资料，但不包括以下内容：初步分析、科技论文的草稿、未来研究计划、同行评审、与同事沟通记录及实物资料(如实验室样品)等。英国工程和自然科学研究理事会提出研究数据是科学界共同接受并予以保留的为验证研究成果的一切记录型事实资料。

科研工作者则从科研/研究数据的产生的角度对其进行界定。吴振新和李丹丹指出，研究数据是研究人员在工作过程中产生的产品以及研究出版物，亦包括用于验证科学研究过程的原始数据和必要的元数据[12]。他们还通过对比不同机构和组织指出研究数据具有共同的特征[13]：研究数据是研究人员在工作过程中的产品以及研究出版物；研究数据包括原始数据，用于验证科学研究的有效性；同时，研究数据也包括必要的元数据；研究数据不仅仅是科学数据，还包括了音乐、考古学、古典文学、历史学、生物学、政治学和经济学等领域的数据。

因此，无论是从科研机构管理职责视角，还是从研究者产生利用数据的角度，科研/研究数据的内涵均指研究过程中产生的一切数据资料和信息[14]，与科学数据概念的内涵一致。

2.3 科学数据引用

从科学数据生命周期来看，科学数据出版是科学数据引用的必要前提，是深化数据共享的重要手段，能够激励数据生产者发布和共享数据，又能保护数据的知识产权。广义上讲，任何将数据上传到互联网或数据库并支持开放获取的行为都可称为"数据出版"[15]，科学数据出版框架包括：数据提交、同行评审、数据发布和永久存储、数据引用、影响评价5个环节，其中数据引用又称"数据引证"[16]，是数据共享或数据分享的表现形式之一。White[17]在1982年就提出：社会科学学者们应该在他们的著作中，引用他们所使用的那些数据文件(可被机器处理的数据)，并以区别于正文的规范化的参考格式列出，正如他们引用书籍、论文与报告一样。Pampel[18]认为科学数据引用是指在已出版的参考文献列表中正式引用的数据源，引用的科学数据可以产生一定研究成果，其形式可以是在学术论文中引用，也可以是在数据与数据间引用。总之，提供科学数据中与研究相关的那部分数据的引用的做法，统称"科学数据引用"。

3. 科学数据引用的国外研究现状

国外对于科学数据引用的研究早于我国，许多国外学者认为科学数据引用是科学数据共享、科学数据出版和科学数据管理的一个重要环节，是开放数据实践中的重要部分，对科学数据引用的研究主要集中在引用动机、引用规范、引用行为、引用工具等方面。

3.1 科学数据引用动机的研究

研究者经过探究，发现科学数据引用的动机主要包括6个方面：数据归因[19-20]、数据连接、数据发现、数据共享和重用、数据影响力、数据的再现性。

Bravo[21]等学者研究了生物医学中的论文的数据引用，指出数据引用可以提高生物资源的可追溯性，利于数据共享和重用，提高数据生产者和生物资源政策利益相关者的认可度，同时也能够再现研究过程，提高卫生研究的透明度。笔者进一步指出编辑者应该积极主动地将期刊论文中的《生物资源标准化引用指南》（CoBRA）作为生物资源的标准引用方案。Silvello[22]介绍了数据引用研究中的引用版本、引用身份等问题，指出数据引用能够追踪数据的使用历程，降低数据被剽窃危险。Honor[23]等人通过神经影像中的数据引用实践，表明数据引用可以再现研究过程，可以使研究过程透明化、重复化。

3.2 科学数据引用规范的研究

较早探索数据引用规范的论文是在2007年，Altman[24]等人对数据引用的最小元素集、可选元素等进行分析，此后一些机构开始探索数据引用标准。2009年，德国国家科学技术图书馆、大英图书馆、法国科学技术信息研究所、丹麦技术信息中心等机构联合建立了Data Cite机构，以推进数据引用规范化[25]。DCC、NSF等机构和国际组织举行了"Data Citation"的讨论会等活动。2012年出版了SDI后有了具体针对科学数据引用的规范，此后CODATA与其他机构进行探讨，最终制定了《科学数据引用标准》。英国经济与社会委员会出版了《数据引用小册子》[26]；IASSIST成立了特别兴趣小组对科学数据的引用进行研究[27]。2015年NSF[28]召开了研讨会，对数据引用和归因的规范以及软件支持等问题进一步探讨，指出应该给予贡献者适当的信任、提高数据和软件贡献的影响和价值。

就科学数据引用规范的内容来说，创建者/责任者、题名、发布年份、发布机构/存储机构/传播机构、URL/获取地址/外部链接这5个属性都被提及并作为强制要求性元素。唯一标识符在专门科学数据引用规范文件中被作为强制要求元素，且不同学科数据引用规范不统一。Cousijn[29]向出版商、编辑和学术人员提供了实施数据引用的建议，介绍了一种实施数据引用的实用路线图，该路线图遵循论文的生命周期，即提交前、提交、制作和出版。规定数据引用的内容：作者除了引用"作者""年份"等项目，还要添加数据存储库、版本和唯一标识符，以确保其他研究人员能够准确识别该作者引用的数据集，从而进一步提高科研数据的公平性。

3.3 科学数据引用行为的研究

国外已有较多对数据引用行为的研究，分别从学科研究者、机构、论文等多个维度开展研究。

Berezkroeker[30]对语言学科相关学者进行研究，发现仍有一部分语言学家不愿意分享数据，因此共享数据的意识仍需加强，同时共享数据的激励方式相关政策也需要细化。Park[31]以数据引用索引（DCI）中遗传学的相关数据记录中被引量较高的作者为研究对象来研究生物医学领域中的数据引用现象，发现早期的生物医学领域的科研文献中正式数据引用现象很普遍，并分析这可能是因为国立研究院（NIH）早期对数据共享的要求。

Kotarski 和 Reilly[32]从机构角度入手，将欧洲与澳大利亚的研究型图书馆作为调研对象，发现馆员数据引用方式首选引用原始出版物，其次才是 URL，极少会有研究者使用唯一标识符。

Sieber 和 Trumbo[33]以论文为研究对象，对理学、社会学、经济学及政治科学、人类学等社会科学的 1000 篇文章进行内容分析，结果发现很多作者没有对数据引用的原始数据作者和数据来源出处进行说明，只有 19% 的文献在参考文献中提到数据引用。Parson 等[34]对 NASA MODIS（Moderate Resolution Imaging Spectroradiometer）期刊进行分析，使用谷歌学术来统计使用数据集和正式引用数据集的文献数量，发现只有少部分文章有规范的数据引用格式。此外还有 Zhao[35]以 PLoS One 的论文为研究对象，研究发现不同学科论文的数据引用现象和特点不同：化学方面的论文中只有一小部分文章使用数据集；URL 是最常用的跟踪大多数学科数据集的方法；农业方面的文章仅提供了数据集的 URL，只有少数提供数据集名称。

3.4 科学数据引用工具的研究

科学数据引用行为发生过程中，需要采用工具实施引用行为，故而对工具的研究成为国外科学数据引用研究中的一项重要内容。主要包括对文献管理软件、数据引用数据库及其相关技术等方面的研究。

国外文献管理软件还比较缺乏对数据引用的支持[36]：除了 EndNote 引用格式逐渐包括数据引用，Papers 包括数据库和图表引用格式，Sente 包括数据文件的引用格式外，Bibus、Bookends、Citavi、Ref Works 没明确将科学数据作为科研成果进行引文标注。ANDS[37]的数据引用服务大多只提供一个注册研究软件或数据归档软件系统的接口，进行自动数据创建或数据归档。如何建立更深层次的数据与文献之间的关联，实现学科服务是研究趋势。因此，研究者试图建立科学数据引用的自动化数据库，Alawini[38]介绍了多种引文框架 eagle-i 数据库，其具体过程为：首先在系统框架中，某用户查看 eagle-i 数据库里一个资源的时候，可以点击"引用这个资源"按钮，系统不是仅仅返回该资源的 id，而是利用 id 确定该资源的类型，接着使用关联的引用查询来检索适当的信息片段，以此构建引用。用户在此期间检索该资源的 RDF 实例，之后可以取消引用。

自动引用数据库必须基于一定的引用技术，目前有常用的唯一全球数字对象标识符（DOI）和通用数字指纹（UNFs）。Novacescu[39]指出 DOI 具有确保数据引用的稳定性、可持续性、可互操作性的优势，并认为将 DOI 服务集成到天文学、地球科学、医学领域中效果较佳。UNFs[40]可以使用户检索到的数据与几十年前发布的数据相同，虽然存储介质、操作系统、硬件和统计程序格式等发生了改变，但这个方法具有非可逆、加密的特性。

4. 科学数据引用的国内研究现状

我国对于科学数据引用的研究在借鉴国外先进成果的基础上，结合我国实际情况展开相应的探讨，相关研究主要集中在引用规范及利益相关者、引用服务、引用行为等方面。

4.1 科学数据引用规范及利益相关者研究

在我国，2004年墨愚[41]就强调了科学数据引用规则的重要性。针对引用规范的具体内容，黄如花等[42]从引用原则、引用元素、引用格式、引用对象与相关主体等方面开展了研究，为科学数据引用规范的制定提供重要启迪。邱弘阳和耿骞[43]对目前国内外的数据引用规范的内容特点进行了分析，主要分为引用对象、引用元素、引用格式、引用的标识符等方面，发现针对科学数据组织、科学研究机构和出版机构、图书馆等不同数据引用主体而言，数据引用规范不同。在引用对象方面，既有面向特定学科领域的，也有面向非特定科学领域的，也有面向数据集和科学数据表格的；在引用元素方面，引用规则里基本都包括了必备元素和可选元素，作者、名称、出版时间和标识符是大多引用规范里都存在的元素；在引用格式方面，不同规则规定了不同引用格式，即引用元素在引用标识中的排列顺序和排列结构存在差异。2018年我国颁布国家标准《信息技术中科学数据引用》，一些研究者[44]对规则内容进行详细解释，以推进科学数据引用规范化的实现。

比较有特点的是，我国对科学数据引用规范的研究还从利益相关者入手进行了分析，由此引起对引用意识和权责意识重要性的探讨，从本源上探寻科学数据引用规范问题。科学数据引用的利益相关者有作者、机构、数据中心、学会协会组织、图书情报机构、数据服务机构、科学家等。王丹丹、张丽丽、王毅萍和马建玲[45]等的研究都指出相关人员和机构加强科学数据引用意识是开展我国科学数据影响力工作的前提。史雅莉[46]运用博弈论探究了科学数据引用实施中主客体的关系，并指出在此过程中政府应积极推动科学数据共享，与此同时，商业机构应合理保持数据商品价值最大化。此外还强调了科学数据引用过程中主客体之间应该强化版权保护意识。

4.2 科学数据引用服务的研究

科学数据引用服务主要指科学数据提供者或科学机构所提供的服务，其中图书馆提供的服务尤为突出，这类服务包括提供引用管理平台、发布引用指南等。王辉对普渡大学知识库及科学数据管理服务的案例研究表明，其引用管理工具平台"普渡大学研究仓储"（PURR）[47]，可为我国实现科学数据引用服务提供借鉴。韩金凤[48]通过对加拿大18所高校图书馆科研数据管理服务的调查，提出了图书馆的科学数据管理服务现状，并指出图书馆应该提供数据引用的服务包括：数据引用元素、数据引用格式、数据被引量等方面。刘晓慧[49]通过分析国外学术图书馆在科学数据引用中的重要角色和任务，指出学术图书馆在提供科学数据引用服务方面具有资源优势和内在动力，并表明学术图书馆已经在科学数据引用制度项目制定、科学数据引用参考培训和工具的开发方面提供了相应服务，并值得国内图书馆借鉴。王思明[50]、马波[51]等人也探讨了国外图书馆实施科学数据引用服务的内容，并提出我国实施的构想。针对"互联网+"环境下的图书馆科学数据引用服务模式的探讨，陈莹[52]针对当前"互联网+"环境下存在的标识、引用和评审问题，提出了建设数据资源融合的新服务、数据关联的语义检索服务、云存储分布式数据存储服务的构想。

总体上，我国图书馆提供科学数据引用服务较少，学者大多是借鉴国外成功案例进行国内实施的策略研究，图书馆尤其是高校图书馆提供科学数据引用服务应是今后理论和实践研究关注的焦点。

4.3 科学数据引用行为的研究

我国对科学数据引用行为的研究处于初始阶段，研究主要集中在两方面：

（1）科学数据引用行为特征研究。主要针对论文、平台等引用行为特征进行分析。廖顺宝[53]以CNKI的全文检索结果为依据，对11个科学数据共享平台被各类科技文献引用标注的情况特征进行了分析。屈亚杰、王亚男[54]从被引科学数据内容的视角分析发现，被引社会科学数据的创建者多是政府机构和研究机构；被引数据的类型虽多样化，但调查类数据占比最高；大部分被引社会科学数据的时间跨度不长，规模相对较小、更新频次少，这方便数据上传、下载和使用。孟祥保[55]从数据生命周期视角探究人文社科数据的特征，发现科研数据引用次数少，且引用有"集中-离散"的特征，来自权威机构的科研数据被引次数较集中。廖球[56]对20多所本科高校教师群体的科研数据管理行为进行了问卷调查，发现多数高校教师数据引用格式不规范。丁楠[57]、白娜娜[58]、王恺[59]专门对图书情报领域科学数据引用行为进行了调查研究，方便了同行间交流进步。刘亚男[60]等人通过研究自然学科和人文学科领域20本期刊中2015—2016年项目基金论文的引用元素、引用位置和引用完整性，来探索我国科研人员科学数据引用行为模式，结果发现在引用元素方面，多数研究者会注明数据发布机构，但对数据创作者、DOI以及数据类型很少规范注明；引用位置方面，多数引用标注在正文，其次是备注部分；在引用完整性方面，自然科学领域完整性高于人文社科领域。史雅莉[61]以生命科学、地球物理学和社会科学领域中影响因子排名靠前的期刊论文为研究对象，分析论文的引用数据类型、引用数据成绩、引用的源数据元素以及引用数据形式，发现不同学科引用数据类型有所差异，非源数据引用现象较多。

（2）科学数据引用行为的影响因素识别。彭洁[62]等面向科技期刊和科研人员，采用问卷调查的方式，对科学数据引用的态度、平台、动机、标注和描述进行了对比分析，发现方便的数据交换工具和平台是影响科学数据引用的一大因素。此外，研究者普遍认为相关政策法规会直接影响科学数据引用的发展。邱均平[63]等对生物化学领域数据共享和成果之间的引用关系进行了定量分析，发现科学数据共享有利于引用频次的提升，还可进一步提高科研成果的影响力。黄国彬、刘馨然[64]提出科学数据权利保护与引用许可等政策制度因素是科学数据引用的外部影响因素。史雅莉指出科研成果评价体系制度是促进科学数据引用与共享的必要条件之一，图书馆、科研机构和数据中心等机构要建立规范的数据管理机制[65]。

5. 总结与讨论

经过上述对科学数据引用相关概念的研究，以及对国内外相关研究现状的分析，发现关于科学数据引用的研究情况，总体上国外比国内成熟，有较为丰富的理论研究和实践应用。正因为发展较晚，我国有一些对科学数据引用的研究是对国外案例的介绍和分析，且实证研究相对少一些，但近年来实证研究有增长趋势。从研究内容方面来看，国内外研究呈现如下特点：

（1）科学数据引用规范和格式深刻地影响着科学数据引用的实现，因此引用规范是国内外研究者共同关注的核心问题，都提出了引用规范，指出了其中具体的元素，且认为不同学科数据引用规范并不统一。我国研究者还从利益相关者角度开展了分析，有利于从施引的源头更深入地洞悉科学数据引用规范。

（2）对科学数据引用行为的研究是国内外研究者普通关注的重要问题，国外开展了较多的学科领域、期刊、机构层面的引用行为分析，涉及的学科、领域比较广泛。而我国则较多地以图书情报学科为例，开展了学科领域层面的引用行为研究，研究范围还有待进一步拓展。

（3）科学数据引用工具是事关科学数据正确使用的重要因素，国外研究者已在研究开发通用的引文框架，但这些规范对众多学科的适用性还值得实践检验。相比而言，我国对引用工具的研究则相对滞后，理论探讨多于实践开发，引用技术和工具比较欠缺，多数学者提出的发展策略并未涉及实质性技术难题的解决措施。故此后应多关注科学数据引用技术性的专深问题，如数据引用实施技术、数字对象标识符、引用粒度、版本控制、引用识别软件开发等。

对于科学数据引用，理论研究者和实践工作者从不同的角度开展了相关的探讨，对促进科学数据引用具有积极意义。2018年，我国颁布实施《信息技术 科学数据引用》（GB/T35294-2017）标准[66]，彰显了国家对科学数据引用的重视，但规则公布时间短，国内实施还未成熟。政府、科研机构、图书馆等应多方合作，针对我国引用特征及服务需求，采纳国外先进经验，提高科学数据引用的利益相关者的权责意识、引用意识，引导正确的引用行为，开发先进的引用工具，从而促进我国科学数据引用，推动科学研究发展。

◎ 参考文献

[1] Garfield E. Citation Indexes for Science：A New Dimension in Documentation through Association of Ideas[J]. Science, 1955, 122(3159)：108-111.

[2] Tony Hey. 第四范式：数据密集型科学发现[M]. 潘教峰, 等译. 北京：科学出版社, 2012.

[3] Data Citation Resources [EB/OL]. [2019-01-11]. http://www.ands.org.au/cite-data/resources.htm l#W hat is_Data_Citation.

[4] 赵海军. 大数据环境下的信息确权方法探究[J]. 图书情报导刊, 2017(9)：40-47.

[5] 姜晓虹. 国内科学数据相关研究进展分析[J]. 图书情报工作, 2009, 53(13)：50-53.

［6］Pilat D, Fukasaku Y. OECD Principles and Guidelines for Access to Research Data from Public Funding［J］. Data Science Journal, 2007(6)：OD4-OD11.

［7］科学数据共享调研组. 科学数据共享工程的总体框架［J］. 中国基础科学, 2003(1)：63-68.

［8］陈传夫. 中国科学数据公共获取机制：特点、障碍与优化的建议［J］. 中国软科学, 2004(2)：8-13.

［9］杨从科. 中国农业科学数据资源建设研究［D］. 北京：中国农业科学院, 2007.

［10］张晶. 共享工程让科学数据价值最大化［EB/OL］. ［2019-01-11］. http://roll.sohu.com/20110102/n301686148.shtml.

［11］张丽丽. 科学数据与数据科学小议［C］. 安徽首届科普产业博士科技论坛——暨社区科技传播体系与平台建构学术交流会, 2012.

［12］吴振新, 李丹丹. 研究数据管理框架研究［J］. 图书馆学研究, 2012(24)：47-52.

［13］李丹丹, 吴振新. 研究数据管理服务综析［J］. 图书馆学研究, 2012(9)：54-59.

［14］邢文明. 我国科研数据管理与共享政策保障研究［D］. 武汉：武汉大学, 2014.

［15］吴立宗, 王亮绪, 南卓铜, 等. 科学数据出版现状及其体系框架［J］. 遥感技术与应用, 2013, 28(3)：383-390.

［16］方静怡. 数据引证的中国实践：现状、障碍与对策研究［D］. 上海：华东师范大学, 2013.

［17］White H D. Citation Analysis of Data File Use［J］. Library Trends, 1982, 30(3)：885-888.

［18］Pampel H, Sünje Dallmeier-Tiessen. Open Research Data：From Vision to Practice［M］// Opening Science. The Evolving Guide on How the Internet is Changing Research. Berlin：Springer, 2014.

［19］Ball Alex, Monica Duke. How to Cite Datasets and Iink to Publications［C］. 23rd International CODTA Conference, Taipei, 2011.

［20］Bardi Alessia, Paolo Manghi. Enhanced Publications：Data Models and Information Systems［J］. Liber Quarterly, 2014, 23(4)：240-273.

［21］Bravo Elena, et al. Developing a Guideline to Standardize the Citation of Bioresources in Journal Articles (CoBRA)［J］. BMC Medicine, 2015, 13(1)：33.

［22］Silvello Gianmaria, Nicola Ferro. "Data Citation is Coming"：Introduction to the Special Issue on Data Citation［J］. Digit. Library. Special Issue on Data Citation, 2016, 12(1)：1-5.

［23］Honor L B, Christian H, Frazier J A, et al. Corrigendum：Data Citation in Neuroimaging：Proposed Best Practices for Data Identification and Attribution［J］. Frontiers in Neuroinformatics, 2016(10)：43.

［24］Altman M, King G. A Proposed Standard for the Scholarly Citation of Quantitative Data［J］. D-Lib Magazine, 2007, 13(3)：5.

［25］Jan Brase. Data Cite- A Global Registration Agency for Research Data［C］. Fourth International Conference on Cooperation and Promotion of Information Resources in Science and Technology, 2009: 257-261.

[26] Data Citation Brochure Published by the UK's Economic and Social Research Council [EB/OL]. [2019-01-11]. https://onlinelibrary.wiley.com/doi/full/10.1002/asi.20199.

[27] IASSIST Publishes a Quick Guide to Data Citation [EB/OL]. [2019-02-03]. http://web.b.ebscohost.com/ehost/detail/detail?vid=0&sid=1240e98a-2d7f-47c6-831c-481b599ab0b6%40pdc-v-sessmgr06&bdata=Jmxhbmc9emgtY24mc2l0ZT1laG9zdC1saXZl.

[28] Ahalt S, Carsey T, Couch A, et al. NSF Workshop on Supporting Scientific Discovery through Norms and Practices for Software and Data Citation and Attribution [EB/OL]. [2018-01-20]. https://dl.acm.org/citation.cfm?id=2795624.

[29] Cousijn H, Kenall A, Ganley E, et al. A Data Citation Roadmap for Scientific Publishers [J]. Scientific Data, 2018(5): 180-259.

[30] Berezkroeker A L, Gawne L, Kung S S, et al. Reproducible Research in linguistics: A Position Statement on Data Citation and Attribution in Our Field [J]. Linguistics, 2018, 56(1): 1-18.

[31] Park H, You S, Wolfram D, et al. Informal Data Citation for Data Sharing and Reuse is More Common than Formal Data Citation in Biomedical Fields [J]. Journal of the Association for Information Science and Technology, 2018, 69(11): 1346-1354.

[32] Kotarski R, Reilly S, Schrimpf S, et al. Report on Best Practices for Citability of Data and on Evolving Roles in Scholarly Communication [EB/OL]. [2019-01-11]. https://epic.awi.de/id/eprint/31396/1/ODEReportBestPracticesCitabilityDataEvolvingRolesScholarlyCommunication.pdf.

[33] Sieber J E, Trumbo B E. (Not) Giving Credit Where Credit is Due: Citation of Data Sets [J]. Science & Engineering Ethics, 1995, 1(1): 11-20.

[34] Parsons M A, Duerr R, Minster J B. Data Citation and Peer Review [J]. Eos, Transactions American Geophysical Union, 2010, 91(34): 297-298.

[35] Zhao M, Yan E, Li K, et al. Data Set Mentions and Citations: A Content Analysis of Full-text Publications [J]. Journal of the Association for Information Science and Technology, 2018, 69(1): 32-46.

[36] 张静蓓, 吕俊生, 田野. 国外数据共享行为影响因素研究综述 [J]. 图书情报工作, 2014, 58(4): 136-142.

[37] Cite My Data Service [EB/OL]. [2019-01-11]. http://ands.org.au/services/cite-my-data.html.

[38] Alawini A, Chen L, Davidson S B, et al. Automating Data Citation: The Eagle-i Experience [C]. 2017 ACM/IEEE Joint Conference on Digital Libraries (JCDL), 2017: 1-10.

[39] Novacescu J, Peek J E G, Weissman S, et al. A Model for Data Citation in Astronomical Research Using Digital Object Identifiers (DOIs) [J]. The Astrophysical Journal Supplement Series, 2018, 236(1): 20.

[40] Altman M. A Fingerprint Method for Scientific Data Verification[M]// Advances in Computer and Information Sciences and Engineering. Dordrecht：Springer，2008：311-316.

[41] 墨愚. 数据引用的学术规范[J]. 编辑学刊，2004(3)：68-69.

[42] 黄如花，李楠. 国外科学数据引用规范调查分析与启示[J]. 图书馆学研究，2016(10)：2-9.

[43] 邸弘阳，耿骞，黄国彬，等. 科学数据引用规范的内容特点分析[J]. 数字图书馆论坛，2017(6)：9-15.

[44] 朱艳华，胡良霖，孔丽华. 科学数据引用国家标准研制与推广[J]. 科研信息化技术与应用，2018，9(6)：25-30.

[45] 王毅萍，马建玲. 国外科学数据影响力研究进展[J]. 图书情报工作，2017，61(7)：118-126.

[46] 史雅莉，赵雪芹. 合作博弈视角下科学数据引用主体间的关系探析[J]. 数字图书馆论坛，2019(1)：15-20.

[47] 王辉，Michael Witt，等. 普渡大学研究仓储及其支持的科学数据管理服务[J]. 现代图书情报技术，2015，31(1)：9-16.

[48] 韩金凤. 加拿大高校图书馆科研数据管理服务调研及启示[J]. 国家图书馆学刊，2017，26(1)：38-46.

[49] 刘晓慧，刘兹恒. 学术图书馆推动数据引用的角色分析[J]. 图书与情报，2018(5)：112-118.

[50] 王思明. 美国高校图书馆数据管理计划服务及启示[J]. 数字图书馆论坛，2018(12)：34-40.

[51] 马波，李宇. 欧美国家高校图书馆科研数据管理实践及启示[J]. 图书馆工作与研究，2018(8)：17-24.

[52] 陈莹. 基于"互联网+"的图书馆科学数据服务与出版研究[J]. 图书馆学刊，2018(11)：86-90.

[53] 廖顺宝. 科学数据共享平台被文献引用的分析[J]. 中国科技资源导刊，2012，44(3)：72-76.

[54] 屈亚杰，王亚男. 社会科学领域科学数据的引用现状与特点分析[J]. 数字图书馆论坛，2017(6)：25-31.

[55] 孟祥保，钱鹏. 数据生命周期视角下人文社会科学数据特征研究[J]. 图书情报知识，2017(1)：76-88.

[56] 廖球，莫崇菊，严扬帆，等. 广西本科高校科研数据管理调研报告[J]. 图书馆界，2017(4)：42-46.

[57] 丁楠，丁莹，杨柳，凌晨，潘有能. 我国图书情报领域数据引用行为分析[J]. 中国图书馆学报，2014，40(6)：105-114.

[58] 白娜娜. 我国图书情报领域数据的引用情况[J]. 中国管理信息化，2015，18(16)：214-214.

[59] 王恺. 浅析我国图书情报领域数据引用现状[J]. 人才资源开发，2015(20)：115.

[60]刘亚男，刘江荣，肖明，于佳.基金项目论文中的科研数据引用行为研究[J].图书馆论坛，2019(7)：75-83.

[61]史雅莉，司莉.我国科研人员数据引用行为特征分析[J].情报理论与实践，2019(6)：36-41.

[62]彭洁，贺德方，张英杰.数字出版环境中科学数据引用的实现路径及策略调查分析[J].出版发行研究，2014(4)：57-61.

[63]邱均平，何文静.科学数据共享与引用行为的相互作用关系研究[J].情报理论与实践，2015，38(10)：1-5.

[64]邸弘阳，耿骞，黄国彬，等.科学数据引用规范的内容特点分析[J].数字图书馆论坛，2017(6)：9-15.

[65]李梅.开放环境下的数据引用探析[J].河南图书馆学刊，2017(11)：130-132.

[66]信息技术　科学数据引用[EB/OL].[2019-01-11].http：//www.sac.gov.cn/gzfw/ggcx/gjbzgg/201732/.

基于 LDA 模型的人工智能领域前沿识别研究①

秦萍[1,2] 朱立波[1] 谢婷[1]

(1. 南京航空航天大学科技信息研究所;
2. 南京航空航天大学工业和信息化智库评价中心)

摘要:[目的/意义]前沿识别是文献计量学的重要研究领域,目前主要采用引文和词频分析方法,引文分析法在时间上存在滞后性,词频分析法则缺乏语义支持和关联。为此,本文基于 LDA 模型和社会网络方法构建前沿识别指标体系,用于人工智能领域的前沿主题识别研究。[方法/过程]数据来源于 2013—2017 年 Scopus 数据库收录的人工智能领域期刊论文及 CCF 推荐的 A 类会议论文。从数据分析到主题识别均采用 Python 语言实现。首先,基于 LDA 模型进行主题识别。然后,遴选前沿特征指标,构建前沿识别指标体系。最后,筛选出人工智能领域前沿主题及中介中心性较强的主题词。[结果/结论]基于 LDA 模型识别出 45 个主题,遴选出的前沿识别指标体系主要包括主题强度、主题新颖度和中介中心性三个指标,筛选出人工智能领域 16 个前沿主题及 10 个中介中心性较强的主题词,经专家评价识别准确率达到 81.25%,该前沿识别指标体系可以较为准确地识别出前沿研究。

关键词:人工智能;LDA 模型;社会网络;研究前沿

Fronts Research Identification of Artificial Intelligence Based on LDA Model

Qin Ping[1,2] Zhu Libo[1] Xie Ting[1]

(1. Institute of Scientific and Technological Information, Nanjing University of Aeronautics & Astronautics;
2. Evaluation Center for Think Tank of Industry and Information Technology, Nanjing University of Aeronautics & Astronautics)

Abstract:[Purpose/Significance] Research frontier recognition is an important research

---

① 本文系中央高校基本科研业务费专项资金资助基金项目"基于深度学习的高校智库绩效评价方法及应用研究"(项目编号:NK2018009)的研究成果之一。
作者简介:秦萍,女,1965 年生,工学士,副研究馆员,研究方向:信息分析与预测;朱立波,男,1993 年生,硕士研究生,研究方向:信息分析与预测;谢婷,女,1993 年生,硕士研究生,研究方向:信息分析与预测。

field of bibliometrics. At present, citation and word frequency analysis methods are mainly used in frontier recognition. While it has time delay in citation analysis, word frequency analysis method lacks semantic support and correlation. To solve this problem, this paper constructs a frontier recognition index system based on LDA model and social network method, in the field of artificial intelligence. [Method/Process] Data were collected from journal papers in artificial intelligence field and conference papers recommended by CCF A in Scopus database from 2013 to 2017. From data analysis to topic recognition, it is implemented in Python. Firstly, subject recognition were carried out based on LDA model. Secondly, the frontier recognition index body is constructed according to the frontier characteristic index. Finally, according to the frontier identification index system, the frontier topics and intermediate-centered keywords in the field of artificial intelligence are selected. [Result/Conclusion] 45 topics were identified based on LDA model. The frontier recognition index system includes three indicators: topic intensity, topic novelty and intermediary centrality. 16 research frontiers and 10 key topics with strong intermediary centrality were selected in the field of artificial intelligence. The recognition accuracy rate reached 81.25% by expert evaluation. The fronts identification index system based.

Keywords: artificial intelligence; LDA model; social network; fronts research

1. 引言

前沿研究指引着学科发展的方向，及时准确地识别研究前沿，可以把握学科领域关键技术和研究热点、了解学科领域的重大理论问题，分析和判断学科领域新一轮技术革命的突破口，为科技创新部署提供科学的决策支撑。1965年，普莱斯提出研究前沿是科学家积极引用的近期文献集合[1]。2007年，马费成认为某个领域的前沿热点是该领域中反复出现的关键词[2]。2017年，李小涛利用ESI高被引论文，将共被引与共词分析相结合，并采用知识图谱可视化的方法，得出了图情学领域的研究前沿[3]。黄福对研究前沿探测中常用的耦合分析与共被引分析两种方法进行比较研究[4]。

在前沿识别上，目前主要采用引文和词频分析方法。引文分析法在时间上存在滞后性，词频分析法则缺乏语义支持和关联。针对以上问题，本文采用基于LDA模型和社会网络的前沿识别方法，LDA模型下的"主题强度"侧重于从现有文献根据文档-主题、主题-词汇的概率关系获取，规避了引文分析的时滞性问题，主题描述可以针对文本内容采用足够多的主题词描述。另外，本文增加"中介中心性"识别研究前沿中具有桥梁作用的主题，更加符合研究前沿的内涵。通过主题强度、主题新颖度和中介中心性指标遴选前沿主题，从语义层面探测研究前沿，并应用于人工智能领域的前沿探测。

2. LDA主题模型

2003年，Blei提出了潜在狄利克雷分配(Latent Dirichlet Allocation，LDA)模型，它是基于"文档—主题—词汇"的三层贝叶斯概率生成模型，采用迭代估计来计算文档主题词汇，即假设每个文档由多个主题混合而成，则每个主题为多个词汇的概率分布[5]。LDA主题模型如图1所示。

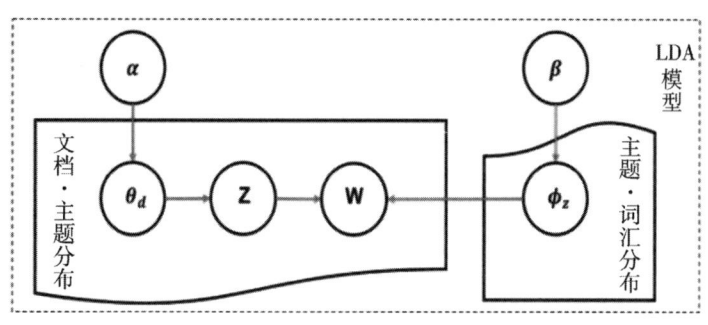

图 1　LDA 模型原理

图1中，d代表每篇文档，Z代表主题集，W代表词汇集，$α$和$β$分别表示每篇文档下主题和每个主题下词汇的狄利克雷分布先验参数，$θ_d$和$φ_z$是两个隐形参数，分别表示第d篇文档下的主题分布和第z个主题下的词汇分布。根据经验法则，设置先验参数$α=50/K$、$β=0.01$；后验参数($θ_d$，$φ_z$)在实际应用中采用Gibbs(吉布斯)抽样算法进行估计[6-7]。从一个初始维度值开始乘以转移矩阵得到新的维度值，然后不断迭代，一直到结果平稳分布，得到文本的主题概率分布和词汇概率分布。

本文采用统计语言模型中评价指标一致性评分来确定最优主题数。一致性评分与句子相似性呈正相关，通过计算句子中词汇共现频率获得。不同主题数对应的一致性评分如图2所示。从图2可知，一致性评分最高对应的主题数为45，即本文选取的主题数目。

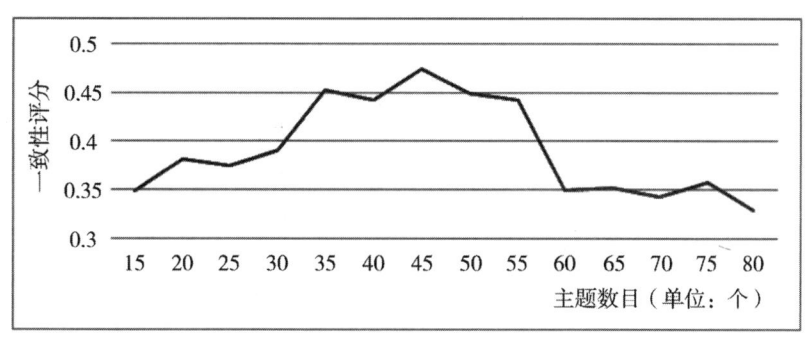

图 2　不同主题对应的一致性评分

3. 基于 LDA 的前沿指标构建

本文主要通过主题强度、主题新颖度和中介中心性三个指标识别研究前沿。主题强度表示主题在文档中所占比重，主题关注度越高，表示在某领域内越受研究者关注与重视[8]。主题强度可以表示为：

$$\theta_j = \sum_d \theta_j^{(d)} / M \tag{1}$$

式中 θ_j 表示第 j 个主题的主题强度值，$\theta_j^{(d)}$ 为第 j 个主题在文档 d 上的权重，M 表示文献总量。

主题新颖度代表研究主题的时效性，可以由主题的平均年龄来体现。采用研究前沿的平均发表时间进行衡量，主题的平均发文时间距今越近，主题新颖度越高，表示为：

$$Y_j = \sum_d y_j^{(d)} / M \tag{2}$$

式中 Y_j 表示每个主题下多个文档的主题新颖度，即该主题下多个文档的平均发表时间；$y_j^{(d)}$ 表示第 j 个主题第 d 篇文档的主题新颖度，M 表示文档数量。

为了将基于 LDA 模型识别出的研究主题进一步联系起来，需要借助社会网络分析法及可视化技术构建主题关联网络，分析主题的中介中心性[9]。在图论中，中介中心性指经过某点并连接这两点的最短路径数与这两点间最短路径总数之比，即：

$$c_{B(v)} = \sum_{s, t \in V} \sigma(s, t | v) / \sigma(s, t) \tag{3}$$

式中 $c_{B(v)}$ 表示通过节点 v 的最短路径值，即该节点中介中心性的值；$\sigma(s, t | v)$ 表示节点 s 与节点 t 的最短路径中经过节点 v 的数量；$\sigma(s, t)$ 表示节点 s 与节点 t 间的最短路径数目。

基于 LDA 模型的前沿识别指标体系如图 3 所示。

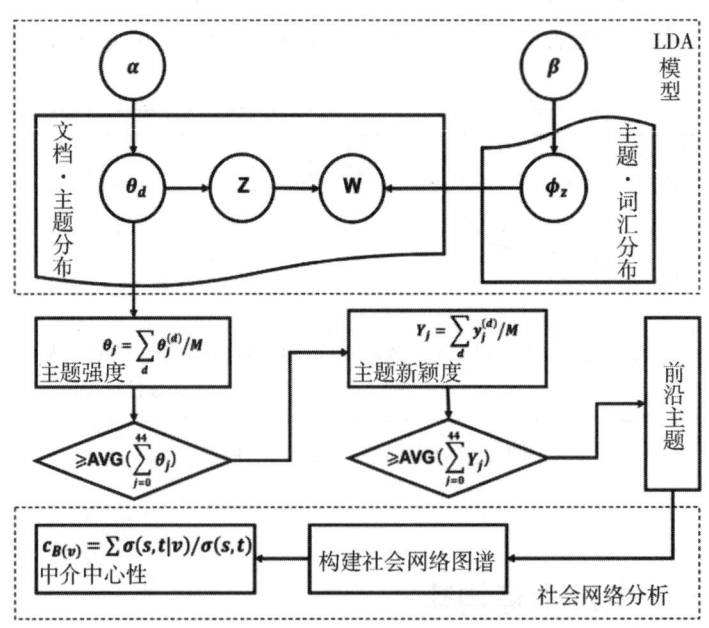

图 3　基于 LDA 模型的前沿识别指标体系

基于LDA模型输出的文档-主题矩阵和主题-词汇矩阵，计算出第j个主题的主题强度（共计算45次），得到45个主题的主题强度，然后，计算第j个主题的主题新颖度（共计算45次），根据主题强度和主题新颖度筛选出研究前沿。根据前沿主题词汇构建主题关联网络，依据式(3)计算主题词汇的中介中心性，从而识别前沿主题中起桥梁作用的关键词。

4. 基于LDA模型的前沿识别

4.1 数据来源与处理

数据来源于Scopus数据库，学科类别限定为"人工智能(1702)"，文献类型限定于期刊和会议，会议主要参考中国计算机学会人工智能领域国际学术会议A类目录，对数据进行来源限制。共收集了2013—2017年人工智能领域的10259篇期刊文献和6058篇会议文献。

利用Python工具，对采集到的文献进行标识化处理，即将语句分割成一系列有意义的分词，然后对数据进行停用词移除、词干提取和词形还原等处理。分词采用NLTK模块中的Word_tokenize函数进行；去停用词采用NLTK停用词表中的"english"实现英文停用词的移除；词干提取采用Porter词干提取器对词干主题进行提取；词形还原通过WordNetLemmatizer函数实现，并针对某个单词去搜索WordNet语义词典，提高还原准确性[12]。

4.2 主题抽取

经过一致性评分的估算，设主题数$K=45$、$a=50/K$、$b=200/W$，将数据导入构建好的LDA模型中进行试验，从而得到基于概率的主题-词汇矩阵和文档-主题矩阵。抽取出45个主题-词汇矩阵，取其概率分布较大的词命名主题，如表1所示。由于篇幅限制，仅列举主题中概率最高的前十个词汇。

表1 主题-词汇概率分布表

主题0	主题1	主题2	主题3	主题4
data(0.044)	detect(0.042)	infer(0.038)	motion(0.037)	tree(0.053)
big(0.020)	system(0.029)	rule(0.037)	method(0.032)	algorithm(0.046)
intellig(0.018)	fault(0.014)	probabl(0.022)	control(0.015)	search(0.022)
learn(0.016)	test(0.013)	distribut(0.022)	system(0.013)	forest(0.017)
system(0.014)	argumen(0.010)	weight(0.021)	object(0.011)	optim(0.017)
decision(0.013)	schedul(0.010)	probabilist(0.019)	video(0.011)	random(0.010)
distanc(0.010)	analysi(0.009)	bayesian(0.011)	action(0.011)	intell(0.009)
market(0.010)	clust(0.009)	approxim(0.011)	3D(0.010)	genet(0.008)

续表

主题0	主题1	主题2	主题3	主题4
trade(0.009)	anomal(0.008)	model(0.009)	detect(0.009)	proble(0.008)
comput(0.009)	locat(0.007)	sampl(0.009)	trajectori(0.009)	the(0.008)
大数据智能系统研究	智能故障定位、检测分析	贝叶斯概率模型推断	手势控制系统和功能研究	人工智能相关的算法估计
主题5	主题6	主题7	主题8	主题9
support(0.085)	facial(0.021)	imag(0.030)	prefer(0.038)	risk(0.029)
vector(0.079)	comput(0.021)	descriptor(0.014)	match(0.022)	2016(0.024)
machin(0.042)	memori(0.021)	extract(0.014)	vote(0.014)	cancer(0.017)
system(0.016)	express(0.014)	comput(0.012)	intellig(0.013)	breast(0.017)
twin(0.016)	human(0.011)	vision(0.012)	artifici(0.009)	divers(0.015)
svm(0.014)	face(0.010)	detect(0.012)	comput(0.009)	ordin(0.014)
quadrat(0.012)	system(0.010)	shape(0.011)	choic(0.008)	electr(0.010)
classif(0.011)	interact(0.009)	process(0.011)	incomplet(0.008)	closur(0.009)
propos(0.007)	analysi(0.009)	local(0.010)	problem(0.008)	patholog(0.009)
algorithm(0.007)	imag(0.008)	extract(0.009)	system(0.007)	intellig(0.008)
基于双支持向量的分类	人脸识别系统研究	计算机视觉及图像处理	人工智能匹配问题相关研究	人工智能在癌症方面的应用
主题10	主题11	主题12	主题13	主题14
featur(0.042)	intellig(0.032)	plan(0.019)	user(0.031)	semant(0.061)
data(0.031)	transfer(0.032)	system(0.018)	recommend(0.025)	knowledg(0.023)
cluster(0.031)	music(0.016)	intellig(0.018)	system(0.018)	graph(0.019)
classif(0.030)	target(0.016)	polici(0.015)	inform(0.018)	queri(0.018)
method(0.027)	spatial(0.015)	mobil(0.014)	model(0.014)	answer(0.017)
select(0.026)	data(0.013)	reinforc(0.012)	similar(0.013)	question(0.017)
learn(0.018)	learn(0.013)	robot(0.012)	propos(0.012)	languag(0.016)
algorithm(0.015)	APP(0.010)	threshold(0.012)	approach(0.012)	represent(0.016)
sampl(0.012)	system(0.009)	path(0.011)	method(0.012)	inform(0.014)
propos(0.012)	discoveri(0.008)	environ(0.009)	word(0.010)	relat(0.012)
基于特征向量的聚类选择算法	人工智能+音乐	机器人智能系统	用户信息推荐系统	基于语义知识的查询

续表

主题 15	主题 16	主题 17	主题 18	主题 19
decis(0.065)	model(0.045)	program(0.055)	intellig(0.057)	network(0.070)
cognit(0.028)	plan(0.026)	problem(0.033)	swarm(0.044)	neural(0.054)
system(0.016)	method(0.017)	constraint(0.031)	algorithm(0.025)	learn(0.017)
make(0.024)	domain(0.026)	optim(0.025)	particl(0.025)	algorithm(0.013)
theori(0.015)	data(0.016)	algorithm(0.012)	optim(0.017)	the(0.012)
intellig(0.014)	learn(0.015)	intellig(0.010)	pso(0.014)	cnn(0.011)
group(0.013)	stochast(0.014)	solv(0.010)	financi(0.013)	machin(0.010)
integr(0.011)	latent(0.012)	approach(0.009)	hybrid(0.012)	comput(0.010)
decision-ma(0.008)	intellig(0.010)	solut(0.009)	learn(0.009)	signal(0.009)
model(0.008)	variabl(0.010)	multi-objec(0.008)	evolut(0.009)	markov(0.008)
认知系统及决策模型	基于智能学习的计划模型	约束算法问题	群体智能研究	BP神经网络与机器学习
主题 20	主题 21	主题 22	主题 23	主题 24
method(0.032)	fuzzi(0.087)	game(0.049)	intellig(0.027)	network(0.027)
imag(0.028)	measur(0.021)	agent(0.032)	system(0.019)	system(0.025)
fusion(0.018)	set(0.016)	equilibriu(0.012)	artifici(0.013)	track(0.023)
estim(0.016)	function(0.015)	intellig(0.012)	environ(0.008)	neural(0.022)
propos(0.013)	relat(0.012)	player(0.011)	process(0.008)	control(0.018)
featur(0.012)	oper(0.011)	comput(0.010)	advanc(0.007)	vision(0.017)
model(0,010)	intellig(0.011)	strategi(0.010)	approach(0.007)	visual(0.016)
detect(0.009)	Gener(0.011)	AI(0.009)	transport(0.007)	comput(0.015)
comput(0.008)	valu(0.008)	problem(0.008)	Design(0.006)	sensor(0.012)
local(0.007)	algorithm(0.008)	belief(0.008)	analys(0.005)	the(0.011)
图像融合方法研究	模糊集测度研究	用于游戏的智能算法博弈论及纳什均衡	智能化运输设计	神经网络与视觉系统研究
主题 25	主题 26	主题 27	主题 28	主题 29
percep(0.075)	model(0.045)	2014(0,020)	word(0.019)	agent(0.024)
predict(0.035)	learn(0.023)	cloud(0.010)	text(0.013)	intellig(0.014)
machin(0.028)	regress(0.018)	consensu(0.008)	classif(0.013)	model(0.013)
recogni(0.024)	segment(0.016)	legal(0.008)	task(0.012)	learn(0.012)
network(0.021)	imag(0.016)	expert(0.008)	inform(0.012)	multi-ag(0.011)

续表

主题25	主题26	主题27	主题28	主题29
model(0.016)	machi(0.014)	network(0.008)	learn(0.011)	system(0.011)
traffic(0.013)	algorithm(0.011)	condit(0.007)	data(0.011)	custom(0.011)
data(0.011)	struc(0.010)	intellig(0.007)	perform(0.010)	student(0.010)
run(0.009)	nois(0.009)	regul(0.007)	approach(0.008)	educ(0.010)
perform(0.009)	propos(0.009)	method(0.007)	the(0.008)	the(0.008)
机器感知与模式识别	机器学习算法模型	云网络的专家智能方法	大数据文本分类	智能学习模型在教育领域的应用
主题30	主题31	主题32	主题33	主题34
deep(0.040)	algorithm(0.041)	languag(0.052)	learn(0.081)	visual(0.032)
convolut(0.032)	optim(0.036)	natur(0.032)	kernel(0.022)	human(0.027)
network(0.029)	problem(0.034)	text(0.025)	machin(0.018)	imag(0.021)
logic(0.027)	method(0.015)	sentimen(0.024)	task(0.014)	salienc(0.015)
learn(0.025)	search(0.011)	process(0.023)	time(0.012)	attent(0.011)
reason(0.019)	intellig(0.009)	emot(0.015)	network(0.012)	movement(0.011)
model(0.017)	solut(0.009)	linguist(0.014)	neural(0.011)	hand(0.011)
neural(0.016)	comput(0.009)	model(0.013)	model(0.010)	recognit(0.011)
intellig(0.012)	solv(0.009)	extract(0.013)	tempor(0.010)	color(0.011)
represent(0.009)	propos(0.009)	system(0.012)	comput(0.010)	function(0.010)
深度学习与卷积神经网络	智能解析算法及智能搜索	自然语言情感处理	神经网络空间学习模型	基于人工智能的视觉识别
主题35	主题36	主题37	主题38	主题39
robot(0.052)	imag(0.051)	intellig(0.023)	social(0.037)	learn(0.074)
interact(0.029)	featur(0.033)	system(0.016)	learn(0.019)	machin(0.039)
intellig(0.019)	recognit(0.032)	medic(0.016)	commun(0.015)	system(0.026)
learn(0.018)	learn(0.025)	network(0.015)	onlin(0.014)	network(0.025)
automatic(0.017)	classif(0.024)	data(0.013)	detect(0.013)	extrem(0.023)
design(0.016)	classifi(0.017)	predict(0.011)	network(0.013)	neural(0.020)
system(0.013)	method(0.017)	gene(0.011)	activ(0.013)	algorithm(0.018)
artifici(0.010)	propos(0.015)	model(0.011)	data(0.012)	control(0.015)
comput(0.010)	represen(0.013)	clinic(0.011)	system(0.010)	elm(0.014)
propos(0.009)	perform(0.010)	featur(0.010)	machin(0.009)	propos(0.012)
人工智能交互设计	特征学习及分类方法	人工智能在医学预测领域的应用	社会网络在线交流智能化	基于灵敏度分析的机器学习算法

续表

主题40	主题41	主题42	主题43	主题44
attack(0.020)	learn(0.045)	matrix(0.078)	data(0.047)	bound(0.024)
region(0.017)	data(0.020)	translat(0.022)	propos(0.025)	object(0.022)
trust(0.015)	method(0.019)	factor(0.022)	implicit(0.011)	algorith(0.019)
2016(0.012)	algorithm(0.018)	low-rank(0.014)	knowledge(0.009)	search(0.019)
diffus(0.012)	label(0.014)	comput(0.010)	express(0.008)	heurist(0.017)
uncertai(0.012)	propos(0.013)	method(0.010)	complex(0.008)	cost(0.015)
model(0.011)	problem(0.012)	data(0.010)	decision(0.008)	graph(0.014)
springer(0.007)	optim(0.012)	algebra(0.010)	reason(0.007)	problem(0.010)
science+busi(0.007)	function(0.010)	algorithm(0.009)	model(0.007)	privaci(0.009)
network(0.007)	classif(0.010)	propos(0.007)	feedback(0.007)	intellig(0.008)
人工智能在网络安全领域的应用	数据分析与分类	矩阵的因子分解算法	数据智能推荐研究	智能搜索算法

LDA 模型主题识别生成的文档-主题概率矩阵是基于概率的 45×16317 的矩阵（45 个主题×16317 篇文档），本文通过自定义函数将其信息聚合在"topic_document.csv"中，由于内容较多，仅列出主题强度最高的文档信息表，如表 2 所示，能直观地看到每个主题下每篇文档的相关信息，包括主题号、主题强度、主题词汇以及文本信息（题名、摘要、年份等）。

表 2 主题分布下主题强度最高的文档信息表

序号	主题强度	主题词汇	文本信息
0	0.967	data, big, intellig, learn, system, decision, distanc, market, trade, comput	Granularities and inconsistencies in big data analysis
1	0.851	detect, system, fault, test, argument, schedul, analysi, clust, anomali, locat	A clustering-based strategy to identify coincidental correctness in fault localization
2	0.819	infer, rule, probabl, distribut, weight, probabilist, bayesian, approxim, model, sampl	Annealed importance sampling for structure learning in Bayesian networks
3	0.748	motion, method, control, system, object, video, action, 3D, detect, trajectori	Design and assessment of a machine vision system for automatic vehicle wheel alignment
4	0.873	tree, algorithm, search, forest, optim, random, intellig, genet, problem, the	Generalized rapid action value estimation

续表

序号	主题强度	主题词汇	文本信息
5	0.793	support, vector, machin, system, twin, svm, quadrat, classif, propos, algorithm	Twin support vector hypersphere (TSVH) classifier for pattern recognition
6	0.833	facial, comput, memori, express, human, face, system, interact, analysi, imag	Dynamic adaptation of pedestrians: To a model guided by the perception
7	0.854	imag, descriptor, extract, comput, vision, detect, shape, process, local, extract	Analysis of the best production condition of cleaner froth in bauxite flotation process based on froth texture coarseness measurement
8	0.884	prefer, match, vote, intellig, artifici, comput, choic, incomplet, problem, system	Elicitation and approximately stable matching with partial preferences
9	0.632	risk, 2016, cancer, breast, divers, ordin, electr, closur, patholog, intellig	Essential closures and supports of multivariate copulas
10	0.936	featur, data, cluster, classif, method, select, learn, algorithm, sampl, propos	Feature selection for high-dimensional imbalanced data
11	0.621	intellig, transfer, music, target, spatial, data, learn, APP, system, discoveri	Chaotic music generation system using music conductor gesture

根据人工智能领域近五年的45个研究主题，基于主题-词汇矩阵中的词汇构成及主题-文档分布中主题强度最大的文献，归纳分析得出该领域的九个研究方向。

第一类：人工智能的基础理论与方法研究，针对人工智能相关的基础理论与相关方法的研究，重点在于大数据智能系统研究(主题0)、贝叶斯概率模型推断(主题2)、约束满足算法问题(主题17)、矩阵的因子分解算法(主题42)和数据智能推荐研究(主题43)。

第二类：智能系统设计与稳定性研究，针对人工智能相关系统及其稳定性的研究，主要有机器人智能系统(主题12)、用户信息推荐系统(主题13)和基于智能学习的模型设计(主题16)。

第三类：面向决策支持的应用研究，主要是关于决策支持、风险及不确定性的探讨，有模糊集测度研究(主题21)、机器感知与模式识别(主题25)和云网络的专家智能方法研究(主题27)。

第四类：认知与神经科学启发的人工智能研究，主要针对神经网络、大脑等相关的研究，有认知系统及决策模型(主题15)、BP神经网络与机器学习(主题19)、深度学习与卷积神经网络(主题30)、神经网络空间学习模型(主题33)。

第五类：计算机视觉研究，是关于识别、人脸识别及图像分割等的研究，有手势控制系统和功能研究(主题3)、人脸识别系统研究(主题6)、计算机视觉及图像处理(主题7)、人工智能匹配问题的相关研究(主题8)、图像融合方法评价(主题20)、神经网络与视觉系统研究(主题24)和基于人工智能的视觉识别(主题34)。

第六类：数据挖掘及聚类研究，针对分类、挖掘、聚类和机器学习等方面的研究，有智能故障定位与检测分析(主题1)、双支持向量的分类研究(主题5)、基于特征向量的聚类选择算法(主题10)、机器学习算法模型(主题26)、大数据文本分类(主题28)、特征学习及分类方法(主题36)、基于灵敏度分析的机器学习算法(主题39)和数据分析与分类(主题41)。

第七类：智能优化算法研究，针对优化、算法优化等的研究，有人工智能相关的算法优化(主题4)和群体智能研究(主题18)。

第八类：自然语言处理研究，针对信息检索、自然语言处理等方面的研究，有基于语义知识的查询(主题14)、智能解析算法及智能搜索(主题31)、自然语言情感处理(主题32)和智能搜索算法(主题44)。

第九类：人工智能在各个领域的应用，如医疗、教育、交通、音乐、安全等方面，有人工智能在癌症方面的应用(主题9)、人工智能+音乐(主题11)、用于游戏的智能算法博弈论及纳什均衡(主题22)、智能化运输设计(主题23)、智能学习模型在教育领域的应用(主题29)、人工智能在医学预测领域的应用(主题37)、社会网络在线交流智能化(主题38)和人工智能在网络安全领域的应用(主题40)。

4.3 前沿识别

基于LDA模型的前沿识别流程，如图4所示。

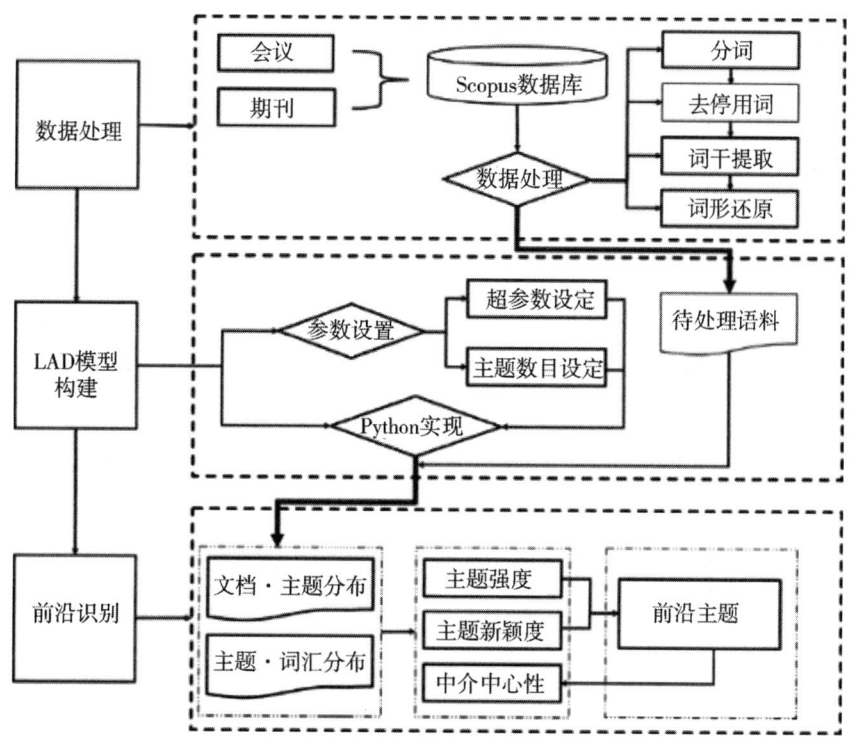

图4 基于LDA的前沿识别流程

依据 LDA 模型前沿识别流程，首先遴选主题强度、主题新颖度高于平均值的主题，获得研究前沿，最后对主题词汇构建关联网络计算中介中心性。

首先根据指标主题强度的计算公式(1)，对文档-主题概率分布矩阵进行计算，得到主题强度列表，包括主题序号、主题名称及主题强度值。将所有主题的主题强度绘制成折线图，结果如图 5 所示，找出高于平均值的主题序号。其中主题 42 的新颖度最高，达到 0.42066372，共有 35 个主题的主题新颖度高于平均值，占所有主题数的 77.78%。

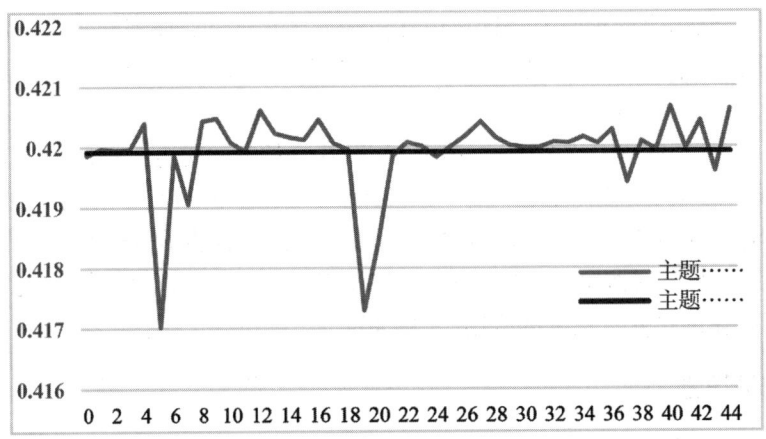

图 5　主题强度值分布

然后根据指标主题新颖度的计算公式(2)，对文档-主题概率分布矩阵进行计算，得到主题新颖度列表，包含主题序号、主题名称及主题新颖度等。将所有主题的主题强度绘制成条形统计图，结果如图 6 所示。从图 6 可以看出，主题 5 的主题新颖度最高，达到 2015.38204，共有 16 个主题的主题新颖度高于平均值，占所有主题数的 35.56%。

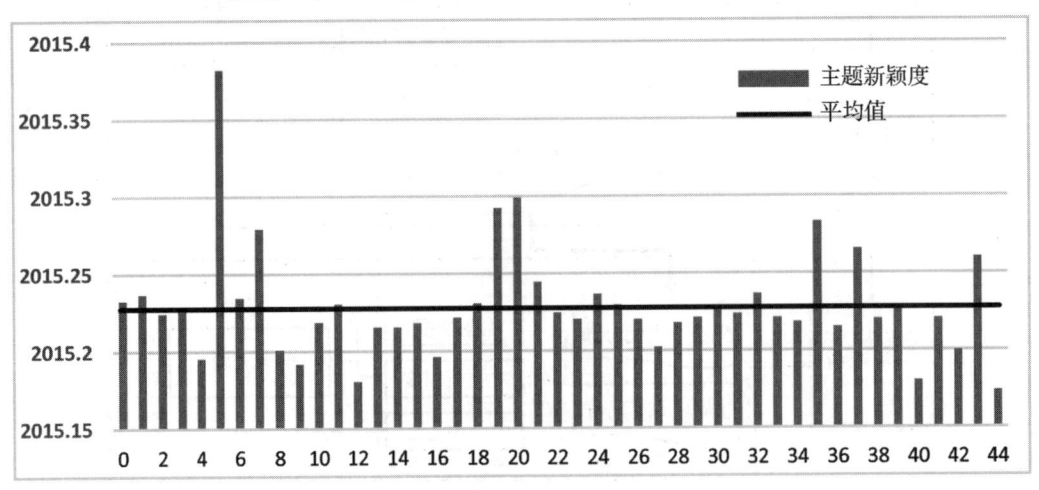

图 6　主题新颖度值分布图

主题强度和主题新颖度均超过平均值的研究前沿主题见表3，遴选出人工智能领域的研究前沿，包括：大数据智能系统研究(0)、智能故障定位与检测分析(1)、手势控制系统和功能研究(3)、基于双支持向量的分类(5)、人脸识别系统研究(6)、计算机视觉及图像处理(7)、人工智能+音乐(11)、群体智能研究(18)、图像融合方法研究(20)、模糊集测度研究(21)、机器感知与模式识别(25)、深度学习与卷积神经网络(30)、自然语言与情感处理(32)、人工智能交互设计(35)、人工智能在医学预测领域的应用(37)和数据智能推荐研究(43)。

表3 基于主题新颖度与主题强度识别出的研究前沿列表

序号	主题名称	词汇	主题新颖度	主题强度
0	大数据智能系统研究	大数据，智能，学习，系统，决策，远程，市场，认知，贸易，计算机	2015.233	0.420
1	智能故障定位与检测分析	检测，系统，故障，测试，论证，分析，聚类，异常，定位，图表	2015.237	0.420
3	手势控制系统和功能研究	手势，方法，控制，系统，对象，视频，功能，3D，检测，研究	2015.228	0.420
5	双支持向量的分类	支持，矢量，机器，系统，双，SVM，块，分类，推荐，算法	2015.382	0.417
6	人脸识别系统研究	人脸，计算机，记忆，表达，人，部，系统，交互，分析，图像	2015.234	0.420
7	计算机视觉及图像处理	图像，描述，提取，计算机，视觉，检测，形状，处理，局部，抽取	2015.279	0.419
11	人工智能+音乐	智能，传输，音乐，目标，特定的，数据，学习，APP，系统，发现	2015.230	0.420
18	群体智能研究	智能，群体，算法，粒子，优化，粒子群，资金，混合，学习，优化	2015.231	0.420
20	图像融合方法研究	方法，图像，融合，估计，推荐，特征，模型，检测，计算机，局部	2015.299	0.419
21	模糊集测度研究	模糊，度量，集合，函数，关系，操作，智能，区域，值，算法	2015.244	0.4199
25	机器感知与模式识别	感知，预言，机器，识别，网络，模式，流量，数据，运行，行为	2015.230	0.4200
30	深度学习与卷积神经网络	深度，卷积，网络，逻辑，学习，推理，模型，神经，智能，表现	2015.228	0.4200

续表

序号	主题名称	词汇	主题新颖度	主题强度
32	自然语言与情感处理	语言，自然，文本，多愁善感，处理，情感，语言学，模式，选取，系统	2015.236	0.420
35	人工智能交互设计	机器人，互动，智能，学习，自动，设计，系统，人造的，计算机，推荐	2015.283	0.420
37	人工智能在医学预测领域应用	智能，系统，医学，网络，数据，预测，基因，模型，临床，特征	2015.265	0.419
43	数据智能推荐研究	数据，推荐，隐含分布，知识，表示，复杂，决策，推理，模型，反馈	2015.260	0.420

本文采用 Python 中的 NetworkX 模块实现网络图的构建和中介中心性的计算[11]，结果如图 7 所示。

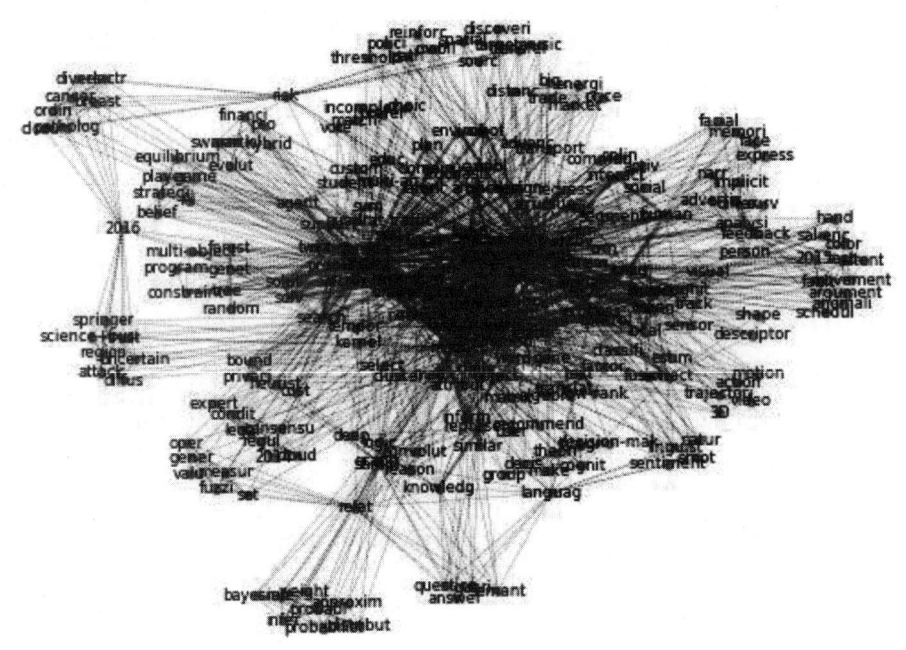

图 7　主题词社会网络图谱

基于 LDA 模型识别出的主题-词汇矩阵，由主题名称、主题词汇和主题权重构成。为进一步分析主题中介中心性，需对数据形式进行转换，将主题词汇转换为矩阵形式。根据 NetworkX 中的 nx 函数构建主题关联网络，包括采用 nx.draw_networkx_nodes 函数构建节点，采用 nx.draw_networkx_edges 函数构建边，采用 nx.draw_networkx_labels 函数贴标签等[12]。通过调用 NetworkX 模块中的 nx.betweenness_centrality 函数，结果如表 4 所示。

表 4 关键词中介中心性列表

关键词	中介中心性	关键词	中介中心性	关键词	中介中心性
intellig	0.226	sampl	0.00887	search	0.00183
imag	0.193	risk	0.00812	extract	0.00166
model	0.159	approach	0.00801	featur	0.00164
learn	0.0719	neural	0.00685	analysi	0.00140
data	0.0548	visual	0.00641	interact	0.00137
network	0.0544	languag	0.00617	text	0.00126
comput	0.0535	process	0.00609	robot	0.00120
algorithm	0.0453	classif	0.00589	artifici	0.00117
method	0.0435	graph	0.00531	vision	0.000697
propos	0.0285	optim	0.00523	predict	0.000678
system	0.0262	knowledg	0.00491	local	0.000675
function	0.0185	relat	0.00435	time	0.000492
problem	0.0175	object	0.00432	task	0.000485
detect	0.0152	agent	0.00366	environ	0.000459
represent	0.0126	recognit	0.00327	design	0.000404
inform	0.0118	control	0.00314	solv	0.000286
machin	0.0111	plan	0.00268	solut	0.000286
human	0.0103	perform	0.00252	word	0.000282

由表 4 可见，中介中心性排前 10 的词，即基于主题强度和主题新颖度计算出的前沿主题词汇中，中介中心性较强的词汇有：intellig（智能）、imag（图像）、model（模型）、learn（学习）、data（数据）、network（网络）、comput（计算机）、algorithm（算法）、method（方法）和 propos（推荐）。

5. 结果验证

本文采用专家评价法进行结果准确性评价。依据李克特量表的等级标准给出评价的五个等级，即："非常同意""同意""不确定""不同意"和"非常不同意"，对应的评分依次为"5""4""3""2"和"1"。专家对每个主题评分的平均值为最终得分，得分越高说明专家对该主题的认可程度越高；专家对每个主题评分的标准差代表该主题的争议程度，标准差越小说明专家对该主题争议程度越小。本次专家评价邀请 7 位领域专家，专家评价结果如表 5 所示。

表 5　专家评价表

序号	主题名称	得分	标准差
0	基于大数据的智能系统研究	4.29	0.49
1	基于聚类的故障定位与检测分析	4.14	0.38
3	手势控制系统和功能研究	4	0.58
5	基于双支持向量的分类	3.86	1.21
6	人脸识别系统研究	4.29	0.76
7	计算机视觉及图像处理	5.00	0.00
11	人工智能+音乐	3.14	0.69
18	群体智能研究	4.00	0.82
20	图像融合方法研究	4.00	0.82
1	模糊集测度研究	3.29	0.76
25	机器感知与模式识别	4.14	1.07
30	深度学习与卷积神经网络	4.86	0.38
32	自然语言与情感处理	4.71	0.49
35	人工智能交互设计	4.29	0.49
37	人工智能在医学预测领域的应用	4.43	0.77
43	数据智能推荐研究	4.14	0.89

表 5 中，得分高低代表专家对该主题是否是人工智能领域研究前沿的认可程度，得分越高，认可程度越高。由表 5 可知，本文得出的人工智能领域的 16 个前沿主题中，得分平均值为 4.16，最低分 3.14 大于 3 分，总体上前沿识别结果得到了专家的认同。

具体分析，在 16 个前沿主题中，13 个主题的得分大于 4 分，识别准确率达到 81.25%，因此基于 LDA 模型的主题识别，通过主题强度和新颖度遴选出的前沿主题有较高的准确性和有效性。

6. 结论

本文将 LDA 主题模型和社会网络的优点有效地融合在一起，构建基于 LDA 社会网络的前沿识别模型，识别出 2013—2017 年人工智能领域的 45 个主题、16 个前沿主题及 10 个中介中心性较强的主题词汇，实现了主题提取和主题关联网络可视化。近五年人工智能领域的前沿研究，包括大数据智能系统研究、智能故障定位与检测分析、手势控制系统和功能研究、基于双支持向量的分类、人脸识别系统研究、计算机视觉及图像处理、人工智能+音乐、群体智能研究、图像融合方法研究、模糊集测度研究、机器感知与模式识别、深度学习与卷积神经网络、自然语言与情感处理、人工智能交互设计、人工智能在医学预测领域的应用和数据智能推荐等。通过社会网络分析法构建主题关联网络，得到中介中心性较强的主题词有：智能、图像、模型、学习、数据、网络、计算机、算法、方法和推荐。基于 LDA 模型的前沿识别方法在识别原理、文本格式和识别效果方面都具有一定的优势，能够提供较为准确具体的前沿信息，为人工智能领域前沿研究提供了可靠的分析数据和关键主题。

◎ 参考文献

［1］Price D J. Networks of Scientific Papers［J］. Science，1965，149(3683)：510-515.

［2］马费成，望俊成，陈金霞，胡超. 我国数字信息资源研究的热点领域：共词分析透视［J］. 情报理论与实践，2007(4)：438-443.

［3］李小涛，秦萍，钱玲飞. 图情领域基本科学指标数据库高被引论文的知识图谱分析［J］. 情报理论与实践，2017，40(2)：111-116.

［4］黄福，侯海燕，任佩丽，等. 基于共被引与文献耦合的研究前沿探测方法遴选［J］. 情报杂志，2018，37（12）：13-19，35.

［5］Blei D M，Ng A Y，Jordan M. Latent Dirichlet Allocation［J］. Journal of Machine Learning Research，2003，3：993-1022.

［6］胡吉明，陈果. 基于动态 LDA 主题模型的内容主题挖掘与演化［J］. 图书情报工作，2014，58(2)：138-142.

［7］阮光册，夏磊. 基于主题模型的检索结果聚类应用研究［J］. 情报杂志，2017，36(3)：179-184.

［8］关鹏，王曰芬，傅柱. 不同语料下基于 LDA 主题模型的科学文献主题抽取效果分析［J］. 图书情报工作，2016(2)：112-121.

［9］冯佳，张云秋. 基于 LDA 和本体的科学前沿识别与分析方法研究［J］. 情报理论与实践，2017，40(8)：49-54.

［10］王效岳，刘自强，白如江. 基于基金项目数据的研究前沿主题探测方法［J］. 图书情报工作，2017，61(13)：87-98.

［11］约翰·斯科特. 社会网络分析法［M］. 重庆：重庆大学出版社，2016.

［12］Nitin Hardeniya. NLTK 基础教程——用 NLTK 和 Python 库构建机器学习应用［M］. 北京：人民邮电出版社，2017.

［13］Ulrik Brandes. A Faster Algorithm for Betweenness Centrality［J］. Journal of Mathematical Sociology，2001，25(2)：163-177.

基于区块链的全生命流程学术成果评价研究①

余以胜[1] 刘芷欣[2] 张文君[1]

（1. 华南师范大学经济与管理学院；
2. 广东岭南职业技术学院）

摘要：[目的/意义]研究区块链的技术特点，探讨将其应用到学术评价中，解决学术不端的可行性。[方法/过程]从当前学术不端的众多热点事件出发，以学术成果评价全生命流程的角度，结合学术科研领域需求与特点，对学术成果评价流程各阶段进行分析。[结果/结论]给出了利用区块链技术进行学术成果评价的整个过程的详细策略，从开放研究过程、进行数据自治、优化同行评审等角度，阐述了利用该技术构建学术成果评价信任的一些策略。

关键词：区块链；全生命流程；学术成果评价；同行评议

Research on Academic Achievement Evaluation of Whole Process Based on Blockchain

Yu Yisheng[1] Liu Zhixin[2] Zhang Wenjun[1]

（1. School of Economics and Management, South China Normal University;
2. Guangdong Lingnan Institute of Technology）

Abstract：[Purpose/Significance] This paper studies the technical characteristics of blockchain and discusses the feasibility of applying it to academic evaluation to solve academic misconduct. [Method/Process] Starting from many hot issues of academic misconduct, this paper analyzes the various stages of academic achievement evaluation process from the perspective of the whole life process of academic achievement evaluation, combined with the needs and characteris-

---

① 本文系2017年广东省哲学社会科学"基于Altmetrics的学术成果多维信息计量体系、评价模型及实证研究"（项目编号：GD17CTS01）；2018年国家社科基金年度项目"基于用户行为动机的Altmetrics评价模型构建与实证研究"（项目编号：18BTQ075）的系列成果。

作者简介：余以胜，男，1975年生，副教授，博士，研究方向为电子商务与信息经济；刘芷欣，女，1982年生，本科，馆员，研究方向为信息管理与参考咨询；张文君，女，1993年生，硕士研究生，研究方向为计量学与科学评价。

tics of academic research field. [Result/Conclusion] This paper gives a detailed application strategy of blockchain technology in the whole process of academic achievement evaluation, and expounds some strategies for building trust in academic achievement evaluation from the perspectives of open research process, data autonomy and optimization of peer review.

Keywords: blockchain; whole life process; evaluation of academic achievements; peer review

1. 背景

学术成果评价是指为学术成果的学术水平、实际应用和成熟程度等予以客观恰当的评价，它不仅是科研成果管理的一项重要内容，也是一项重要指标，可以体现出某个研究领域内最为前沿的基础研究、实验发现以及技术创新。它所具有的评定作用，对学术不端行为的监管、整治具有重要作用，而且它是确保科研权威性、科学研究成果公信价值的主要保证。

近些年来，各国学术腐败热点事件时有发生，科研人员的诚信问题越来越受到大家的关注。响彻中外的"猴子事件"[1]引发了科学研究领域的热烈讨论。著名的"Beall掠夺性出版商名单"、施普林格·自然集团的大规模撤稿事件[2]使同行评议制度备受质疑。南京大学教授、长江学者撤稿百余篇，演员翟天临博士毕业却不知道什么是知网。此外，还有一些学者踩着学术成果评价中的"灰色地带"，如对数据进行改动、对图谱和表格进行修改等，这些并非像剽窃他人成果、抄袭他人文章那样易于发现，在进行调查时难于掌握确切证据，而且数量颇巨，对学术成果评价所获得结论的真实程度造成了非常大的影响，还会导致科学传播的效率降低、权威性下降。

逐步丰富和趋于完整的"区块链技术"吸引了学术领域以及业界的目光。该技术的去中心性、不可篡改性、加密性等特点可以应对以上所述在学术成果评价方面所具有的问题带来了新的解决思路。本文基于区块链理念及相关技术，从学术成果评价的整个生命流程入手，以目前所能掌握的实践案例为对象，讨论该技术在学术成果评价全过程中的实际应用，并对整个学术评价流程各个阶段提出具体应对与改进措施。

2. 当前学术成果评价面临的信任危机

2.1 学术成果评价前——研究人员的信任危机

学术不端行为，是指在建议研究计划、从事科学研究、评审科学研究、报告研究结果中的各类编造、作假、偷取他人成果、滥用和以欺骗的手段获取科研资源等各种不符合科学共同体公认道德标准和违背社会道德的行为[3]。对于这类行为进行具体限定，其判定的范畴如下：在科研范畴内，出于主观选择而给出不符合实际的虚假论述和数据等；违反职业道德利用他人研究成果；侵害他人的著作权；对别人的研究加以干涉或者是设置障碍；所获得研究成果在发表或者是出版过程中存在一稿多投等学术不端行为；在进行研究的过程中做出了不符合学术规范要求的行为。当代科研环境越来越功利化，科研人员评职称需要大量论文产出，而掌握评定权力的行政管理部门常常使学术成果评价活动过于简单化、数量化、级别化、频繁化，加大了科研人员的产出压力，甚至促使科研人员疯狂追逐科研绩效短、频、快，导致严重的学术泡沫化和学术生态恶化[4]。2014年，小保方晴子被发现所发表的数据并不真实，发生了"数据造假事件"，这在国际学术界受到了广泛专注，最后其刊登在《自然》杂志上的两篇论文涉嫌两项学术不端行为，被撤销发表并被迫辞职。南京大学社会学教授、长江学者梁莹，这个备受国家和学校期望的教授竟然有至少15篇文章存在抄袭和一稿多投行为，该事件迅速引发网友热烈讨论，南京大学校方也做出了严肃处理。各国媒体相继报道的学术领域学术不端事件，剽窃他人学术成果、作者署名混乱、数据图表造假和国际高质量期刊大规模撤稿等事件，都给学术界造成了非常恶劣的影响，科研的权威性和公信力受到了严重的挑战，也对学术成果评价提出了更高的要求。

2.2　学术成果评价中——同行评议过程的权威危机

同行评议指同领域的权威专家学者对研究者的学术成果进行科学评价，从操作形式来说分为三种：一种是单向隐匿，作者不知道评议人，评议人知道作者，评审的具体意见通过编辑部审查发给作者，既有一定的保密性，手续又不太复杂，这是目前国际上的期刊经常采用的方式；二是双向隐匿，又称"盲审"，指作者和评议人互相不知道对方是谁，经手的编辑经过大量处理使双方匿名审查，表面上看更加公平公正，但是也增加了编辑的工作量，延长了审稿时间，编辑部有时也难免犯错[5]；三是公开评议，即评议专家和作者互相知晓，这种方式无法避免评议人因为作者身份而有所顾忌，不能实话实说。以上三种评议方式都已实行很久，且各具优缺点。

由于学术共同体的不完善甚至缺失，只能依靠数量有限的评委开展同行评议，但专家不匹配、评价偏颇、结果粉饰化、主观随意性均较难控制[6]。具体而言，国内的同行评议制度主要存在以下弊端：一是评议的学术成果跟评审专家的研究方向不完全一致，一方面，学科的交叉性越来越密集，另一方面，学科专业分化越来越精细，与评审内容相关的权威评审专家很难确定；二是每一种评议方式都不能保证评议结果完全公平公正，仍然无法规避很多现实问题；三是评审论文过程难度大，繁琐枯燥，对评审专家来说甚至是一场免费且无意义的工作，导致评审专家对待工作不认真、拖沓甚至出现找自己的研究生或博士学生代为评审，是对评审工作的极度不尊重。

2.3　学术成果评价后——学术评价和成果复证的公信力危机

学术考评就是对学者的学术成果水平进行三六九等的级别评定[7]。目前学术考评主要是以学术期刊进行考评，通过学术期刊的考评间接考评作者的学术能力，这也随之产生了不少专业考评部门与期刊排行榜。这些专业考评部门以及期刊排行榜以文献计量的方法，通过简单或者复合指标对期刊加以考评，出现不一样的考评准则以及考评体系。此外人文社会科学的广泛性、复杂性、历史性、社会性和相对性仅依靠数据不能进行简单评估[8]。南京大学苏新宁教授指出，极端量化、唯量化的学术评价应当终止[9]；大连理工大学李冲等也指出，量化评价因学科的不同而使得普遍适用性有限[10]。

随着社交网络的广泛使用，学术评价的方式也开始发生改变，单一传统的期刊评价方式已经满足不了现在多元的交流方式，可以将图片、代码、视频甚至数据作为考评依据的替代计量学应运而生。相比传统的期刊评价方式，替代计量学指标即时性强，而期刊至少要几个月，多的则要几年的时间；从评审方式来说，任何人都可以发表观点，且研究者之间可以互相交流，期刊则需要同行评议，研究者之间需要通过第三方平台才能交流。但是现在替代计量学还在发展过程中，虽然已经出现了很多的评价指标和工具平台，但还没有完全成熟，很多专家学者仍在研究它的可行性，还不能完全作为一项权威的学术成果评价方式[11]。

学术成果复证是对已经公开发表的学术研究进行相同科研环境下的重复试验和验证，检验此项研究成果，或者在此研究成果上希望有更高的科研突破和发现。对于自然科学来讲，这是验证学术成果科学性的一种手段，也是提高学术研究水平、共享科学研究成果的一项科学研究方式。复证也需要一定的科研经费与时间，并不是每一项学术成果都能做到规范的学术复证，并且此过程缺乏监督机制。同时，在人文社会科学领域，研究内容的主观性更强，分析环节的主观性、分析目标的主观性与分析结论体现的思辨性促使分析环节无法复证。

3. 区块链技术及其在学术内容生产中的应用

中本聪所著的《比特币：一种点对点的电子现金系统》一文最早提及"区块链"（block.chain）这一概念。2016年，工信部发布《中国区块链技术和应用发展白皮书》[12]正式定义区块链概念，区块链最主要特点即"去中心性"，对不同的交易者而言，都能够将交易信息进行记录，因此，区块链能够提升信任[13]。例如：在比特币协议中通过内置信任协议，用户可以免于第三方，自由进行互联网交易，并且区块链技术能够传递一定资产与价值——货币、契约和专利[14]。

从存储方式而言，区块链以分布式进行存储。所有区块对数据进行备份，若某区块出现问题，如数据遭损毁，其他区块也不会受到影响，因此可保障数据安全、完整。若数据上传到区块链，则无法更改，也无法撤销，而且透明度极高。若将数据确认后，经储存，就无法对其进行更改，也无法撤销。对参与者而言，若数据存储在区块链中，则具备高度透明性，因此，数据更为可信，也更为可靠，在一定程度上解决了欺诈和虚假数据现象。自提出之初，区块链技术便受到大众的欢迎。2015年，区块链技术已被广泛应用于金融、物联网各领域。不仅如此，区块链技术在医疗、在线音乐、房地产、无人机等方面也有了进一步应用，被誉为"最有潜力触发新一代革命浪潮的核心技术"[15]。

3.1 记录研究步骤，提供复证基础

数字化科研成果研究过程能够大大提升研究效率，但同时，学术成果的真实程度易受到质疑。究其原因在于实验环境和实验条件若出现偏差，学术成果的真实性和可靠性便会遭到质疑，实验无法进行检验与二次操作。区块链技术因其具有难以篡改性和分布性，能

够确保数据保密，实验过程的重复操作可以得到保障。不同机构部门的科研工作者都能对机密数据进行保密，严密记录实验步骤，并将之存储，同时对研究者公开实验步骤和不同阶段的实验结果，一旦记录后实验内容无法篡改。通过这一技术，能够提高实验过程的透明度，实验过程也得以公开。若某区块出现数据受损的情况，亦可结合其他区块将数据修复，使实验复证问题得以解决，确保实验完整、正确，确保学术研究的可靠性。

3.2 建立时间戳机制，开放研究过程

若数据和研究存储在区块链内，利用时间戳技术，可对其进行"标记"。经过标记，相关对象的研究内容便可详细记录其中，作者与内容之间被时间戳这一区块链技术相联结，相当于个人的知识产权被数字化加密以及数字化确认识别。时间戳技术应用与学术科研成果研究过程中有很多优势。其一，这种唯一性确保了科研工作者的知识成果不被侵犯，可更好地维护科研人员的知识产权，为学术成果评价机制更加公平公正打下了坚实的基础。其二，在其他同一研究方向或内容学者的研究过程中，如果想进一步了解相关研究信息，可以与作者联系，促进学术交流和分享，使相关研究信息最大化，同时利用网络传播快速形成此研究的学术圈，大家集思广益，思维交融碰撞，促进科学研究过程更快更好地发展。其三，这些标记都是对科研工作者学术成果的肯定，是其个人影响力评价、学术成果评价的信用凭证，形成一种积极向上的激励机制。

3.3 订立"智能合约"，开展"数据自治"

对区块链而言，智能合约是数据实现的基础。1995年，智能合约（smart contracts）概念出现，其提出者是密码学家尼克·萨博（Nick Szabo），他提出智能合约是"一套以数字形式定义的承诺，包括合约参与方可以在上面执行这些承诺的协议"[16]。其原理与数学中的条件语句类似，若数据满足某一规定条件，数字资产、存储数据等利用区块链技术形成数字化的法律条约，按条约规则自动发生转化。基于智能合约技术，首先它没有传统合同繁琐复杂的程序和办理所花费的时间成本，效率得到了大大的提升。其次提高了合约的公平性与安全性，没有人为操作的失误与人情，合约更加公开透明，实现区块链技术的去中心化。同时也为所有数据实现的过程提供了可以追溯的来源，形成一个完备成熟的数字合约机制，有更强的可用性。

3.4 开放同行评审，加快科研创新

通过区块链技术，可以创造一个分布式出版平台，在该平台中，能够实现身份资历认证与学术信用担保的匿名公开评议。第一，用户能够以区块链为基础，准确全面地创建自身的学术研究数字化身份信息，其中涵盖了单位、学历、职称、学术成果等。在认证评议员时，可通过资质认证决定有无出版机构制定的资格。第二，在此过程中，并不会公开评议员的真实信息，保护评议的科学性和相关人员隐私。评议员可在评议后对结果签名，提供可信身份，因此，以匿名的形式严格参与评议，能够避免恶意言论。除此之外，区块技术还能够对恶意言论人进行追责，若出现不当言行，则会永久储存在记录中，波及主体终身信誉。因此，通过区块链技术，能够促进同行评议发展，提升其专业性、全面性、透明

性、公平性。

4. 用区块链技术建设学术成果评价信任的具体策略

4.1 记录研究过程，遏制撰稿侵权

可以将区块链技术与学术系统相结合，构建一个开放数据共享平台，作者所有的研究数据、实验过程、研究过程都可以实时跟踪与记录，数据来源有迹可循，这将为当前科研的重复性危机提供技术解决方案，保证已出版研究结果的真实性及可追溯复现性，并为后期的影响力评价提供更可靠的依据[17]。其中作者实验过程中尝试错误的实验方法和实验步骤，相关领域的研究人员也可以清晰地看到，避免因研究过程信息不公开而造成不必要的时间浪费，减少时间成本。在作者写作过程中，他所参考的文献，浏览、下载的信息也将被系统实时跟踪记录，一方面，可以方便作者查找引用，另一方面，可以供编辑部审核，便于监督。这将会用技术手段从源头上解决学术不端问题，有效遏制违反学术道德规范的不诚实行为的发生，同时作者在研究过程中的每一步都会被记录，这也能提高作者的学术严谨性。

4.2 优化同行评议，激励审稿专家

同行评议中存在很多问题，首先是评议人的资质认证不能很好地识别，其次是研究领域的细分，如何使更加合适的评审专家与评审的研究内容更好地匹配也是一大难题。利用区块链技术识别身份信息，可以有效地帮助同行评议。在学术成果评价过程中，每一位学者专家的科研学术成果和研究领域方向都可以被系统获取，进行同行评议时，就可以快速准确匹配对象。目前，区块链组织（Blockchain for Science）[18]已经成立了相关的项目组，联合权威科研机构、开放研究者与贡献者标识符（ORCID）等，对专家身份进行收集和确认。完成记录收集后[19]，将相关信息以分布式存储放于不同区块间。专家记录相关内容后，不可将之更改，亦不可撤销，因此，信息前期的验证将更为严格。但是，这种方式能在一定程度上帮助同行评议资质，促进评审机制发展，而且，同行评议结束后，区块链也会将结果存储其中，使得评审过程有溯源性，保证评审过程更加公平公正公开。审稿记录能够以标签形式伴随专家，审稿人的工作得到承认，工作质量也随之提高。

现在，国外已有诸多学者针对区块链技术进行了预言。其中，Ledger是第一个同行评议学术期刊。在该期刊中，主要以加密货币和区块链技术为基础，倡导作者使用数字签名的方式，同时通过区块链，将论文时间戳予以发布[20]。不同的用户和读者均可下载论文，不针对作者收任何费用。另外，该期刊更强调以比特币社区为基础，提升同行评审机制透明度；在该机制的基础上，为用户建立平台进行交流，几种不同研究方向的中坚分子一道帮助加密货币，推进区块链技术成长。根据其他专家的观点，期刊币（journalcoin）可以被进一步利用，通过这一币种，对评议员或贡献杰出者进行奖励，促进同行评审发展，提升其质量。

4.3 开放学术评价，避免指标造假

微信、知乎等社群的广泛推广，也在逐渐改变学术评价的方式，引起广泛关注的 Altermetric 评价体系也是与社群相结合，使得学术评价更加去中心化。举例来说，音乐与区块链的结合，使音乐创作者能够通过区块链这个平台记录自身作品；同时，在销售过程中也可免于第三方，向听众直接销售。对听众来说，能够微观到某具体音符、小节和句子，对其进行评价；评价信息、听众下载、购买产品数据等也通过区块链录入，对音乐所传达的内容予以反馈，如热度和效果。应用到学术评价系统中，通过区块链，人们能够不受限制地下载相关文件，对学术论文、期刊和著作进行评价、下载、阅读和引用。区块链会将有关行为加密转化，以数据的形式将其存储。若读者使用区块链系统，便可不受第三方干扰，这样一来，学术内容将会更加开放，使评价指标更加透明化和公开化，同时提升学术评价的客观公正性。

5. 总结

区块链技术的去中心化、数字资产化、唯一可识别性、加密性等特征使得此技术可以广泛地与金融、互联网、学术科研领域完美结合，在自身技术成熟完善的基础上，形成"区块链+"，更好地服务于政治、经济、科研生活，成为继"互联网+"之后又一席卷行业的变革力量。本文对区块链技术进行了概述，从当前学术不端的众多热点事件出发，以学术成果评价全生命流程的角度，结合学术科研领域需求与特点，对学术成果评价流程各阶段进行分析，即学术评价过程记录、学术评价中的同行评议、学术评价和成果的复证等，并提出了相应对策建议。

◎ 参考文献

［1］Carolyn Y Johnson. Author on Leave after Harvard Inquiry［EB/OL］.［2010-08-10］. http://archive.boston.com/news/education/higher/articles/2010/08/10/author_on_leave_after_harvard_inquiry.

［2］Beall J. Predatory Publishing is Just One of the Consequences of Gold Open Access［J］. Learned Publishing，2013，26(2)：79.

［3］中国科学院. 关于加强科研行为规范建设的意见［J］. 中国科技期刊研究，2007，18(2)：204-205.

［4］张爽. 科研不端行为的成因及对策探析［D］. 大连：大连理工大学，2013：12-24.

［5］Fletcher R H，Fletcher S W. Evidence for the Effectiveness of Peer Review［J］. Science and Engineering Ethics，1997，3(1)：35-50.

［6］杨兴林. 学术评价的内涵、异化及本真回归［J］. 高教发展与评估，2016，32(6)：26-33.

［7］蒋玲，杨红艳. 大数据时代人文社科成果评价变革探析［J］. 情报资料工作，2015(3)：92-97.

[8] 苏新宁. 学术评价与学术考核奖励机制的辩证观[J]. 西南民族大学学报(人文社科版), 2017, 38(9): 1-5.

[9] 李冲, 苏永建. 学术评价: 量化模式的反思与超越[J]. 自然辩证法研究, 2017, 33(2): 59-63.

[10] 邱均平, 余厚强. 替代计量学的提出过程与研究进展[J]. 图书情报工作, 2013, 57(19): 5-12.

[11] 中国区块链技术和产业发展论坛. 中国区块链技术和应用发展白皮书2016[R]. 北京: 工业及信息化产业部, 2016: 1-10.

[12] The Trust Machine: The Technology Behind Bitcoin Could Transform How the Economy Works[EB/OL]. [2015-10-31]. http://www.economist.com/news/leaders/21677198-technology-behind-bitcoin-could-transform-howeconomy-works-trust-machine.

[13] 陈晓峰, 云昭洁. 区块链在学术成果评价领域的创新应用及展望[J]. 情报工程, 2017, 3(2): 004-012.

[14] 中国网. 区块链技术应用前景广泛和数软件助力区块链落地应用[EB/OL]. [2017-08-04]. http://tech.china.com/article/20170804/2017080446422.html.

[15] Nick Szabo. Smart Contracts: Building Blocks for Digital Markets[EB/OL]. [2017-08-16]. www.fon.hum.uva.nl.

[16] Bartling S, Fecher B. Blockchain for Science and Knowledge Creation[EB/OL]. [2017-08-20]. https://zenodo.org/record/60223#.WLZnE7EYw4k.

[17] Soenke Bartling. Research. et al. Identity[EB/OL]. [2017-08-07]. http://www.blockchainforscience.com/2017/05/23/research-et-al-identity.

[18] Printemps. 五花八门的区块链应用, 你造吗?[EB/OL]. [2017-08-07]. http://www.8btc.com/blockchain-app.

[19] 许洁, 王嘉昀. 基于区块链技术的学术出版信任建设[J]. 出版科学, 2017(25): 24.

[20] Perez Y B. Bitcoin Peer-reviewed Academic Journal "ledger" Launches[EB/OL]. [2015-09-15]. http://www.coindesk.com/bitcoin-peer-reviewed-academic-journal-ledger-launches/.

(作者贡献说明: 余以胜: 确定论文方向, 修改论文; 张文君: 撰写论文, 修改论文。)

科学与技术关联的前沿主题互动模式研究①
——以农业纳米新材料与功能产品制造领域为例

刘自强[1]　许海云[2]　罗瑞[3,4]　隗玲[5]

（1. 南京师范大学新闻与传播学院；
2. 山东理工大学管理学院；
3. 中国科学院成都文献情报中心；
4. 中国科学院大学经济与管理学院；
5. 山西财经大学信息学院）

摘要：[目的/意义]研究探索科学与技术前沿主题的互动模式，对于揭示科技与技术协同创新的发展规律与演化特征具有一定意义。[方法/过程]首先，基于LDA模型识别蕴含在专利和论文文本中的研究主题；然后利用主题新颖性、关注度和中心性指标，结合可视化技术进行科学与技术前沿主题判断；基于关联演化方法，构建科学与技术前沿主题的关联演化路径，在此基础上总结归纳科学与技术前沿主题的互动模式。[结果/结论]通过对农业纳米新材料与功能产品制造领域的研究发现，科学与技术前沿具有显著互动倾向，可以细分为科学带动技术模式、技术催生科学模式、科技协同创新模式和相对独立模式四种互动模式。

关键词：科学与技术；前沿主题；互动模式

Research on the Front Topic Interaction Mode of Science and Technology Linkage
—Taking the Manufacturing of Agricultural Nano-materials and Functional Products as an Example

Liu Ziqiang[1]　Xu Haiyun[2]　Luo Rui[3,4]　Ruan Ling[5]

(1. School of Journalism and Communication, Nanjing Normal University;

---

① 本文系国家自然科学基金项目"基于科学-技术主题关联分析的创新演化路径识别方法研究"（项目编号：71704170）研究成果之一，受到山东省青年泰山学者经费资助。
作者简介：刘自强，讲师；许海云，副教授；罗瑞，硕士研究生；隗玲，讲师。

2. Business School, Shandong University of Technology;
3. Chengdu Library of Chinese Academy of Sciences;
4. School of Economics and Management, University of Chinese Academy of Sciences;
5. School of management, Shanxi University of Finance and Economics)

Abstract：［Purpose/Significance］Research and exploration of the interaction mode of the front topic of science and technology has certain significance for revealing the development law and evolution characteristics of the synergistic innovation of science and technology. ［Method/Process］Firstly, the research topics contained in patents and papers are identified based on LDA model; secondly, the novelty, focus and centrality of the topics are used to judge the scientific and technological frontier topics with visualization technology; thirdly, the evolutionary path of the scientific and technological frontier topics is constructed based on the method of correlation evolution. On this basis, it summarizes the interactive modes of the front topic of science and technology. ［Result/Conclusion］Through the research in the field of agricultural nano-materials and functional products manufacturing, it is found that the frontier of science and technology has a remarkable interactive tendency, which can be divided into four interactive modes：science-driven technology mode, technology-driven science mode, technology collaborative innovation mode and relatively independent mode.

Keywords：science and technology；front topic；interactive mode

1. 前言

数据科学时代背景下，随着计算机、互联网技术的发展，全球信息化加剧，推动了科学技术的快速发展，科技创新活动呈现出新的时代特征。科学与技术作为决定科技创新走向的两股重要力量联系愈发紧密，科学研究是技术研发的理论基础，技术研发是科学研究的物质延伸[1]，科学与技术的交叉与融合往往是重大科学发现和新兴学科产生的契机，两者有着不可分割的关联关系，通过协同、共享、融合推动科学发展与进步[2-3]。

科学与技术的互动关系十分复杂，它们可能在时间上相互推进，也可能在内容上相互交叠[4]，探索科学与技术的内在关系特别是两者的知识关联、互动模式和转化机制等[5]关联关系，对于揭示科学技术协同发展规律具有一定的意义。但是，目前对科学与技术的关联研究大多针对科学与技术单一创新要素或者是简单的融合对比分析[6]，缺少对科学与技术内在关联的考虑，难以全面把握创新特征，影响了创新演化路径识别的准确性。研究主题可以看做科学与技术发展过程中形成的共有的、核心的研究内容，其中往往蕴含着科技发展前沿和新的生长点，科学与技术主题之间的交叉、融合可以在一定程度上表征科学与技术的知识关联[7]。

本研究拟通过分析科学与技术主题之间的关联，从微观层面揭示科学与技术前沿的互动现象，分析科学与技术关联视角下的前沿主题互动模式，以期弥补当前科学与技术内在关系研究的不足，理论上可以揭示科技与技术协同创新的发展规律与演化特征，提升科技情报分析的准确性和效率，丰富科技情报分析的方法体系。

2. 相关研究

2.1 科学与技术关联

目前科学与技术交叉融合日益显著，重大科学发现与关键技术发明之间相互交织、交叉渗透，随着科学与技术关联关系的日益明晰，围绕科学与技术关联的情报分析研究逐渐兴起，相关学者获得了众多优秀成果。

其中，有关学者研究单向科学与技术关联（论文引用专利或专利引用论文），比如：Glänzel 等[8]（2003）基于1996—2000年SCI收录的论文和美国专利局提供的专利数据计量统计科学文献中引用专利的情况，分析了学科领域与科学技术关联强度之间的关系。还有学者探索研究双向科学与技术关联（即论文与专利的相互引用情况），如：Huang 等（2015）通过分析燃料电池领域论文与专利的互相引用，发现该领域科学与技术的交叉引用现象越来越明显，表明科技汇聚与融合态势逐渐增强[9]。此外，除了科学与技术双向关联规律，学者还关注科学与技术的互动模式和转化机制，比如：王建芳[10]（2007）在总结知识基因理论和技术演化理论的基础上，指出科学与技术系统之间是互动发展的，科学与技术知识之间的交互与转移具有规律性。Kwon 等[11]（2016）对比了纳米技术领域科学与技术主题在时间轴上的布局，识别科学先于技术、技术先于科学、科技同步发展等不同形式的研究主题[21]。

现有研究主要以外部引用特征、数量特征分析科学与技术的关联情况，具体主题维度的科学与技术的内在关联研究有待进一步深入。

2.2 前沿主题识别

从大量科技文献中识别出研究前沿，提供学科情报促进科技创新一直是情报研究的重点之一。Price（1965）首次提出研究前沿（research front）的概念[12]，之后半个世纪以来，Small（1973）[13]、Persson（1994）[14]、Garfield（1994）[15]、Kleinberg（2002）[16]、陈超美（2006）[17]等学者的研究进一步丰富和完善了研究前沿识别领域，概括来讲，主要利用引文的共引、耦合等关系识别研究前沿。但是，引文关系存在间接性（无法直接揭示具体研究内容）、时滞性等不足，在一定程度上限制了研究前沿识别的效果。近年来，有关学者尝试利用文本挖掘技术改进这一不足，其中，随着LSA[18]、pLSA[19]和LDA[20-21]等主题模型的发展,主题维度的前沿识别研究逐渐兴起,比如:范云满等[22](2014)基于 LDA 模型识别论文数据中的主题,进而利用新兴主题特征指标构建新兴主题探测表格和探测曲线 VDP,从而识别前沿主题。

此外,有关学者指出基于单一论文数据源识别研究前沿,仅关注基础研究层面的研究前沿,与应用研究层面分离,为国家科技创新提供决策支持可能会存在一定缺陷,所以开始尝试结合多种数据进行前沿主题识别。比如:郑彦宁等[23](2016)提出将论文与专利结合的研究前沿识别方法,识别出基础研究与应用研究相结合的研究前沿。杜建等[24](2019)提出基于科学-技术交叉模型的前沿主题识别方法,最终得到临床医学创新前沿的 11 个科学主题和 23 个技术主题。但是,目前研究中科学与技术关联的前沿主题识别研究中主要以简单的线性关联居多(简单地将技术前沿与科学前沿进行对比综合),科学与技术前沿主题之间并非相互独立的,因此采用简单的对比分析不能很好地实现科学与技术关联的前沿主题识别。

综上所述,目前科学与技术的内在关系特别是两者的知识关联、互动模式和转化机制等有待深入研究。所以,本研究聚焦于"科学与技术关联的前沿主题互动模式"问题,以农业纳米新材料与功能产品制造领域为例探索科学与技术关联的前沿主题互动模式,以期促进完善科学与技术关联的科技前沿情报识别方法。

3. 研究设计

3.1 基本思路

科学与技术关联是指科学研究与技术创新之间的知识传递关系,简称"科技关联"。本研究将科学与技术关联的前沿主题互动定义为:在科学与技术协同发展过程中,科学前沿主题与技术前沿主题之间发生的知识传递(方向、强度和路径)过程,分析两股力量相互驱动的模式可以更科学地解释科技协同创新演化的规律。

为了有效分析科学与技术关联的前沿主题互动模式,本研究提出基本思路(如图 1 所示),具体可以分为五个步骤。第一步:数据收集与预处理;第二步:科学与技术主题识别;第三步:主题特征计算;第四步:科学与技术前沿主题判别;第五步:科学与技术关联的前沿主题互动模式分析。

3.2 研究数据

本研究以农业纳米新材料与功能产品制造领域的专利和论文作为研究数据,具体选择 Web of Science 收录的相关学术论文以及德温特创新专利索引(DII)数据库收录的相关专利作为本研究的数据源,截至 2017 年 11 月 15 日,共检索到相关论文 6911 篇,相关专利 6385 项。由于本研究探索科技前沿主题的互动模式,考虑到前沿主题的时效性、新颖性，对检索检索结果进一步精练，将专利和论文的时间范围限定为2010—2017年，最终研究数据为专利4780篇，论文4283篇，专利和论文数量年度分布如图2所示。

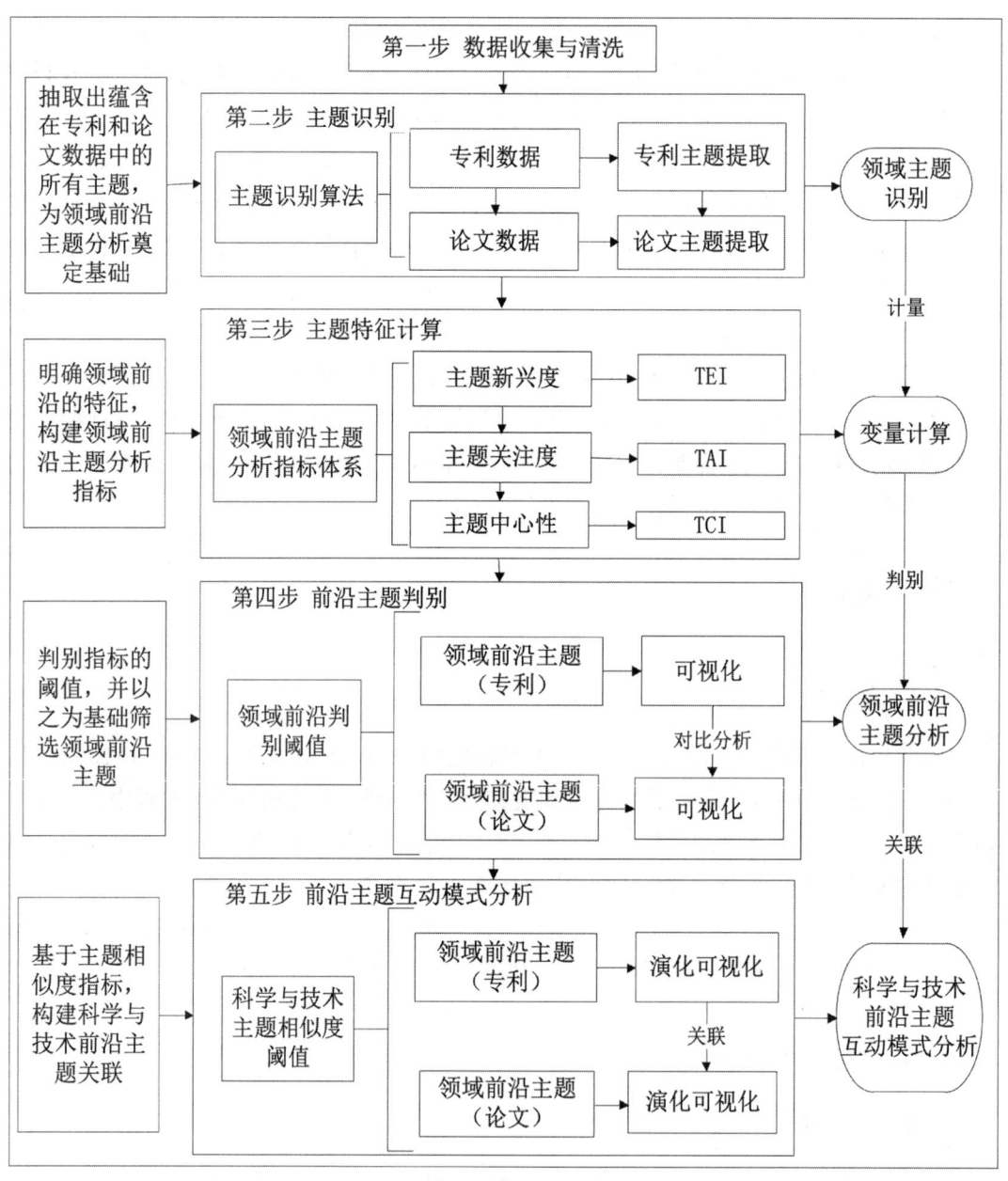

图1　研究思路

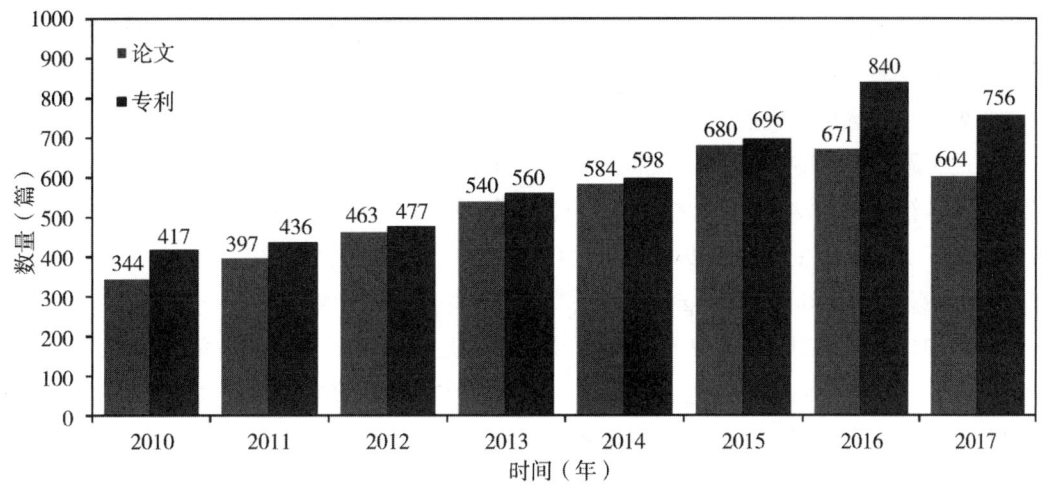

图 2 专利和论文数量年度分布

由图 2 可知,总体来看农业纳米新材料与功能产品制造领域的专利和论文数量呈增长趋势,并且两者的上升趋势呈现明显的关联性,在一定程度上可以揭示科学与技术关联、协同发展特征。

3.3 研究方法与流程

3.3.1 基于 LDA 模型的科学与技术主题识别

LDA 模型是分析大规模非结构化文档集的有效工具之一,能够有效预测文本数据集中的文档和词的主题分布,它是一种三层(词、主题和文档)贝叶斯概率模型,该模型假设文档是由若干隐性主题组成,而主题是由词表中的所有词汇组成,联合分布概率 P 的计算方法如公式(1)所示:

$$P(\theta, z, w) = P(\theta \mid w) \prod_{n=1}^{N} P(z_n \mid \theta) P(w_n \mid z_n, \beta) \tag{1}$$

其中,θ 为参数 α 的 Dirichlet 分布采样,z 表示主题,w 表示主题词,N 表示第 m 个文档的单词数目,β 表示每篇文档下主题词汇的狄利克雷分布先验参数。

本研究使用 LDA 模型处理科学与技术文本数据识别蕴含在其中的主题,具体做法是按照专利和论文数据的发表年度划分时间窗口,然后分别识别不同年度的专利和论文主题,为后续主题特征计算和前沿主题互动模式分析奠定数据基础。

3.3.2 科学与技术主题特征计算

本文借鉴前期研究成果中前沿主题判断指标[25-26],通过分析、总结专利和论文数据的叙述结构、字段结构、外在属性等特征,提出主题新兴度、主题关注度和主题中心性指标的领域前沿主题分析指标体系,在上一步基于专利和论文的主题识别结果的基础上,根据主题新兴度、主题关注度和主题中心性指标计算所有主题的前沿特征,进而以之为基础在主题集合中筛选出研究前沿主题。

通过主题和对应专利和论文数据的映射,分析相应专利和论文数据的外在计量特征(发表时间-新兴度,发文量-关注度,主题网络属性-中心性),可以计算、分析主题的领域前沿特征。下面对主题新兴度、关注度和中心性指标进行具体介绍。

(1)主题新兴度(topic emerging index,TEI)。

专利和论文数据对应的发表时间越近说明其越是近期科学、技术研究的成果,一定程度上来说该主题反映的研究内容的前沿价值越高。主题新兴度指标主要用来分析主题相关专利和论文的发表时间,反映该主题的新兴程度。

$$TEI_t = TE_t(Z) \tag{2}$$

其中,TEI_t为t时间段内主题Z的发表时间,$TE_t(Z)$为t时间段内主题Z对应专利或论文的发表时间(精确到年)。

(2)主题关注度(topic attention index,TAI)。

专利和论文数据对应的发表数量越多(近两三年内,因为如果时间范围过大说明该主题过渡为研究热点)说明其受到相关领域研究者的关注越多,一定程度上来说该主题反映的研究内容的前沿价值越高。主题关注度指标主要用来分析主题相关专利和论文的发表数量,反映该主题的关注度。

$$TAI_t = SumDC_t(Z) \tag{3}$$

其中,TAI_t为t时间段内主题Z的发文数量,$SumDC_t(Z)$为t时间段内主题Z相关专利或论文的文档总数(document count,DC)。

(3)主题中心性(topic centrality index,TCI)。

专利和论文文本中蕴含的各个主题之间存在或明显或隐含的联系,而这种联系可以揭示研究主题的重要程度与发展潜力,比如专利和论文文本中主题Z与其他若干主题联系越多(近两三年内),表明主题Z的前沿价值越高。主题中心性指标主要用来分析主题在领域主题网络中所处的位置,反映主题的引领、桥梁(前沿)作用。

$$TCI_t = \sum_{i=1}^{n} C_i(Z), \quad C_i(Z) = \frac{1}{\lambda} \sum_{j=1}^{n} A_{ij} C_i \tag{4}$$

其中,TCI_t为t时间段内主题Z内部各个主题词在主题网络(如图1所示)中的中心性总和;$C_i(Z)$为主题Z内部主题词i的中心性,A_{ij}为网络的邻接矩阵,λ为常数,C_j为C_i节点的邻接点。

3.3.3 前沿主题判别

在上一步中根据主题新兴度、关注度和中心性指标计算了各个主题的前沿特征,在此基础上利用科学计量、专家咨询和可视化方法进行领域主题分析（领域前沿主题判别），本研究将领域前沿主题判别、分析分为三个层次：第一层次为指标符合性筛选（H1），第二层次为领域专家咨询筛选（H2），第三层次为领域前沿主题可视化分析（H3），具体分析过程如下：

（1）指标符合性筛选（H1）。根据本项目提出的领域前沿主题评价指标体系，分别可以得到专利和论文主题特征计算数据集，然后根据主题新兴度、主题关注度和主题中心性的阈值 α、β、γ（项目组通过实验、讨论得到）对其进行第一层次的主题筛选，剔除不值得关注的主题，得到初始领域前沿主题。

（2）领域专家咨询筛选（H2）。通过科技政策和专家咨询对初始领域前沿主题进行第二层次的筛选，进一步剔除不值得关注的领域前沿主题，得到专利和论文数据中蕴含的领域前沿主题。

（3）领域前沿主题可视化分析（H3）。最后基于可视化分析方法，利用社会网络可视化分析软件 Gephi 绘制领域前沿主题可视化图谱，辅助综合分析专利和论文数据中识别出的领域前沿主题，发现值得深入研究、引领性的领域前沿。

3.3.4 前沿主题判别科学与技术关联的前沿主题互动模式分析

结合科学与技术主题识别、前沿主题判别结果，通过相邻时期主题相似度构建主题关联，基于交互式可视化方法，利用 D3 工具，绘制科学与技术关联的前沿主题交叉演化路径图谱（如图3所示），以辅助科学与技术关联的前沿主题互动模式分析。

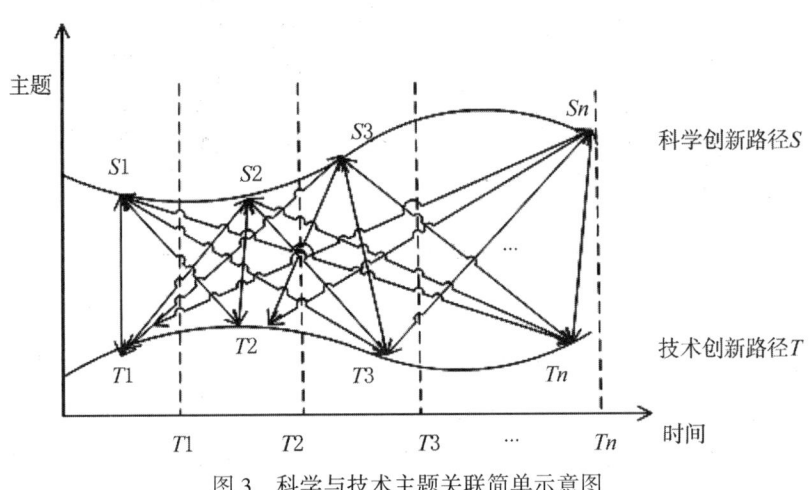

图3 科学与技术主题关联简单示意图

图3中，横坐标表示时间窗口 T；纵坐标表示主题，主题之间的连线表示扩散演化路径。符号定义：$T=\{T1, T2, T3……Tn\}$，T 表示专利和论文主题分布的时间窗口，本研究中 T 的基本单位为年，$n \in \{1, 2, 3……$正整数$\}$；$Sn=\{S1, S2, S3……Sn\}$，Sn 代表

论文主题集合；$Tn=\{T1, T2, T3……Tn\}$，Tn 代表专利主题集合。

4. 结果分析

4.1 科学与技术主题识别与特征计算结果分析

按照本研究设计的研究方法与流程，具体利用数据挖掘工具 KNIME，分别对各个时间窗口下的专利和论文数据进行主题建模，得到主题-主题词(topic-words)矩阵以及文档-主题(document-topics)矩阵，然后，以之为基础统计计算主题的新兴度、关注度和中心性。为了直观分析科学与技术主题特征计算结果，将新兴度、关注度和中心性三个维度的主题特征计算结果以战略坐标气泡图的形式进行可视化，如图4所示。

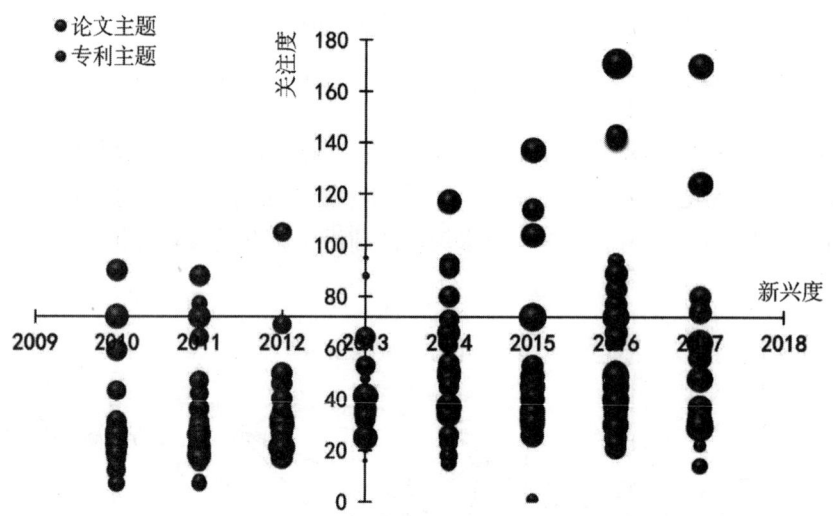

图 4 科学与技术主题战略坐标气泡图（参见彩图 4）

图5中，横坐标 x 表示主题新兴度，纵坐标 y 表示主题关注度，气泡体积大小表示主题中心性。主题的新兴度、关注度和中心性指标三者既有联系又有区别，三者组合通过可视化方法布局在二维空间中，以战略坐标气泡图的形式进行可视化，可以描述科学与技术主题的变化状态：新兴主题、前沿主题、热点主题和衰退主题涵盖研究主题生命周期的整个过程，对下一步的前沿主题判别起到辅助作用。

4.2 科学与技术前沿主题判别分析

在主题新兴度、关注度和中心性三个主题前沿特征计算结果基础上，结合战略坐标气泡图,综合利用科学计量、专家咨询和可视化方法进行科学与技术前沿主题判别分析,具体可以分为三个小步骤。第一步:前沿判别指标符合性筛选,第二步:领域专家咨询筛选,第三步:骤科学与技术前沿主题可视化分析,可视化结果如图5所示。

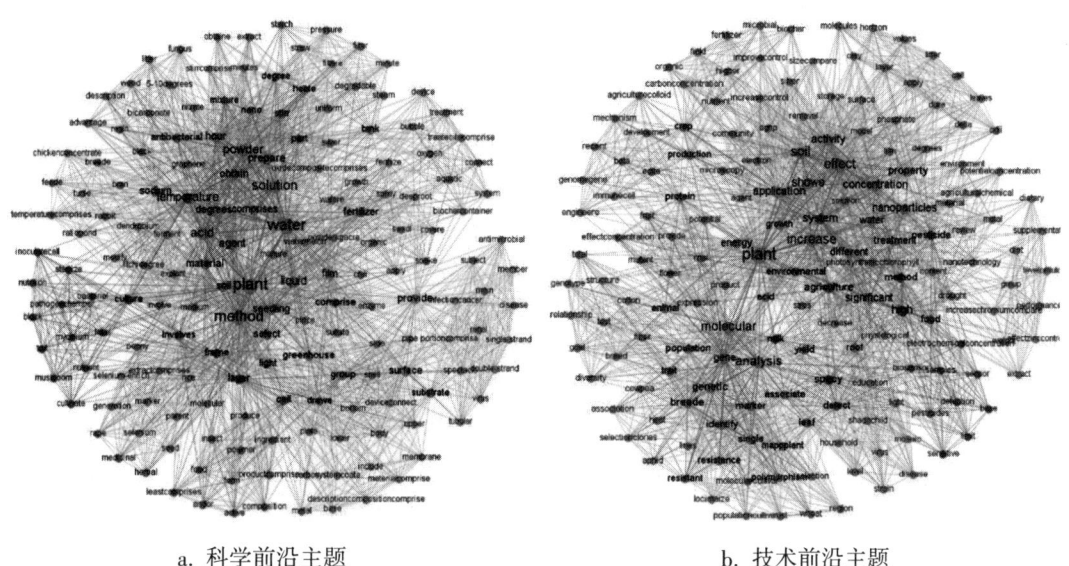

a. 科学前沿主题　　　　　　　　　　b. 技术前沿主题

图 5　科学与技术前沿主题图谱(参见彩图 5)

结合专家人工解读,判断科学与技术前沿主题的重要性,其中,重要性排在前 5 位的科学与技术前沿主题见表 1。

表 1　科学与技术前沿主题筛选合并结果

序号	科学前沿主题	技术前沿主题
1	主题 1——植物育种与抗病	主题 7——害虫防治
2	主题 2——制备纤维素纳米晶体土壤质量改善	主题 3——农业环境改良
3	主题 5——纳米颗粒与植物相互作用	主题 5——促进植物生长技术
4	主题 6——纳米技术在农药制备中的研究	主题 4——纳米农药制备技术
5	主题 7——植物杀菌、杀虫方面的纳米技术	主题 1——纳米抗菌、杀菌技术的应用

从表 1 可以看出,科学前沿主题基本有与之相对应的技术前沿主题,农业纳米新材料与功能产品制造领域的科学研究与技术开发衔接紧密,作为受科学驱动较为显著的纳米领

域，在农业纳米新材料与功能产品制造领域也表现显著。

4.3 科学与技术前沿主题互动模式分析

根据研究方法中所述的步骤，结合科学与技术主题识别、前沿主题判别结果，通过相邻时期主题相似度构建主题关联，利用交互式可视化工具 D3 绘制科学与技术关联的前沿主题交叉演化路径图谱，以辅助科学与技术关联的前沿主题互动模式分析，具体结果如图 6 所示。

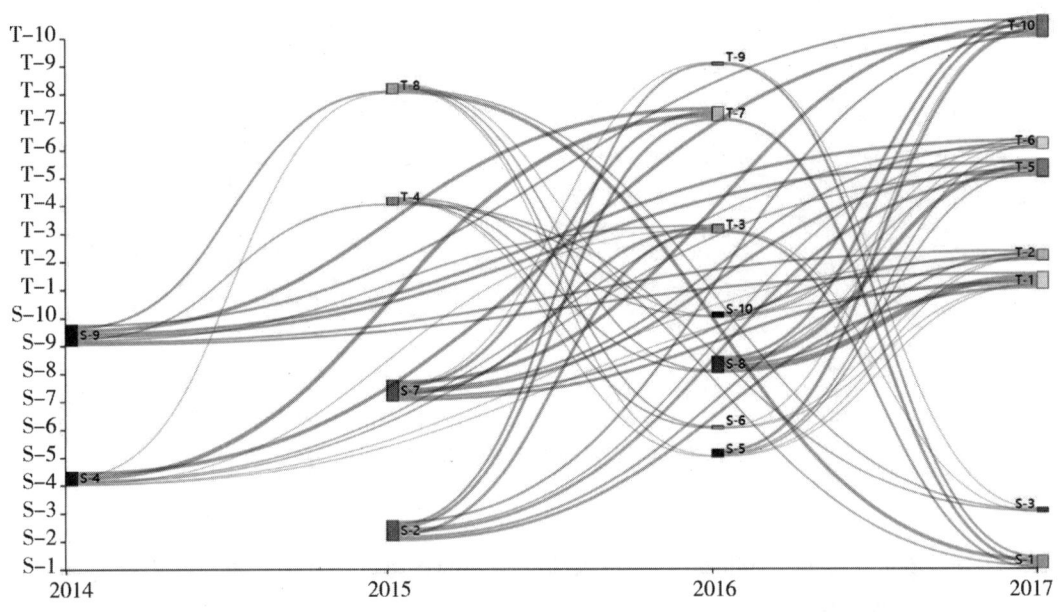

图 6　农业纳米新材料与功能产品制造科学与技术关联的前沿主题演化图谱

由图 6 可知，科技文献偏向于技术特征的比例越来越高，这主要是因为早期更注重基础理论的研究，随着理论的不断成熟和突破，应用研究和技术开发类的研究成果逐渐增多。由于纳米科技是由多学科整合而形成的，因此，这些有工业界参与、以技术为主题、以科学为引导所建立的研究中心（或网络），可能会使非常卓越的研究员延伸其研究范围，从而进入技术领域。以上说明，纳米技术的发展很大程度上依赖纳米科学的发展，它是来源于纳米理论背景的应用研究，位于科技象限中的新巴斯德象限。因此，在研究与开发活动中，科学和技术的相互结合有助于推动技术进步。简单来讲，分析可知农业科学技术研究中普遍存在 S-T 模式和 T-S 模式，但在分析中发现还存在 S-T-S 模式。

在上述结果的基础上，对科学与技术关联的前沿主题互动模式进行归纳分析，其中较为显著的前沿主题互动模式如图 7 所示。

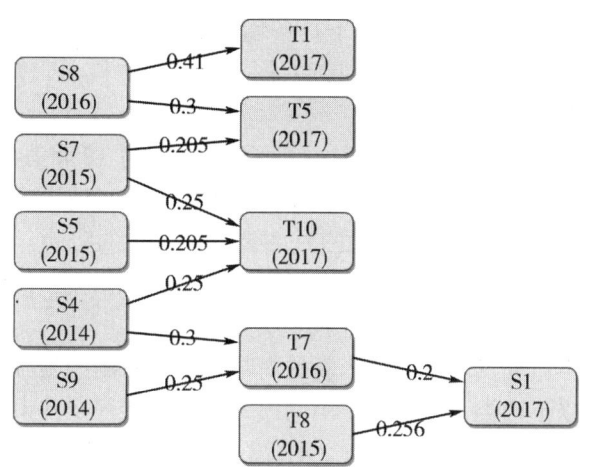

图7 农业纳米新材料与功能产品制造领域科学与技术关联模式分析

(1)S-T模式(科学带动技术模式)。

在S-T模式中,建立的是科学主题与技术主题的关联,且其分布的时间一般是科学主题早于技术主题,说明基础科学的积累和创新能够促进相关技术的研发与应用。S-T模式能够捕捉在基础科研支撑下具备创新潜能的技术发展方向,推动技术的创造及改进。S-T模式不仅能够体现科学知识向技术领域的流动与扩散,同时也是知识流动中的一种重要方式。该模式扩大了知识溢出效应,同时也为知识增值提供了条件,还可以显示具体科学知识向不同技术领域的扩散轨迹,进而揭示科学-技术关联关系。这里的S-T模式关联主题有S8-T1、S8-T5、S7-T5、S7-T10、S5-T10以及S4-T10。比如:S8-T1基础科学研究中主题8(2016)主要针对纳米材料应用于农业领域中,而技术研究中主题1(2017)深受科学主题8的影响,其相似度达0.41,对纳米抗菌、杀菌等技术应用进行创新研发。科学主题8对纳米各材料的研究促进了技术主题1的抗菌、杀菌纳米技术的应用,主要体现在银纳米粒子、氧化锌纳米粒子、壳聚糖纳米粒子等纳米材料,以及羧甲基纤维素和树脂复合材料中。

(2)T-S模式(技术催生科学模式)。

在T-S模式中,建立的是技术主题与科学主题的关联,且其分布的时间一般是技术主题早于科学主题,说明技术的迅速发展催生了相应的基础科学研究。S-T模式能够发掘由技术激发的科学创新主题,催生新的科学研究领域。这里的S-T模式关联主题有T7-S1。

技术主题7(主要研究害虫的防治,通过消毒液、杀虫剂等制剂的制备来提高生物的活性)将对分子标记方法投入到实际应用中,促进科学主题1(主要研究了作物育种与抗病)在农业领域中的研究。

(3)S-T-S模式(科技协同创新模式)。

在S-T-S模式中,建立的是科学主题与技术主题、技术主题与科学主题的关联,且其分布的时间是某一科学主题早于技术主题,再早于另一科学主题,说明基础科学的积累和创新能够促进相关技术的研发与应用，同时技术的迅速发展也能够催生相应的基础科学研究。S-T-S 模式能够捕捉在基础科研支撑下具备创新潜能的技术发展方向，推动技术的创造及改进，也能发掘由技术激发的科学创新主题，催生新的科学研究领域。这里的 S-T-S 模式关联主题有 S9-T7-S1。

科学主题 S9 对分子标记方法的应用，启发了技术主题 T7 将其应用到研究遗传物质中，能够最终具体影响其性状的基因或染色体，从根本上进行诱导改性，对环境保护方面的研究也有一定的促进作用。而技术主题 T7（主要研究害虫的防治，通过消毒液、杀虫剂等制剂的制备来提高生物的活性）将分子标记方法投入到实际应用中，促进科学主题 S1（主要研究作物育种与抗病）在农业领域中的研究。

通过总结归纳，本研究发现农业纳米新材料与功能产品制造领域的科学与技术前沿主题互动模式可以分为以下四类，并分析了不同模式的基本特征及其识别意义，见表2。

表2　科学与技术互动模式总结

模式分类	模式特征	识别意义
科学带动技术模式（science-technology）S-T 模式	基础科学的积累和创新带动了技术的研发与应用	捕捉在基础科研支撑下具备创新潜能的技术发展方向，推动技术的创造及改进
技术催生科学模式（technology-science）T-S 模式	技术的迅速发展催生了相应的基础科学研究	发掘由技术激发的科学创新主题，催生新的科学研究领域
科技协同创新模式（mutual drive）MD 模式	兼具扎实的理论支撑和较好的应用价值	及早对科学与技术的对接做出布局，加速推动科技产业化进程
相对独立模式（relative independence）RI 模式 本研究中未发现此模式	科学与技术未形成明显的互动	探测出有科技融合潜能的主题，进而推动科学知识和技术知识的相互渗透，缩短科学研究到技术应用的时间跨度

5. 结语

本研究以农业纳米新材料与功能产品制造领域为例，综合利用数据挖掘、数理统计和可视化方法，从微观层面揭示科学与技术前沿的互动现象，分析科学与技术关联视角下的前沿主题互动模式。研究发现，科学与技术关联的前沿主题互动模式主要可以为四种：①科学带动技术模式（science-technology，S-T 模式）；②技术催生科学模式（technology-science，T-S 模式）；③科技协同创新模式（mutual drive，MD 模式）；④相对独立模式（relative independence，RI 模式）。理论上可以揭示科技与技术协同创新的发展规律与演化特征，提升科技情报分析的准确性和效率，丰富科技情报分析的方法体系。

本研究存在一定的局限与不足，研究中只讨论了前沿主题的互动模式，前沿主题与普通主题之间的互动模式有待进一步分析。接下来的工作，将进一步丰富案例研究，研究不同学科（生物医药、数学、物理等）、不同类型主题（前沿、热点和普通主题）的主题互动模式，以期促进科学与技术关联研究的发展与深化。

◎ 参考文献

[1] 白春礼. 加速科技成果转化，推动科技供给侧改革[N]. 学习时报，2017-02-10(A1).

[2] Narin F, Hamilton K S, Olivastro D. Linkage Between Agency-supported Research and Patented Industrial Technology[J]. Research Evaluation, 1995, 5(3): 183-187.

[3] Rip A. Science and Technology as Dancing Partners[M]// Technological Development and Science in the Industrial Age. Springer Netherlands, 1992: 231-270.

[4] 许海云, 武华维, 罗瑞, 董坤, 李婧. 基于多元关系融合的科技文本主题识别方法研究[J]. 中国图书馆学报, 2019(1): 1-12.

[5] 许海云, 董坤, 隗玲, 王超, 岳增慧. 科学计量中多源数据融合方法研究述评[J]. 情报学报, 2018, 37(3): 318-328.

[6] 董坤, 许海云, 罗瑞, 王超, 方曙. 科学与技术的关系分析研究综述[J]. 情报学报, 2018, 37(6): 642-652.

[7] 武华维, 罗瑞, 许海云, 董坤, 王超, 岳增慧. 科学技术关联视角下的创新演化路径识别研究述评[J]. 情报理论与实践, 2018, 41(8): 137-143.

[8] Glänzel W, Meyer M. Patents Cited in the Scientific literature: An Exploratory Study of "Reverse" Citation Relations[J]. Scientometrics, 2003, 58(2): 415-428.

[9] Huang M H, Yang H W, Chen D Z. Increasing Science and Technology linkage in Fuel Cells: A Cross Citation Analysis of Papers and Patents[J]. Journal of Informetrics, 2015, 9(2): 237-249.

[10] 王建芳. 基于计量的科技知识演化关系分析方法研究[D]. 北京：中国科学院研究生院，2007.

[11] Kwon S, Porter A, Youtie J. Navigating the Innovation Trajectories of Technology by Combining Specialization Score Analyses for Publications and Patents: Graphene and Nano-enabled Drug Delivery[J]. Scientometrics, 2016, 106(3): 1-15.

[12] Price D J. Networks of Science Papers[J]. Science, 1965, 149(3683): 510-515.

[13] Small H. Co-citation in the Scientific literature: A New Measure of the Relationship Between Two Documents[J]. Journal of the American Society for Information Science, 1973, 24(4): 265-269.

[14] Persson O. The Intellectual Base and Research Fronts of JASIS 1986-1990[J]. Journal of the American Society for Information Science, 1994, 45(1): 31-38.

[15] Garfield E. Research Fronts[J]. Current Contents, 1994(41): 3-7.

[16] Kleinberg J. Bursty and Hierarchical Structure in Streams[C]. Eighth ACM SIGKDD International Conference on Knowledge Discovery and Data Mining, ACM, 2003: 91-101.

[17] Chen C M. CiteSpace II: Detecting and Visualizing Emerging Trends and Transient Patterns in Scientific literature[J]. Journal of the American Society for Information Science and

Technology, 2006, 57(3): 359-377.

[18] Landauer T K, Dumais S T. A Solution to Plato's Problem: The Iatent Semantic Analysis Theory of Acquisition, Induction, and Representation of Knowledge[J]. Psychological review, 1997, 104(2): 211-240.

[19] Shen C, Li T, Ding C H Q. Integrating Clustering and Multi-document Summarization by Bi-mixture Probabilistic Iatent Semantic Analysis (PLSA) with Sentence Bases[C]//AAAI Conference on Artificial Intelligence. San Francisco: AAAI Press, 2011: 914-920.

[20] Blei D M, Ng A Y, Jordan M I. Latent Dirichlet Allocation[J]. Journal of Machine Learning Research, 2003(3): 993-1022.

[21] Blei D M, Lafferty J. Dynamic Topic Models[C]//Proceedings of the 23rd International Conference on Machine Learning. New York: ACM, 2006: 113-120.

[22] 范云满, 马建霞. 基于LDA与新兴主题特征分析的新兴主题探测研究[J]. 情报学报, 2014, 33(7): 698-711.

[23] 许晓阳, 郑彦宁, 刘志辉. 论文和专利相结合的研究前沿识别方法研究[J]. 图书情报工作, 2016, 60(24): 97-106.

[24] 杜建, 孙轶楠, 李永洁, 郭倩影, 唐小利. 从科学—技术交叉处识别创新前沿: 方法与实证[J]. 情报理论与实践, 2019, 42(1): 94-99.

[25] 刘自强, 许海云, 岳丽欣, 方曙. 面向研究前沿预测的主题扩散演化滞后效应研究[J]. 情报学报, 2018, 37(10): 979-988.

[26] 王效岳, 刘自强, 白如江, 徐路路, 陈军营. 基于基金项目数据的研究前沿主题探测方法[J]. 图书情报工作, 2017, 61(13): 87-98.

(作者贡献说明: 刘自强: 设计研究框架, 撰写论文; 许海云: 提出研究思路, 指导论文修改; 罗瑞: 文献调研, 修改论文; 隗玲: 修改论文。)

"五计学"的整体化发展出路[①]

王宏鑫[1,2]

（1. 信阳师范学院图书馆；2. 信阳师范学院文献信息研究所）

摘要：［目的/意义］"五计学"的整体化是必然趋势，还需要解决所面临的整体化的学科基础与学科结构如何构建的基本问题。［方法/过程］在分析和梳理"五计学"整体化发展研究现状与问题基础上，运用知识体系的树形结构类比法和学科体系的发生学考察法，从哲学基础研究、内容结构建设、形式结构建设几方面指出"五计学"整体化发展的出路。［结果/结论］指出最终"五计学"整体化发展走向：以"信息基本循环过程"中的"信息"为学科对象；以"计量研究"为核心价值观；以现象学、元学、方法学研究为层次结构；以理论、方法、应用研究为三维坐标；以共时结构为经；以历时结构为纬；以"双律性"为依据，不断发展的、开放的、具有解释功能的有序化结构体系，整体化的"信息计量学"。

关键词：五计学；整体化；信息计量学

The Integrative Developmental Direction of "Five Metrics"

Wang Hongxin[1,2]

(1. Xinyang Normal University Library;

2. Institute of Documentation and Information, Xinyang Normal University)

Abstract: [Purpose/Significance]The integrative developmental direction of "five metrics" is inevitable, the problem of integration of the foundation of the discipline and the subject construction should also be solved appropriately. [Method/Process]Based on the literature review on the integrative development of "five metrics", using the tree structure analogical method on knowledge system and embryological method on discipline system, we pointed out the integrative developmental direction of "five metrics" from the aspects of physiological basement, content structure construction, form structure construction. [Result/Conclusion]The integrative developmental direction of "five metrics" should be the integrative "info-metrics" which has the hierarchical structure of phenomenology, meta-science and methodology; the three-dimensional system

---

[①] 本书为河南省哲学社会科学规划项目"'五计学'整体化发展的基本问题研究"（项目编号：2019BZH003）成果。

作者简介：王宏鑫，男，1962年生，学士，研究馆员，信阳师范学院文献信息研究所所长，主要从事图书馆学、情报学、信息计量学研究，发表论文60余篇，出版专著2部。

of theoretical research, method research and applied research; the synchronic structure as longitude, and diachronic as latitude; the "double principles" as basis; and the developmental, open, and interpretable sequential structure system.

Keywords: five metrics; integration; info-metrics

1. 引言

"五计学"包括文献计量学、科学计量学、情报计量学、网络计量学、知识计量学5个面向人类信息交流与知识生产过程的相关学科。它们不尽相同，有着各自的研究起源、对象、领域、理论、方法和应用，随着研究者的知识结构、视野和关注点不同，呈现碎片化的研究状态。但它们又是相互关联、循序发展的学科领域，是有关知识信息计量从以文献单元为基础的计量，到以情报单元为基础的计量，再到以知识单元为基础的计量不断发展的必然结果。也是社会化的知识信息存在形态与技术环境从文献载体和文献交流技术环境，到数字化载体和网络交流技术环境，再到智能载体和智联网技术环境不断发展的必然结果，存在着不断"整体化"的发展态势。从学科发展过程来讲，"碎片化"状态与"整体化"要求是对立统一的关系，贯穿于学科发展始终。"五计学"概念的提出，凸显了整体化发展的主要矛盾方面。探索"五计学"整体化发展之路是本文所关注的主要问题。

2. "五计学"整体化发展现状与问题

随着社会化知识信息存在与交流的形态与技术环境的变化，以及知识信息计量单元的发展变化，"五计学"的相继发展过程可以概括为：

文献计量学、科学计量学、情报计量学"三计学"发生于"前网络时代"，20世纪80年代就开始出现"三计学"合流，90年代愈演愈烈，从1987年开始，无论是国际还是国内相关计量学学术研讨会，都涵盖"三计学"[1]。但学术界总体看到的是"三计学"合流的现象，而非整体化发展趋势。"三计学"的整体化发展思想萌芽于20世纪90年代王宏鑫[2-9]有关情报学与"三计学"的相关研究论文，从文献、信息、知识、情报等最基本的概念入手，开始探索"信息基本循环理论"，概括出"信息基本循环图式"，以此为基础萌发了"三计学"的整体化发展思想。2000年后，王宏鑫[10-13]较早在研究中使用"信息计量学"一词，2002年出版了国内第一部信息计量学专著《信息计量学研究》[14]。其研究始终贯穿着"三计学"的整体化发展思想，所使用的信息计量学一词是"三计学"统一的名称，而非仅仅是情报计量学改名而来。

随着网络计量学、知识计量学的涌现，"五计学"的合流延续了"三计学"的合流。合流态势表现为：

(1)学科群的汇聚。刘则渊等(2010)[15]提出了"SIBW"计量学科群概念。后在2015年6月第九届全国科学计量学与科教评价研讨会的《我国"五计学"的进展与趋势》报告中将其扩展为"五计学"概念。侯剑华等(2015)[16]提出了"泛知识计量学科群"概念。到2017年，"五计学"研究已然成为第十六届国际科学计量学和信息计量学研讨会和第十届全国科学计量学与科教评价研讨会的重要议题。在此期间武汉大学研究团队筹划出版了"五计学"研究系列丛书,"五计学"作为"泛知识计量学科群"的基础性学科群,得以较完整地呈现。

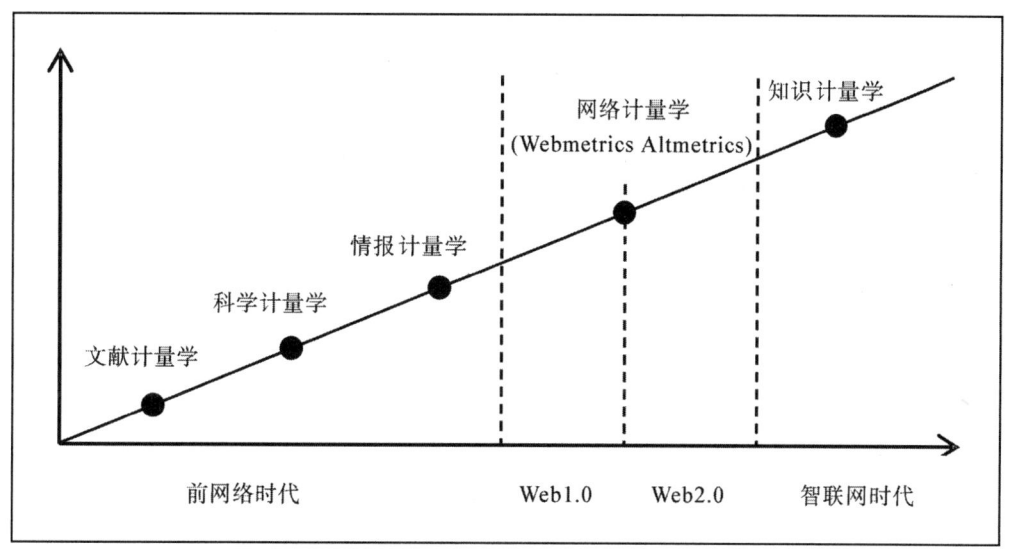

图1 "五计学"的相继发展过程

(2)"五计学"的融合发展。2018年,邱均平获批了国家社会科学基金项目——"我国'五计学'融合与图书情报学的方法创新研究",表明"五计学"这一缩略语得到了专家认可和学术界接受,相继一系列"五计学"主题论文见诸学术期刊。赵蓉英、魏明坤(2017)[17]基于CNKI、CSSCI数据库,利用可视化软件,通过文献分析发现我国计量学研究的理论发展与应用发展两个核心领域,以及研究主题演进过程中代表人物的更替和研究热点的演进。宋艳辉、孙玉坤(2019)[18]基于CNKI数据库,利用社会网络分析与因子分析,对我国"五计学"主题领域作者合作关系进行分析,探析其核心作者间的合作活力情况以及"五计学"领域的前沿性学科结构,揭示作者之间的合作领域、活力程度等。宋艳辉、邱均平(2018)[19]从"三计学"到"五计学"的演化发展辨析了"五计学"之间的相互关系,认为"五计学"有两条融合发展路径:一是"五计学"本身之间的融合;二是融合替代计量学与经济计量学。进一步,宋艳辉、邱均平(2019)[20]对"五计学"相关研究运用内容分析法与归纳演绎法进行分析,分别基于语义规则、贝叶斯网络、D-S理论、知识挖掘、面向网络环境以及面向近似知识建立了6种"五计学"知识融合实现模式,提出了知识融合评价和知识融合系统两种"五计学"知识融合过程控制手段,其整体化思路还处于技术性的融合发展阶段。

(3)"五计学"整体化发展。在"五计学"融合发展的研究成果中,整体化的思想也在萌芽。王立良等(2018)[21]基于波普的"三个世界"理论辨析了知识计量学与"五计学"之间的关系,但其"五计学"是指文献计量学、信息计量学、科学计量学、网络计量学、经济计量学,从其广义的视角看,信息计量学包含知识计量学,知识计量学又包含其他"四计学",其整体化的思路基于波普的"三个世界"理论。赵蓉英等(2018)[22]按照科研成果、科研基金、课程教育、人才与机构、科学评价、软件与工具"六维研究框架"进行数据调研,利用Citespace绘制文献主题演化时序图谱,分析我国"五计学"各分支演化过程与发展现状,认为"五计学"中各学科是"五计学"整体学科的分支,是情报学研究的重要方向。但是,由于波普的"三个世界"理论自身的缺陷,以及情报学理论本身的不完善,它们还不足以作为"五计学"的整体化发展的学科基础。

可以看出,"五计学"的整体化刚刚形成学科群的基本汇聚,并开始学科群中各学科的融合发展,但当下还处于存在论的技术性整合以及现象学的研究。探索真正意义的整体化发展出路,关键在于整体化的学科基础建设与整体化的学科结构建设。

3. 研究的基本思路与方法

3.1 知识体系的树形结构类比法

庞思奋(Stephen R Palmquist)[23]在他的《哲学之树》中勾画了完美的哲学之树。

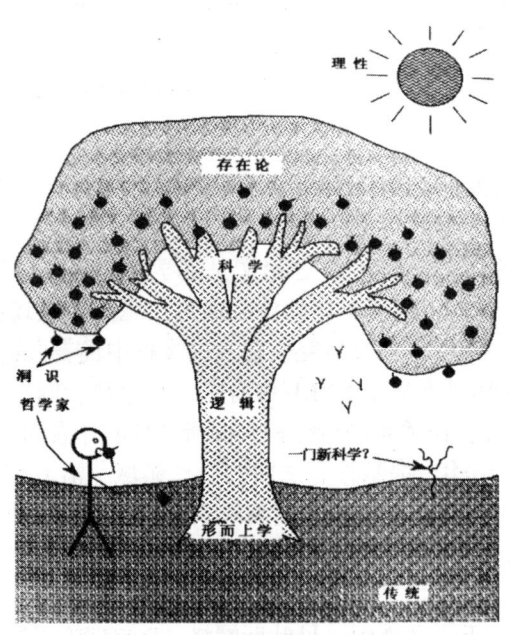

图2 庞思奋的哲学之树

哲学之根是形而上学,而树干是逻辑(树皮是分析逻辑,树干中心是综合逻辑),树枝是科学(被充分论证了的知识),树叶是存在论(对存在being的研究),果子是洞识,太阳是理性,土壤是传统,园丁是哲学家。哲学之树只有在理性光辉的照耀下才能茁壮成长,春去秋来树叶落下逐渐分解变成土壤,哲学之树要在传统的土壤中生长,当洞识之果成熟落入传统的土壤,新的科学便萌芽。在这里哲学家要收获洞识之果,他必须要有静默的惊奇。

与之类比，整体化的"五计学"之树也有相似的树形结构，它也需要有自己的形而上学之根和逻辑之干。长期以来我们只见枝丫不见树木，只见某个枝上的叶，只摘某个枝上的果，因而研究状况呈现碎片化的景象。我们研究"五计学"整体化发展的学科基础建设，关键就是试图找到"五计学"的形而上学之根和逻辑之干，亦即其哲学基础。然后在这个基础上才能枝叶繁茂，实现整体化发展。

3.2 学科体系的发生学考察法

学科是研究者对研究对象进行研究的结果，是理论化、体系化的、科学的社会意识形态。因此，学科的发生发展符合"他律性"和"自律性"辩证统一的"双律性"的社会意识形态发生学规律；学科发展是学科、学科对象、学科研究者三者关系的辩证发展过程。

这就启示我们，"五计学"整体化发展研究必须搞清楚"五计学"及其对象和研究者三者的关系，并在此基础之上寻求研究者的视域融合。

表1 学科、学科对象、学科研究者三者关系表

	精神追求层次	真	善	美
学科研究者	意识结构层次	知识	情感	意志
	认识过程层次	感性	知性	理性
	认识方法层次	观物以取象	立象以见意	境生于象外
学科对象	认识的存在层次	本体论	认识论	方法论
	本源的存在层次	本体的	运动的	联系的
学科内容	认识结果的层次	现象学	元学	方法学

4. "五计学"整体化发展的出路

4.1 哲学基础研究出路

上面所谓的形而上学，不是与唯物辩证法对立的哲学派别，而是按照"形而上者谓之道，形而下谓之器"的原意，即关于"道"的学问，亦即规律哲学，是关于本源的存在的学问。

首先，"五计学"整体化的哲学基础研究要回答本源的研究对象是什么的问题。

现代科学认为，所谓存在，有三大要素：物质、能量、信息。物质是本源的存在；能量是运动的存在；信息是联系的存在。

质量守恒定律是说，在封闭的物质系统中，不论发生什么变化，其总质量保持不变。能量守恒定律是说，能量可以相互转换，并且转换前后总量保持不变。质量能量守恒定律

是说，质量和能量可以互变，总量保持不变，且符合爱因斯坦质能关系式（$E=mc^2$）。然而物质的变化是联系的变化，能量的变化也是联系的变化，质量守恒定律和能量守恒定律的统一就源于信息统一律。其实现代科学最根本的基础就是所谓的"必然联结"的神话。人类知识的增长，就是人类不断认识事物之间联系的过程。因而，我们给出了信息概念最基本的定义：信息是事物的联系。这一定义揭示了信息的本质，找到了"五计学"的本源的研究对象，亦即其形而上学之根。

其次，"五计学"整体化的哲学基础研究要回答学科建设的逻辑起点是什么的问题。

信息是事物的联系，人也存在于联系之中，但人在联系的存在中绝不是被动的、无所作为的。人通过劳动实践活动而改变着人与环境和对象的联系，使得人更适应环境，同时使环境更适宜人的存在，这是人认识和改造世界的根本目的，也是认识活动的根本价值所在。人类在这种活动中认识的是信息、改变的是联系，从而改造物质的存在状态和运动状态。其中始终贯穿着信息活动，伴随着知识生产和物质生产活动。这一过程的自觉性、组织性、目的性和社会性不断加强。这样看来，人类的劳动实践过程贯穿着，或者主要表现为信息基本循环过程，可以用信息基本循环图式表示，如图3所示。

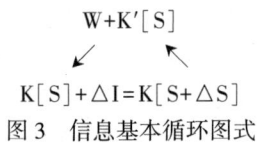

图3 信息基本循环图式

其中 W 是人们认识改造的对象；K'[S]是社会的或(和)他人的主观的或(和)客观的知识结构；K[S]是人(个人或团体)的知识结构；ΔI 是人从社会实践活动中得到的信息（表象）；K[S+ΔS]是 K[S]吸收 ΔI 后形成的新的知识结构；"+"表示作用与联系[24]。表明人与对象的关系主要表现在人的知识结构与对象的作用与联系，人类社会劳动处于不断的信息化、科学化过程之中。主体在信息循环过程中获得信息 ΔI 被 K[S]吸收同化形成新的有序的知识结构，通过社会化的信息交流使得个人知识转化为社会知识，再反作用于人类认识改造的对象，从而促进人类对事物的认识获得新的信息。每一循环都使个体或(和)社会的知识结构发生变化，上升为新型的知识结构。人类的劳动实践过程越来越表现为信息劳动过程，科学劳动、知识生产劳动成为重要的劳动形态，在信息劳动中个人劳动通过信息交流转化为社会劳动，而实现自己的价值。因此，在这个意义上，知识就是信息劳动的价值及其积累。

在上述基础上还应进一步说明一下信息的概念。信息的存在方式或者层次有三种：

（1）本体论的信息：即事物之间的联系，它是本源的、自然层次的信息，表征事物的存在、联系与属性。这是我们所主张的"信息"概念。

（2）认识论的信息：是人类对客观事物的存在、联系与属性的认识结果，是对客观事物的逻辑重建，是人类对客观事物认知劳动的价值积累，是认识层次的信息。这是我们所主张的"知识"概念。

（3）方法论的信息：是与人的有目的的认知活动及其筹划相关的对客观事物的存在、

联系与属性的认识结果的文本及其载体，即客观知识的载体、信息交流的媒介，是社会层次的信息。这是我们所主张的"文献"概念。

三个层次的信息在信息基本循环过程中相互转化。

我们以为：以"信息是事物的联系""知识是信息劳动的价值及其积累""人类的劳动实践过程贯穿着，或者主要表现为信息基本循环过程"为主要结论的信息循环理论，足以担当"五计学"整体化发展的哲学基础。"五计学"起源于信息基本循环图式所描述的信息基本循环过程的实践，是对这个过程的各个环节、层次、层面的信息计量研究并揭示其规律的活动中形成的科学的社会意识形态。这是整体化的"五计学"的基本属性。可以概括地说，"五计学"的对象是信息，其逻辑起点是信息基本循环过程，其核心价值观是计量研究。因此，我们建议使用"信息计量学"作为整体化的"五计学"名称（因此下面使用"信息计量学"一词）。

4.2　内容结构建设的出路

学科内容的发生服从他律性，即由相应的社会经济基础的性质及其变化所决定。信息计量学学科内容结构是在信息基本循环过程各个环节、层次、层面的信息计量研究基础上建构的，目前研究结果可以具体概括为：传播学结构、认知学结构、决策学结构、经济学结构。

(1)信息计量学的传播学结构，是将信息循环过程看成是社会传播过程，着重对信息传播现象开展计量研究而建立的学科结构体系。它从宏观上研究信息交流、传播的模式、机制与规律，并进行定量化描述应用于指导和建立社会信息系统。试图使用模式来系统地思考、想象和讨论信息循环的结构和过程，建立传播的计量理论。

(2)信息计量学的认知学结构。是将信息循环过程看成一种社会化的认知过程，着重对认识过程层面的信息现象开展计量研究而建立的学科结构体系。信息计量的核心问题集中于主观知识结构和客观知识结构及其变化的计量研究，以及社会化的知识结构，亦即社会知识系统的计量研究。

(3)信息计量学的决策学结构，是将信息循环过程看成一种决策过程，着重对决策过程层面的信息现象开展计量研究而建立的学科结构体系。研究信息对人类决策过程的作用机制与效果的测定。

(4)信息计量学的经济学结构，是将信息循环过程看成一种社会经济循环过程，着重对信息经济现象开展计量研究而建立的学科结构体系。从经济的角度计量地考察信息的生产、流通、分配、利用的现象，从而揭示其本质规律。

总之，信息计量学的内容结构包括了信息基本循环过程的各个层面的信息计量问题，并利用各种方法、理论建立其体系结构。

4.3　形式结构建设出路

学科形式结构的发生服从自律性，即为其相对独立的内在发生规律所制约。

(1)信息计量学的现象学、元学、方法学层次结构。现象学体系结构是由经验与科学理论之间的矛盾运动提供的信息计量学研究的事实根据的具体反映结果所构建的，主要是对内容结构中各种信息现象的对象化描述，研究方法主要是统计与直观描述，为学科的发展提供素材，是求真的科学精神的体现。元学体系结构是由科学理论之间的矛盾运动推动的信息计量学各种理论相继产生、融合发展所构建的，主要是以信息计量学自身为对象的深层研究，是对其现象学体系的异化和一般化，研究方法主要是框架描述，是求善的科学精神的体现。方法学体系结构是科学理论与科学美的感受之间或科学美的形态前后之间的矛盾运动推动的信息计量学结果综合发展所构建的高度抽象化、形式化的理论体系，通过对现象学与元学结构体系的深入研究，来实现内容与形式的高度统一，研究方法主要是综合抽象，是求美的科学精神的体现。

(2) 信息计量学内容的共时与历时结构。信息基本循环过程有共时的一面又有历时的一面，这就决定了信息计量学的研究内容有共时结构与历时结构。共时结构是对信息循环某一状态结构下信息的计量研究，如布—齐—洛分布理论及其统一机制、机理和模型以及知识结晶学、知识网络研究等。历时结构是对信息循环过程中信息现象的动态结构的计量研究，主要是对信息的发生、传播、解释、接受过程构成的信息的历时结构的计量研究，如文献增长与文献老化规律的研究，信息传播过程的计量研究，信息认知过程的计量研究，信息决策过程的计量研究，信息的经济循环过程的计量研究等。

(3) 信息计量学的理论、方法、应用结构。在信息计量学的体系结构中，理论、方法、应用是相辅相成的三个基本构成。在信息计量学的现象学、元学、方法学层次结构中有着不同的理论、方法、应用结构形态。同样，在信息计量学的共时与历时结构中也有着不同的理论、方法、应用结构形态。

(4) 信息计量学的解释学结构。首先，一门学科就是在对其对象理解与解释过程中所获得的认识成果的系统化和理论化进程中不断发展的。信息计量学研究就是对信息基本循环过程中信息现象的本质、内在联系、计量规律，以及信息计量的社会功能、社会实践等方面认识成果的系统化和理论化，即对所有的信息现象及其计量特性的理解与解释的过程，在这个过程中信息计量学体系结构被建构了。同时信息计量学体系结构也应具有解释的功能，所以信息计量学的解释学结构是对信息计量学内容结构与形式结构的整合与提升。其次，解释过程与信息基本循环过程有很多相似与耦合，因此解释学为信息计量学研究提供了合适的研究基础。

5. 结论

在我们看来，"五计学"整体化发展的关键在于：整体化的学科基础与学科结构建设。最终"五计学"整体化发展要走向：以信息基本循环过程中的信息为学科对象(学科核心)；以计量研究为核心价值观(学科中心轴)；以现象学、元学、方法学研究为层次结构；以理论、方法、应用研究为三维坐标；以共时结构为经；以历时结构为纬；以"双律性"为依据，不断发展的、开放的、具有解释功能的有序化结构体系的，统一的、整体化的信息计量学。可以用图4直观表达。

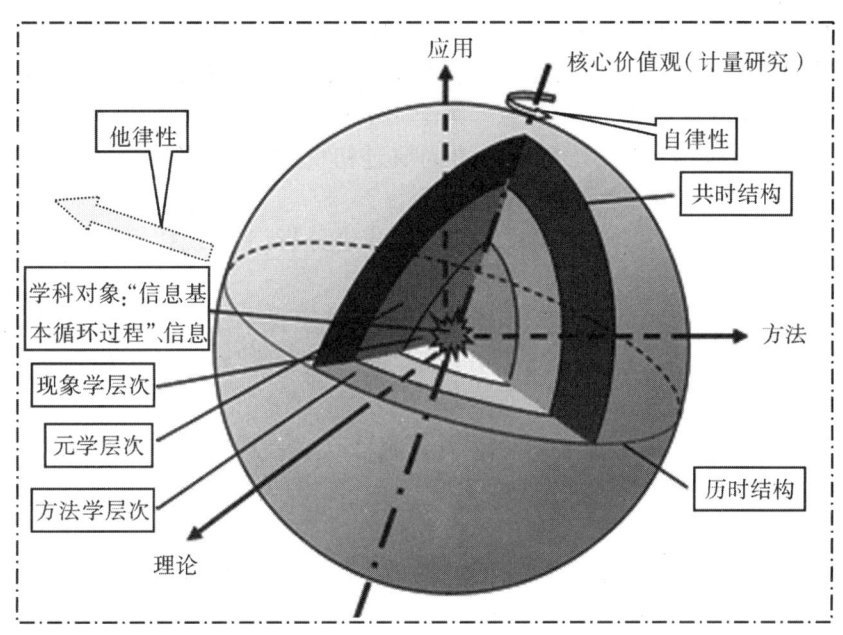

图4　信息计量学知识体系结构图（参见彩图6）

◎ 参考文献

[1] 王宏鑫，邱均平．21世纪文献计量学的发展趋势[J]．高校图书馆工作，2000，20(4)：9-16．

[2] 王宏鑫．情报概念新探[J]．情报学刊，1990，11(2)：100-101，135．

[3] 王宏鑫，夏传炳．情报概念的灰色模糊性及情报定义新探[J]．信阳师范学院学报（哲社版），1990(3)：97-102．

[4] 王宏鑫．情报学的哲学概括[J]．信阳师范学院学报（哲社版），1991(4)：105-110．

[5] 王宏鑫，张在昭，吴朝暾．最大引文年限与科学交流的社会必要劳动时间[J]．信阳师范学院学报（自科版），1992，5(3)：327-332．

[6] 王宏鑫．"思想基因"的结构与功能[J]．知识工程，1992(3)：36-38．

[7] 王宏鑫．信息、情报、知识的本质与联系[J]．信阳师范学院学报（哲社版），1994，(2)：24-28．

[8] 王宏鑫．知识论情报测度基础[J]．情报科学，1994，15(4)：38-40，74．

[9] 王宏鑫，吴宏生．关于布鲁克斯基本方程的研究与扩展[J]．情报杂志，1996，15(4)：14-16．

[10] 王宏鑫，邱均平．21世纪文献计量学的发展趋势[J]．高校图书馆工作，2000，20(4)：9-16．

[11] 王宏鑫．信息计量学的基础与发展研究[J]．图书情报工作，2003(2)：7-12．

[12] 王宏鑫．信息计量学理论基础研究[J]．情报科学，2003，21(7)：678-684．

[13] 王宏鑫. 信息计量学的内容与形式结构[J]. 情报科学, 2003, 21(8): 792-795.
[14] 王宏鑫. 信息计量学研究[M]. 北京: 中国民族摄影艺术出版社, 2002: 12.
[15] 刘则渊, 朱晓宇. 国际科学计量学及其姊妹学科的计量与图谱[C]//第七届中国科技政策与管理学术年会论文集. 南京: 第七届中国科技政策与管理学术年会, 2011.
[16] 侯剑华, 都佳妮. 泛知识计量学科协同演进初探[J]. 情报科学, 2015, 33(7): 7-10.
[17] 赵蓉英, 魏明坤. "五计学"在我国的发展演进分析[J]. 现代情报, 2017, 37(6): 155-159, 167.
[18] 宋艳辉, 孙玉坤. 我国"五计学"作者合作研究[J]. 图书馆论坛, 2019(4): 22-28.
[19] 宋艳辉, 邱均平. 从"三计学"到"五计学"的演化发展[J]. 图书馆论坛, 2019(4): 1-7.
[20] 宋艳辉, 邱均平. 我国"五计学"知识融合的思考[J]. 现代情报, 2019, 39(2): 4-7.
[21] 王立良, 李琰, 宋艳辉. 知识计量学与"五计学"的关系辨析[J]. 科研管理, 2018, 39(专刊): 372-377.
[22] 赵蓉英, 张心源, 张扬, 魏明坤, 余慧妍. 我国"五计学"演化过程及其进展研究[J]. 图书情报工作, 2018, 62(13): 127-138.
[23] 庞思奋. 哲学之树[M]. 翟鹏霄, 译. 桂林: 广西师范大学出版社, 2005: 5.
[24] 王宏鑫, 方巍. 图书馆的发生和发展研究[J]. 图书与情报, 2010(4): 29-32, 56.

"五计学"的兴起及其作者合作探析①

宋艳辉　孙玉坤

(杭州电子科技大学中国科教评价研究院)

摘要：[目的/意义]"五计学"，即文献计量学(Bibliometrics)、科学计量学(Scientometrics)、信息计量学(Informetrics)、网络计量学(Webmetrics or Cybermetrics)和知识计量学(Knowmetrics or Knowledgometrics)，是图书情报学、信息管理科学、科学学等学科领域研究的焦点。近年来，"五计学"在各学科分支都取得了一定程度的进展，出现了融合发展趋势。[方法/过程]本文梳理了知识计量学的兴起与发展，进一步阐析"五计学"。基于CNKI数据库，利用社会网络分析，对"五计学"的作者合作情况进行分析。[结果/结论]揭示了"五计学"作者之间的合作领域、活力程度和合作方向等。

关键词：五计学；知识计量学；作者合作关系；社会网络分析

The Rise of "Five Metrics" and Its Author's Cooperative Analysis
Song Yanhui　SunYukun

(School of Chinese Academy of Science and Education Evaluation, Hangzhou Dianzi University)

Abstract: [Purpose/Significance] "Five meters", namely Bibliometrics, Scientometrics, Informetrics, Webmetrics or Cybermetrics, and Knowmetrics or Knowledgometrics, is Library and Information Science. The focus of research in the fields of information management science and science. In recent years, the "five meters" have made a certain degree of progress in various discipline branches, and there has been a trend of convergence development. [Method/Process] This paper combs the rise and development of knowledge metrology and further analyzes the "five meters". Based on the CNKI database, using social network analysis. [Result/Conclusion] The author analyzes the cooperation situation of the authors of "five meters" and reveals the cooperation areas, vitality and cooperation direction among the authors of "five meters".

Keywords: five metrices; knowledge metrology; author relationship; social network analysis

---

① 本研究系国家社科基金"我国'五计学'融合与图书情报学的方法创新研究"(项目编号：18BTQ080)的成果之一。
作者简介：宋艳辉，博士后，杭州电子科技大学中国科教评价研究院副院长、副教授、硕士生导师，研究方向：信息计量与科教评价。

2018年，我国著名计量学家邱均平教授主持的国家社科基金"'五计学'的融合与图书情报学方法创新研究"得以立项，以及系列论文均表明，"五计学"已经得到学术界的普遍认可。本文通过筛选出"五计学"核心作者，对其显性合作关系作者进行分析，再对存在潜在合作关系的作者进行社会网络分析，进一步更深层次地挖掘我国"五计学"的作者合作关系，探析作者之间的合作交流状况。

1. 知识计量学的兴起与发展

科学的发展史表明，任何科学都是在一定的科学背景和特定条件下产生的，知识计量学也毫不例外。从古代的简单的手工劳动方式到以电力驱动的现代化生产方式，正在走向智能工具主导的生产方式。在这个过程中，知识对劳动对象、生产资料、生产力这生产关系的三要素的作用越来越强。很多人认为，21世纪从发达国家开始，全球将逐步进入知识经济阶段。在知识经济阶段，传统的被称为经济生产的最重要生产要素——土地、劳动和资本，加入了另一个重要的要素——知识。而且我们认为，随着知识经济的推进，知识必然会成为生产的主导因素，主导生产的一系列过程。这在国外的一些大型企业中已经初见端倪，很多企业将主管知识的CKO(chief knowledge officer，首席知识官)、CEO(chief execute officer，首席执行官)以及主管资本运作的CFO(chief finance officer，首席财政官)并称为企业有效运转的三驾马车。CKO从无到有以及地位的不断提升，充分体现了知识的作用不断加强。实际上，过去在长期的生产过程中，人们已经在不自觉地点滴累计并利用各种知识。到了知识经济阶段，一方面技术知识在不断地增加和深化，它的作用也越来越大，另一方面由于分工和专业化程度的提高，制度知识也在不断地发展。人们需要更加自觉地认识和发挥各种类型知识的作用。因此，知识成为一种资源、一种生产要素和一种资本，而且它并不像土地、劳动、资本等物质资源那样存在资源稀缺性的问题，对于知识的计量、管理需要专门加以研究。知识计量学的产生也因此有了最有利的时代背景。知识计量学的研究内容主要包含以下几个方面：

(1) 知识计量学学科理论研究。

一门学科要建立和得以发展，首先要对该学科本身的基本问题有正确的认识。如果没有明确的研究对象和研究内容，没有科学的、行之有效的研究方法，建立独立的学科体系就成空谈；如果不明确该学科的学科性质、学科地位以及与其他学科之间的关系，就会迷失发展方向，也就很难去借鉴别的学科的理论内容与技术方法；如果不了解学科的产生与发展历史，就难以归纳总结出其发展的内在规律及趋势。因此，知识计量学学科理论研究是知识计量学研究的重要内容。尤其是，知识计量学还是一门新兴的交叉性边缘学科，迫切需要获得自己独立的学科地位，知识计量学学科理论研究就显得更为重要。知识计量学学科理论研究主要是借鉴"五计学"的理论与方法，探讨知识计量学的研究对象、研究内容、研究方法等；构建知识计量学的理论体系；分析知识计量学的学科地位、学科性质及其相关学科；研究知识计量产生与发展的过程、规律和趋势。

(2) 知识计量基本理论研究。

知识计量的根本目的是有效促进知识的利用，提高知识管理、知识服务的水平。不了解知识交流的模式与规律，不知道知识资源的结构、分布、变化规律，不掌握用户的知识需求和知识行为的特点和规律，就会给知识计量带来盲目性，完成不了知识计量的目的。因此知识计量的基本理论研究要包含：知识产生、传递、投入、产出、利用的理论与规律研究；知识的概念、类型、层次、分布、增长、老化；分析研究传统文献计量学经典定律：布拉德福定律、齐普夫定律、洛特卡定律在知识条件下的适用性；知识的主体、对象与内容；用户的知识需求类型、获取知识的行为规律等。另外，知识计量学是以知识单元为最基本的计量分析单元，知识单元是知识控制与处理的基本单元，是知识计量的前提和基础。因此，知识计量学的基本理论研究还应该包含：知识单元的基本概念、发展、基本类型、与文献单元和信息单元的区别与联系等。知识的数量、质量、价值、关联的测度理论是关于知识量化方面的研究，是属于知识计量学基本理论的研究内容。知识的测度又不同于文献、信息，知识有较强的价值性，在很多时候又存在着显性知识与隐性知识之分。因此，经济管理领域的价值理论，有形资产、无形资产评估理论，知识的投入产出理论等都应该列入知识计量学基本理论的研究范畴。

（3）知识计量技术方法研究。

当国内学术界激烈讨论学术问题"引文分析究竟应不应该称为引文分析学"的时候，也暴露了大多数学科发展的过程。正如引文分析，计量学在发展之初，大多数情况下会被当做一种方法来对待，当它有了明确的研究对象、科学的研究方法、完善的学科体系后，才会正式地被当做一门学科来对待。因此，知识计量学是一门技术性和方法性很强的学科，这也使得知识计量技术方法研究将成为知识计量学重要的研究内容。这方面的研究主要包括知识计量技术研究与知识计量方法研究两大部分。知识计量技术研究主要探讨知识计量软件的开发应用，知识可视化技术应用于知识计量，计算机技术在知识计量领域的应用等。知识计量方法研究主要包括：知识评价模型的构建；知识测度指标、模型与方法；知识链接分析方法；科学知识图谱；共词分析方法；知识增长、老化、集中、离散等模型的建立与评价；资产评估方法（包括有形资产、无形资产）；各种知识计量、知识评价指标的构建。

（4）知识计量的实践应用研究。

知识计量的实践应用研究是由知识计量学的基本理论研究以及技术方法研究决定的。知识计量在很多领域都有应用价值，可以促进知识的有效管理，并有力提升知识服务的水平。知识的管理与服务是一个笼统的概念，具体说来，知识计量学的实践应用研究主要包括以下几个方面：知识计量在知识发现、知识挖掘、知识关联中的应用研究；知识计量在知识创造中的应用研究；知识计量在科学评价、教育评价、大学评价、期刊评价、科研评价、人才评价中的应用研究；知识计量在科技管理与科学政策中的应用研究；知识计量在知识分析与预测中的应用研究；知识计量在知识开发与利用中的应用研究；知识计量在资产评估中的应用；知识计量在专利分析中的应用研究。

2. 作者合作分析

本文研究的数据样本选取于 CNKI，检索时间为 2018 年 9 月 28 日，选择检索主题="文献计量学"and"科学计量学"and"信息计量学"and"网络计量学"and"知识计量学"，一共获得9096条数据记录。对检索所得的9096条数据进行人工筛选处理,删除重复文献、会议纪要、投稿指南、综述、述评等内容,最终得到论文数据为9065条。根据合作率=(一定时期内相关文献)合作论文数/(一定时期内相关文献)论文总数[1],计算得到国内"五计学"领域的合作率为23.68%。由于作者人数多,构建出来的整体合作网络将会非常复杂,为了更有针对性地进行分析,需要提取出核心作者合作群[2]。依据普赖斯核心作者计算公式:$M=0.749(N_{max})1/2$,N_{max}代表发文量最高的作者的论文数,其余作者发文数超过M篇的,则视为核心作者变化[3],计算得$M=3.01$篇,所以在CNKI上共发表论文数大于等于3篇的作者就是核心合作作者,我们由此得到143位核心作者。

对"五计学"的143位核心作者构造作者合作矩阵,利用可视化工具NetDraw对其矩阵绘制出合作网络图,如图1所示。

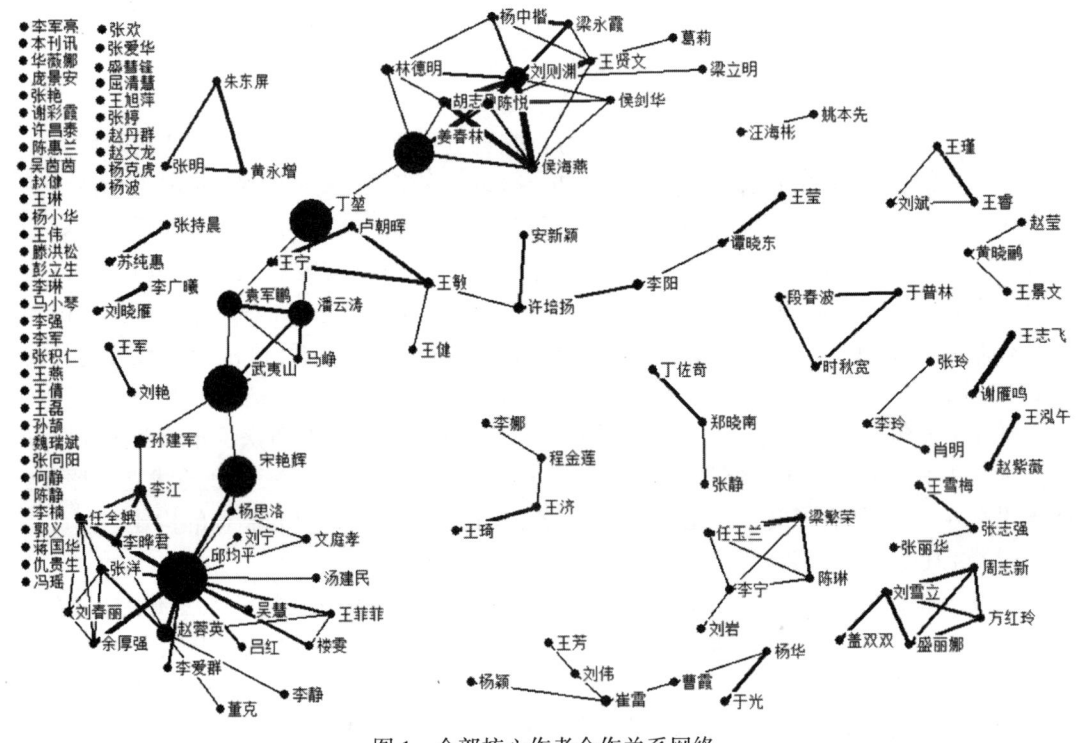

图1 全部核心作者合作关系网络

社会网络分析法是对社会网络中各种关系结构及其属性加以分析的一套理论和方法,它主要分析各行动者之间的关系模式[4]。实质上社会网络就是为达到特定目的,人与人之间进行信息交流和资源利用的关系网[5]。图1中的外在作者合作网络由143位核心作者单独发文或共同发文所形成的一个个子网组成,图中每个圆点代表一个作者,圆点的大小代表作者合作发文中心性的大小,圆点越大,说明作者合作发文的中心性越大,圆点间的连线代表作者间的合作次数,连线越粗,说明作者间的合作越频繁[6]。图中邱均平、武夷山、姜春林的圆点较大,代表三人的中心性越大,图中连线最粗的为侯海燕与刘则渊、余厚强与邱均平，说明他们之间的合作发文量较大。

在此网络中可以很直观地看到两个大型合作网络，他们分别是以邱均平为核心的大型网络以及以刘则渊为核心的大型网络，这两大网络分别代表了武汉大学和大连理工大学两大研究团体。这两个大型网络通过关键作者宋艳辉、丁堃以及武夷山连接起来形成一个大型的桥梁网络。以武汉大学为代表的网络中邱均平是沟通该网络的关键点，形成一个由中心向外扩散的态势，整体上具有较好的沟通性。在此网络中的合作者基本出于邱均平教授的同一师门，如赵蓉英、文庭孝、宋艳辉、刘宁等学者都是邱教授的学生；以大连理工大学为代表的合作群体也同上所述，基于同一机构形成频繁的合作关系；中间连接这两大网络的是以武夷山总工程师为核心的中信所情报方法中心的核心成员组成的网络。深入探析发现，武汉大学和大连理工大学网络的关键学者将这两大网络与中信所网络联系在一起。其中，宋艳辉曾先后师从邱均平和武夷山，因此他成为连接武大和中信所的桥梁；武夷山和孙建军同为南京大学的博导，因此建立了合作关系；姜春林与丁堃由于学术交流，在大连理工大学和中信所间建立了关系。

此外，我们还能够看到盛丽娜、方红玲、刘雪立以及周志新形成的中小型连通型合作网络，该网络中的作者均是新乡医学院的老师，同机构形成了频繁的合作关系。任玉兰、梁繁荣、李宁、陈琳等作者形成的中小型网络，也如上所述，属于成都中医药大学在文献计量学方向的研究合作发文，因此形成了同一工作单位较为稳定的合作关系。从图1中还可以看出有三个连通型较好的小型网络，他们分别是福州总医院的张东屏、张明、黄永增；解放军总医院的王睿、王瑾、刘斌；北京医院的段春波、时秋宽、于普林。

在图1的左侧有大量的独立作者，这并不表示这些作者与其他作者间没有合作关系，造成他们在图中以单独发文的形式展现的原因有二。其一是同他们一起合作的学者并不在我们选取的145位作者中，其二是他们可能是刚刚进入"五计学"舞台的新生力量，还没有形成该领域的合作网络，或者构建的合作网络目前尚未成熟。

从横向宏观观察全部核心作者合作网络可以发现，在当今各学科交叉融合的知识领域，作者间的合作现象已经不足为奇，"五计学"领域的合作网络以桥梁型、核心型等多种形式存在。纵向深入分析发现大型的合作网络都是以某个学术团体为单位建立起来的，如基于武汉大学和大连理工大学建立起来的大型合作网络，以及连接二者的中信所……它们都是基于学术研究单位而形成的。具体研究形成大中型合作网络作者的单位可以发现，武汉大学、大连理工大学、新乡医学院等都是图书情报与档案管理专业活跃度较高的高等院校，除了综合性院校，还包括北京医院、新乡医学院、解放军总医院以及福州总医院等专业院校，因为医学领域也多利用计量学的方法做研究，所以合作单位也多集中于医科院校。除了同一单位间的合作，不同单位之间由于关键学者的存在，也相互建立了合作关系。通过作者间跨学科的交流融合，会形成一个正反馈，能够发现新的研究方法，达成学科间的通识，更好地为各自研究领域细化服务。

3. 结语

本文选取的研究对象为"五计学"领域的核心期刊论文，通过对核心合作者的分析可得出以下主要结论：

（1）"三计学"包含：文献计量学、信息计量学、科学计量学，这是国内外学术界普遍接受的观点。随着科技的发展，计量学科也获得了新的发展，比如网络时代的到来催生了网络计量学，那么随着知识时代的到来，国内也出现了知识计量学。随着信息化、网络化和知识化的推进，"五计学"相互融通，呈现出计量学学科群相互促进、共同发展的态势。"五计学"之间在研究对象、研究内容、研究方法、数据来源、计量指标等方面呈现出交叉关联、互为引用、相互融合的发展特征和趋势。计量学科在"五计学"的基础上，形成了泛知识计量学科群，具有明显的交叉性和协同性，表现为以基础理论、研究对象、研究方法与工具等为核心要素的协同演进。

（2）知识计量学的研究中主要包含：知识计量学学科理论研究、知识计量基本理论研究、知识计量技术方法研究、知识计量的实践应用研究。知识计量学学科理论研究探讨知识计量学的研究对象、研究内容、研究方法等。知识计量基本理论研究主要包含：知识产生、传递、投入、产出、利用的理论与规律研究。知识计量学技术方法研究主要包括：知识计量技术研究与知识计量方法研究两大部分。知识计量的实践应用研究主要包含：知识计量在很多领域都有应用价值，可以促进知识的有效管理，并有力提升知识服务的水平。

（3）通过作者合作网络结构分析发现，"五计学"领域有3个大型的合作网络：武汉大学、大连理工大学、中国科学技术信息研究所，分别以邱均平、刘则渊、武夷山为核心，他们也是当前"五计学"领域研究中较为活跃的几位作者。这三个合作团体间通过宋艳辉、孙建军、姜春林等关键作者的推动形成一个大型网络，从而形成"五计学"的一个超大型核心研究群体。邱均平与宋艳辉、赵蓉英、余厚强、杨思洛、汤建民等几位作者的合作频率较高，刘则渊与陈悦、侯海燕、林德明间的合作关系频繁，武夷山与潘云涛、袁军鹏的合作发文率较高。可见，团体间的合作主要体现在同一单位内、相近单位之间，或有密切合作关系的师生之间、师门之间，作者合作频繁的研究方向也主要集中于文献与信息计量学、科学计量学等方面。作者们在同一单位学习或工作会很大程度上增加合作机会，在此强烈建议相关领域的专家学者能够积极参加学术交流来加强各个学科间的信息交流、知识的传播，以增加合作机会，并对自己专注的学科领域有所启发。

（4）从总体上看，"五计学"并没有形成一个高度联通的网络，作者合作网络关系图中呈现出各合作团体分散分布的现象，尤其是小规模团体和单独发文的小型网络大量存在。小规模团体多数是基于同一单位建立起来的合作关系，而大量的单独发文作者恰恰说明，在该领域作者间的合作较为普遍，因为我们只选取了部分核心作者进行研究，所以不排除图中所示大量单独发文作者的合作者并不在其中。但是，合作网络间的连通性需要进一步加强，促进各学科间的知识交流，形成该领域多元化的沟通性合作网络。

◎ 参考文献

[1] 邱均平，陈木佩. 我国计量学领域作者合作关系研究[J]. 情报理论与实践，2012，35(11)：56-60.

[2] Said Y H, Wegman E J, Sharabati W K, et al. Social Networks of Author-coauthor Relationships[J]. Computational Statistics & Data Analysis，2008(52)：2177-2184.

[3]李小霞.近年来国内洛特卡定律研究综述[J].科技情报开发与经济,2005(13):27-28.

[4]罗家德.社会网络分析讲义[M].北京:社会科学文献出版社,2005.

[5]约翰·斯科特.社会网络分析法[M].刘军,译.重庆:重庆大学出版社,2007.

[6]Linda S Marion, Eugene Garfield, Lowell L Hargens, et al. Social Network Analysis and Citation Network Analysis: Complementary Approaches to the Study of Scientific Communication[J]. Proceedings of the American Society for Information Science and Technology, 2003, 40(1): 486-487.

《图书情报工作》优秀审稿人群体研究

周春雷　王晓丹　袁扬

（郑州大学信息管理学院）

摘要：[目的/意义]分析《图书情报工作》优秀审稿人群体的特征和作用，并探讨该刊在自家刊物和官方网站上郑重公布优秀审稿人名单对期刊发展的意义。[方法/过程]根据《图书情报工作》优秀审稿人名单采集该群体的基本信息及其发文和引文数据。从年龄、学术地位、所属机构、研究方向等方面对他们进行研究，以发现该群体的特征，并从发文情况、施引情况和被引情况三个角度探讨该群体的作用。[结果/结论]《图书情报工作》优秀审稿人群体多为来自高校的中青年学者，他们对该刊有较强的归属感，不仅是该刊的审稿人，更是其重要作者，对该刊有强烈的发文和施引偏好。优秀审稿人群体对《图书情报工作》保持专业影响力发挥着重要作用，该刊针对优秀审稿人的激励措施充分调动了该群体支持期刊发展的积极性，值得其他期刊借鉴。

关键词：学术期刊；同行评议；审稿人；群体研究；学术奖励

Research on the Group of Excellent Reviewers of Library and Information Service

Zhou Chunlei　Wang Xiaodan　Yuan Yang

（School of Information Management, Zhengzhou University）

Abstract：[Purpose/Significance] This paper aims to analyze the characteristics and functions of the excellent reviewers of "Library and Information Service" and to explore the significance of publishing the list of excellent reviewers solemnly in its own journals and official websites for the development of journals. [Method/Process] According to the list of excellent reviewers of the "Library and Information Service", the basic information of the group andits published and citation data are collected. Then studying from the aspects of age, influence, affiliation, research direction, etc., to discover the characteristics of the group and exploring the role of this group from three aspects: the situation of publication, the situation of citation and the situ-

---

① 本文系河南省高等学校青年骨干教师资助计划项目"学术评价领域知识整合研究"（项目编号：2017-15）研究成果之一。

作者简介：周春雷，副教授，博士，硕士生导师；王晓丹，硕士研究生；袁扬，硕士研究生。

ation of citation. [Result/Conclusion]The group of outstanding reviewers of "Library and Information Service" are mostly young and middle-aged scholars from colleges and universities. They have a strong sense of belonging to the journal. And they are not only reviewers of the "Library and Information Service", but also important authors of the journal who have a strong publication and citation preference to the journal. The excellent reviewer group plays an important role in the development of the "Library and Information Service". The reward policy implemented by the journal is worth learning from other journals.

Keywords: academic journal; peer review; reviewer; group research; academic return

1. 引言

同行评议是学术出版过程中最为关键的环节之一，也是学术期刊出版质量的重要保证[1-2]，然而目前同行评议也存在着主观性、倾向性、权力滥用等缺陷[3-5]。为提高同行评议的质量和效率，学者们在审稿模式的探索与发现[6-7]、审稿人的职责与权力[8-9]、审稿队伍的建设与管理[10-11]等方面进行了相关研究。但作为"科学守门人"，审稿人的贡献一直没有得到充分认可，这使得不堪重负的科学家们几乎没有动力去完成冗长、细致的审议报告[12-13]。此外，近年来全球范围内期刊论文数量大量增加，而审稿人并没有大幅增加，导致审稿质量下降，同行评议出现危机，认可审稿人的学术贡献或许是解决同行评议危机的有效途径[14-15]。学术期刊审稿人是期刊学术出版质量的守门人，通常具有较高的学术水平，了解学术前沿和热点，对领域中的新概念、新方法能够快速准确地作出判断[16]。认可审稿人的贡献有助于调动审稿人的积极性，激励审稿人更好地为期刊提供高水平的服务，进一步提高审稿质量和效率，从而提高整个期刊审稿系统的鉴别准确度和运行效率。

目前国内外有关认可审稿人贡献的研究主要包括：①审稿人的作用与影响：Goodman 等[17]制定了34个指标对稿件质量进行评估，发现经过专家评议后的稿件在质量上有了实质性的提高。朱大明[18]从必要性和可行性两个方面对审稿的创造性贡献进行论述和肯定，并指出了这种创造性贡献的具体内容及其评价和认定标准。《浙江农业学报》[19]借助审稿专家队伍拓展优质稿源，成功聚集了一批既是审稿人又是作者的审稿队伍，该队伍在拓展优质稿源方面发挥了重要作用。②记录、褒扬审稿人的劳动。Kachewar[20]提出了一个新的指数——RI用于记录审稿人的贡献，并针对具有不同RI指数的审稿人提出了相应的激励政策。Hanson等[21]指出ORCID可用于记录专家的审稿行为，与他们发表的论文一样作为个人学术贡献之一。代小秋[22]通过对国外平台Publons、Elsevier和Peerage of Science的审稿工作奖励方法进行分析，指出应建立合理的指标，寻找有效的方法来对审稿人进行奖励，调动审稿人的积极性。朱大明[23]归纳了论文作者对同行审稿专家公开具名致谢的内容和表达方式，指出学术期刊论文作者可以用适当方式对审稿专家提出的审稿意见和建议公开具名致谢。

综上所述，很多期刊对审稿人的作用认识得不够深刻，对审稿人的贡献也缺乏实质性的奖励，甚至流于形式，使审稿几乎成为一种义务性工作，严重挫伤了审稿人的积极性。

当前学术界关于认可审稿人贡献的研究已经取得一定的进展，但关于审稿人对期刊所作贡献、期刊对审稿人实施的激励措施等研究得还不够深入。在图书情报领域，《图书情报工作》是较早对审稿专家进行公开褒扬、表彰的核心期刊。近年来，该刊通过建立审稿专家QQ群、微信群，组织专业学术会议以及一系列卓有成效的表彰活动，聚拢了大批活跃的图情学者，在国内图情领域产生了越来越大的影响，类似的表彰审稿专家的活动开始得到其他图情类核心期刊的重视和效仿。因此，本文将以《图书情报工作》（下文简称期刊T）的优秀审稿人群体为研究对象，尝试分析该群体的特征、作用，并探讨该刊所实施的荣誉激励措施对于期刊健康发展和解决同行评议危机的借鉴意义。

2. 数据来源及研究方法

本文研究数据主要包括期刊T优秀审稿人发文数据和引文数据两个部分，数据采集时间为2018年4月18日。发文数据来自CNKI，采集期刊T的优秀审稿人获奖名单（2014—2017年），根据优秀审稿人名单检索其论文，利用相关论文中的作者信息、作者所属机构官方网站、百度百科等得到作者性别、年龄、研究方向、ORCID、所属机构及变迁情况等信息。引文数据来自CSSCI，包括优秀审稿人的被引数据和施引数据及期刊T的高被引论文数据。

本文主要使用Excel和自编软件处理数据，根据审稿人群体的发文数据和被引数据计算出每个学者的Dh指数[24]和Dg指数以表征其影响力，然后从年龄、学术地位、所属机构、研究方向等方面对他们进行研究，以发现该群体的特征，借此探讨其作用。

3. 优秀审稿人群体特征分析

采集期刊T的优秀审稿人获奖数据，可以看出该刊每年评选出来的优秀审稿人数量均不相同，这说明该刊在评选优秀审稿人时不拘泥于形式，能够实事求是，依照实际的审稿情况进行评选，具有很大的灵活性。4年间一共有93人被评为期刊T的优秀审稿人，56位为男性，37位为女性。其中，有11人连续4年获奖、18人获奖3次、23人获奖2次，剩余41人均获奖1次。

3.1 年龄结构合理

以10年为区间对优秀审稿人群体的年龄进行统计，可以得到该群体的年龄分布情况，如图1所示。

由图1可知，优秀审稿人群体的年龄主要集中在35~54岁，特别是45~54岁这一区间的优秀审稿人数量最多，为38人。产生这一现象的原因是35~54岁的学者已经有了一定的科研经验和专业基础，且大多为博士学历，具有高级职称。他们能够很好地把握领域的研究方向，对于新兴热点问题也能够提出自己独到的见解。限时审稿工作是高强度的学术鉴别工作，需要查阅大量相关文献，验证送审论文中的论据，甚至再现作者的研究过程，所以仅有较高的学术水平不足以圆满完成这种高强度的工作，还要有比较旺盛的精力

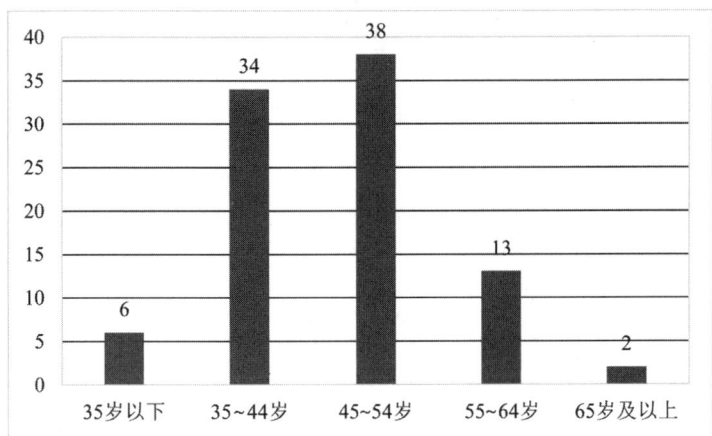

图 1 优秀审稿人群体年龄分布情况

和强烈的好奇心才能在较短时间内给出有价值的反馈意见。35～54 岁的学者正处于中青年阶段，精力旺盛、思维活跃、富有创新精神，是进行学术研究的重要力量，能够适应时间紧迫的限时审稿工作，勤勉地履行审稿人的职责，为学术期刊审稿系统的高效运转作出贡献。同时也应注意到，55 岁以上的优秀审稿人数量较少，这可能与期刊的激励措施不够完善具有一定的关系。

3.2 专业能力较强

利用审稿人群体的发文数据和被引数据，计算出该群体中每个学者的 Dh 指数和 Dg 指数，然后依次按照 Dh 指数、Dg 指数和获得国家项目的数量进行降序排列，可得到相关统计结果，如表 1 所示。

表 1 优秀审稿人相关指数统计

姓名	Dh 指数	Dg 指数	项目数	姓名	Dh 指数	Dg 指数	项目数	姓名	Dh 指数	Dg 指数	项目数
于良芝	13	21	4	邓小昭	5	9	2	吴建华	4	4	2
胡昌平	13	18	9	宋 歌	5	9	1	吴 红	4	4	1
王世伟	12	16	4	秦 鸿	5	9	0	武夷山	3	7	4
刘兹恒	11	16	5	袁 毅	5	8	2	刘春丽	3	7	0
盛小平	11	16	3	高 凡	5	8	0	甘春梅	3	5	1
黄晓斌	11	15	2	闫 慧	5	7	2	谷 俊	3	5	0
苏新宁	11	14	5	章成志	5	7	2	刘 峥	3	5	0
李 武	8	16	1	王翠萍	5	7	1	刘晓娟	3	4	2
查先进	8	12	6	郑德俊	5	7	1	牟冬梅	3	4	2

续表

姓名	Dh指数	Dg指数	项目数	姓名	Dh指数	Dg指数	项目数	姓名	Dh指数	Dg指数	项目数
姜春林	8	11	2	谢 蓉	5	7	0	王立学	3	4	1
俞立平	8	10	3	安小米	5	6	3	黄 崑	3	4	0
刘 冰	8	10	2	杨建林	5	6	3	向桂林	3	4	0
韩 毅	8	9	1	黄国彬	5	6	1	许海云	3	3	2
茆意宏	7	11	2	张云秋	5	6	1	喻登科	3	3	2
赵 星	7	10	1	郑巧英	5	6	1	曹锦丹	3	3	1
邓胜利	7	9	2	俞培果	5	6	0	黄丽霞	3	3	1
徐建华	7	9	2	李月琳	5	5	2	刘 勘	3	3	1
刘 华	6	12	1	许 鑫	4	8	2	屈 鹏	3	3	0
张广钦	6	9	2	刘志辉	4	8	1	王建芳	2	5	0
范爱红	6	9	0	常 春	4	7	3	黄令贺	2	4	1
赵宇翔	6	9	1	裴 雷	4	7	1	蔡 箐	2	3	0
周庆山	6	8	3	滕广青	4	7	1	李国俊	2	3	0
陈定权	6	8	2	李 睿	4	6	2	丁 堃	2	2	4
李 刚	6	8	2	郭春侠	4	6	0	刘建准	2	2	1
周春雷	6	8	1	吴振新	4	6	1	刘玉仙	2	2	1
贾君枝	6	7	4	袁顺波	4	6	1	胡正银	2	2	0
储节旺	6	7	3	范 炜	4	5	1	詹庆东	2	2	0
吴 丹	6	7	3	韩正彪	4	5	1	赵 飞	2	2	0
杨思洛	6	7	2	李 晶	4	5	1	乔建忠	2	1	0
赵伯兴	6	7	1	刘 宇	4	5	1	何 胜	1	1	1
吴志荣	6	7	0	花 芳	4	5	0	郭 宇	1	1	0

由表1可知，期刊T的优秀审稿人群体中一半以上学者的Dh指数和Dg指数较高，在领域内有一定的学术地位，对学科的发展具有引领作用。该群体中共有72人获得过国家级项目，占比77.42%，有38人获得的国家项目超过1项，占比40.86%，这充分证明了该群体的专业能力和水平。该群体能够很好地履行审稿人职责，及时为送审稿件提供专业见解，这不仅保障了期刊T审稿系统的高效运转，也为该刊提高服务质量、吸引更多高水平作者投稿创造了条件。从表1及图1可知，虽然部分中青年审稿人的学术地位稍低，但其学术水平和业务能力毋庸置疑。他们均具有博士学历，在高校任职教授或副教授，甚至主持过多项国家级项目，正处于事业上升期，发展潜力很大，相信经过一定时间的积累，这些学者有望成为图情领域的知名学者。

3.3 机构分布广泛

对优秀审稿人群体的所属机构进行统计可知，93名审稿人分布于55家机构，人数多于1的机构如表2所示。

表2 优秀审稿人所属机构情况

所在单位	人数	所在单位	人数
武汉大学	5	中山大学	3
北京大学	4	大连理工大学	2
吉林大学	4	东北师范大学	2
南京大学	4	南京理工大学	2
中国科学院文献情报中心	4	清华大学	2
安徽大学	3	上海大学	2
北京师范大学	3	上海交通大学	2
华东师范大学	3	四川大学	2
南京农业大学	3	西南大学	2
南开大学	3	中国人民大学	2
中国科学技术信息研究所	3		

由表2可知，期刊T的优秀审稿人群体来源比较广泛，在全国大多数省份均有分布。这可以较好地保障送审稿件时实施一定的回避措施，以避免"人情稿"，确保审稿工作的公平性，也有利于在全国范围内实施最新成果交流，推动学科发展。值得注意的是，他们的所属机构大多为国内知名高校，这些机构本身就具有一定的影响力，聚集了大量科研人才，是进行科学研究和学术交流的主要阵地，在学术交流系统中发挥着重要作用。此外，优秀审稿人中也有部分学者并非来自知名高校，且自身影响力也并不十分突出，但他们凭借着对期刊T的审稿贡献而被评为优秀审稿人。考察这部分学者的教育经历，可以发现他们大多毕业于知名高校，博士期间师从知名学者，曾经受到过良好的专业教育和学术训练，专业能力很强，有能力胜任审稿人这一角色，但可能由于其任职机构的学术影响力不高，导致他们没有得到学术界的关注。这说明期刊T在评选优秀审稿人时坚持以工作质量、贡献为基本标准，除去了候选人所属机构的影响。这种做法有利于挖掘被埋没的优秀学者，激励更多的学者向期刊T靠拢，对于期刊发展和人才识别具有积极意义。

3.4 研究方向内容丰富

根据审稿人发表的论文和其所属机构官网的相关信息，整理后可以得到审稿人群体的研究方向。统计该群体的研究方向出现频次并进行排序，各方面的人次如表3所示。

表 3 研究方向情况

研究方向	审稿人数量	研究方向	审稿人数量
信息用户与服务	14	信息分析	5
信息资源管理	13	图书馆学	4
信息计量	11	情报学	4
知识管理	9	知识服务	3
信息检索	7	竞争情报	3
数据挖掘	7	大数据	3
信息组织	7		

由表 3 可知，优秀审稿人群体的研究方向均分布在图情领域，且研究方向较为广泛，使得期刊在本学科各主要研究主题上均储备有一定数量的优秀审稿人，这可能是该刊保障审稿效率和质量的法宝，有利于期刊的综合发展。信息用户与服务、信息资源管理、信息计量是优秀审稿人群体研究方向相对较为集中的部分，这些方向本身也是图书情报领域的核心研究内容。从对信息的开发和利用角度来看，这些研究方向间也具有一定的逻辑关系：通过研究用户的信息行为，可以获得用户的信息需求，再通过检索、组织、计量、分析等一系列行为实现对信息资源的开发和利用，满足用户的需求并为用户提供服务。此外，优秀审稿人群体的研究方向不仅仅局限于领域内基础理论和方法的研究，还包括一些新兴热点研究方向如大数据，即那些大小已经超出传统意义尺度，常规数据库技术难以完成捕捉、存储、管理和分析的数据集合[25]。面对如此庞大的数据量，如何对数据进行开发和利用以提高数据的附加值是今后研究的重点，数据挖掘在其中扮演着十分重要的角色。这说明了他们对领域热点研究问题具有很强的敏感性和洞察力，能及时把握新兴研究热点，率先对领域前沿问题进行研究。审稿人这种敏锐的洞察力也是进行限时审稿工作所需要的，只有及时了解领域前沿进展，才能快速准确地对待审论文做出评价并提出修改建议。

4. 优秀审稿人群体作用分析

4.1 有效保障了期刊的审稿质量和效率

审稿是论文发表过程中最为关键的环节之一，在这一环节中，审稿人会对投稿的论文质量进行把关，给出审查意见并通过期刊反馈给作者。他们给出的意见是经过深入思考甚至实证研究后的结果，这些意见对于作者来说具有很高的参考价值，可以帮助他们更好地修订、完善自己的论文，以提高期刊论文的整体质量。审稿人都是领域内的同行专家，学术水平和专业能力较高，其工作质量和效率将直接影响到期刊的学术水平。据调查[26]，有近 50% 的学者认为审稿质量是其在投稿时考虑的一个重要因素。优秀审稿人是审稿人中的佼佼者，多为中青年学者，精力较为充沛，接受能力较强，相对于一般的审稿人来说拥有更高的审稿质量和效率。期刊T聚拢了大批优秀审稿人，对该刊审稿系统的高效运转意义重大，可以充分保证期刊的论文质量，并为期刊作者提供优质服务。

4.2 为期刊提供了大量优质稿源

从CNKI采集优秀审稿人群体的发文数据，统计其文献来源并进行排序。经统计，该群体的发文期刊共有645个，其中期刊T是该群体最为青睐的论文发表平台，共发表876篇论文；排名第二的是《情报理论与实践》，共计453篇。从以上数据可以看出，优秀审稿人群体在期刊T上的发文量几乎是排名第二的期刊的2倍，说明该群体对期刊T具有很强烈的发文偏好。

此外，笔者还统计了该群体中每个学者的发文总量及其在期刊T的发文量，并计算了他们在期刊T的发文量占其发文总量的比例。在采集数据过程中以作者单位为主要条件，以所属学科作为次要条件来排除同名作者的影响。具体情况见表4。

表4 优秀审稿人群体发文数量统计

姓名	总发文量	期刊T发文量	发文比例	姓名	总发文量	期刊T发文量	发文比例
花 芳	21	11	52.38%	张云秋	54	9	16.67%
王立学	21	10	47.62%	刘春丽	42	7	16.67%
郭 宇	19	9	47.37%	何 胜	18	3	16.67%
刘晓娟	35	16	45.71%	赵 星	32	5	15.63%
向桂林	14	6	42.86%	周庆山	93	13	13.98%
王建芳	12	5	41.67%	王世伟	206	28	13.59%
范 炜	18	7	38.89%	俞立平	119	16	13.45%
韩 毅	70	25	35.71%	袁顺波	45	6	13.33%
秦 鸿	17	6	35.29%	邓胜利	128	17	13.28%
邓小昭	63	22	34.92%	李 武	46	6	13.04%
屈 鹏	29	10	34.48%	查先进	87	11	12.64%
盛小平	111	37	33.33%	王翠萍	55	6	10.91%
乔建忠	16	5	31.25%	李 睿	46	5	10.87%
刘 冰	36	11	30.56%	赵伯兴	65	7	10.77%
胡正银	23	7	30.43%	章成志	90	9	10.00%
刘 峥	20	6	30.00%	谢 蓉	20	2	10.00%
许海云	53	15	28.30%	俞培果	81	8	9.88%
黄 崑	39	11	28.21%	刘 宇	51	5	9.80%

续表

姓名	总发文量	期刊T发文量	发文比例	姓名	总发文量	期刊T发文量	发文比例
李月琳	40	11	27.50%	黄晓斌	155	15	9.68%
吴 红	35	9	25.71%	吴振新	86	8	9.30%
许 鑫	86	22	25.58%	甘春梅	46	4	8.70%
郑德俊	63	16	25.40%	李 晶	46	4	8.70%
高 凡	45	11	24.44%	赵 飞	23	2	8.70%
茆意宏	46	11	23.91%	杨思洛	104	9	8.65%
黄国彬	76	18	23.68%	徐建华	136	11	8.09%
韩正彪	64	15	23.44%	陈定权	51	4	7.84%
常 春	53	12	22.64%	储节旺	182	13	7.14%
闫 慧	36	8	22.22%	裴 雷	43	3	6.98%
黄令贺	9	2	22.22%	刘建准	58	4	6.90%
刘志辉	41	9	21.95%	曹锦丹	118	8	6.78%
谷 俊	23	5	21.74%	刘 华	59	4	6.78%
蔡 箐	14	3	21.43%	李 刚	120	8	6.67%
牟冬梅	95	20	21.05%	胡昌平	179	11	6.15%
周春雷	38	8	21.05%	安小米	163	9	5.52%
吴建华	35	7	20.00%	武夷山	444	24	5.41%
贾君枝	106	21	19.81%	刘兹恒	204	10	4.90%
吴 丹	101	20	19.80%	丁 堃	127	6	4.72%
刘 勘	21	4	19.05%	于良芝	65	3	4.62%
赵宇翔	60	11	18.33%	苏新宁	156	7	4.49%
詹庆东	44	8	18.18%	杨建林	69	3	4.35%
宋 歌	33	6	18.18%	姜春林	169	7	4.14%
李国俊	22	4	18.18%	郭春侠	74	3	4.05%
张广钦	50	9	18.00%	郑巧英	50	2	4.00%
范爱红	39	7	17.95%	黄丽霞	57	2	3.51%
吴志荣	58	10	17.24%	喻登科	143	3	2.10%
滕广青	65	11	16.92%	刘玉仙	10	0	0.00%
袁 毅	54	9	16.67%	总 计	6484	876	13.51%

由表4可知，优秀审稿人群体在期刊T发文共计876篇，占其发文总篇数的13.51%。

从发文比例角度看，发文比例在15%～25%的有29人，在25%～35%的有13人，大于35%的有9人，花芳的发文比例更是高达52.38%，这种明显的发文偏好显示出该群体对期刊T强烈的归属感。从发文数量上看，该群体中有不少高产作者，而且除个别学者外均是期刊T的作者。这说明优秀审稿人群体对期刊T的贡献不局限于审稿，他们不仅是该刊的审稿人，也是其重要作者，具有良好的专业能力，发文质量很高，甚至有相当大比例的优秀审稿人是高产作者，与期刊T有着非常密切的合作关系，对该刊的发展具有不可忽视的作用。而期刊T在对审稿人进行评选时可能有奖励其核心作者群的倾向。这是一种非常有效的做法，从期刊的核心作者群中选择审稿专家并对杰出者进行奖励，有利于拉近期刊与审稿专家之间的距离，让审稿专家愿意花费更多精力支持期刊的发展。同时也应该注意到，优秀审稿人群体中的一些高产作者在期刊T的发文量不是很大，期刊应加强与这部分学者的联系与交流，提高他们对期刊的认可度和支持力度，以促进期刊的长远发展。

4.3 为提升期刊影响力作出了显著贡献

从CSSCI采集优秀审稿人群体的施引数据，并用自编软件统计施引文献的来源，一共可得到9644个文献来源，部分结果如表5所示。

表5 优秀审稿人群体施引情况

引用期刊	引用次数	引用期刊	引用次数
图书情报工作	2086	现代图书情报技术	591
JASIST	1106	大学图书馆学报	486
情报学报	1070	图书情报知识	418
中国图书馆学报	1064	情报资料工作	375
Scientometrics	995	图书馆杂志	365
情报理论与实践	921	图书馆论坛	353
情报科学	764	图书与情报	348
情报杂志	762	Journal of Documentation	323

注：JASIST 为 Journal of the American Society for Information Science and Technology 的缩写。

由表5可知，优秀审稿人群体引用的文献多来自图情领域核心期刊。这些期刊层次高、影响力大，在图情领域中具有重要地位，其所刊载的文章较普通期刊拥有更高的学术价值，受到了相关学者的普遍重视。在这些期刊中，期刊T的被引量最大，为2086次，几乎是排名第二的JASIST的2倍。这可以充分说明优秀审稿人群体的研究方向与期刊T的定位相符合，可以很好地辅助该刊开展工作。此外，该群体在图书情报领域内非常活跃，拥有较大的学术影响力，他们发表的论文数量多、质量高、影响力大，可以为期刊赢得更多的关注。总之，优秀审稿人群体为该刊贡献了数量可观的引文选票，体现出该群体对期刊 T 的认同和支持，对该刊提升、保持专业影响力帮助很大。

从 CSSCI 采集期刊 T 的被引数据，并用自编软件对数据进行处理。统计被引数量较高的 299 篇文章(被引量>12)中优秀审稿人群体的被引情况，可得到表 6。

表 6 优秀审稿人群体被引情况

姓名	被引篇数	总被引量	姓名	被引篇数	总被引量
王世伟	3	63	范爱红	1	24
盛小平	3	59	俞立平	1	21
周春雷	3	51	郭春侠	1	20
刘春丽	2	63	周庆山	1	19
袁 毅	2	38	宋 歌	1	17
于良芝	2	36	常 春	1	17
张广钦	2	34	闫 慧	1	16
姜春林	1	42	许海云	1	16
刘兹恒	1	42	徐建华	1	16
李 武	1	37	吴志荣	1	16
高 凡	1	31	赵 星	1	15
刘 华	1	25	郑德俊	1	14
刘 冰	1	25	邓胜利	1	14

由表 6 可知，在期刊 T 被引次数较高的 299 篇文章中，有 36 篇来自优秀审稿人群体，占高被引总数的 12.04%。这种现象说明优秀审稿人群体中存在一部分学者对期刊 T 具有很大贡献，他们不仅是该刊的审稿人，更是其核心作者，是期刊发展过程中不可忽视的重要力量。他们发表在期刊 T 的论文传播范围大、影响层次深，对于提高整个期刊的影响力意义重大。而上述群体中有相当一部分学者在该刊发表的论文被引量并不是很高，这有两个方面的原因：第一，本文只选取了被引次数较高的前 299 篇文章，并不能完全显示出作者的影响力；第二，通过前文分析可知有一部分作者还比较年轻，处于中青年阶段，影响力也不是很大。领域中的中青年学者已经有了一定的专业知识和科研经历，精力非常旺盛，或许目前并没有表现出很大的影响力，但是他们正处于快速成长阶段，具有很大的发展潜力，是领域发展的后备力量。

5. 总结与讨论

通过前文的实证分析可知：期刊 T 的优秀审稿人多为在高校任职的中青年学者，学术水平较高，在专业领域非常活跃，具有一定的学术影响力。该群体中的学者可能同时担任多个期刊的审稿人，并与这些期刊保持着密切的合作关系，但他们对期刊 T 的发文和施引偏好,说明了他们对该刊具有强烈的认同感并乐意对其进行学术授信[27],这与期刊对他们的奖励是分不开的。本研究显示,期刊 T 的优秀审稿人中部分年轻学者的学术影响力并不是很高,反映出期刊 T 在表彰优秀审稿人时没有年龄、资历、学术影响力等偏见,这种以期刊声誉为担保对入选者进行学术授信的行为,将对社会各界发现、利用人才产生积极影响。这种具有正反馈性质的双向学术授信关系有效增强了期刊与审稿人之间的学术联系,对于调动审稿人的积极性、保障审稿系统的专业化运转发挥着极为重要的作用,同时也有利于增进审稿人之间的学术交流,提高该群体的学术感知能力,为学科发展增添新的动力。此外,优秀审稿人群体中的年长者数量较少,这说明期刊的激励措施存在一定的缺陷。55 岁以上的学者大多科研经验丰富、学术地位较高,对学科发展和领域内的学术交流作出了巨大贡献,这种公开褒扬、表彰优秀审稿专家的奖励形式对他们来说意义不是很大,不能很好地调动其审稿积极性。期刊应该采取更加正式的奖励方式对表现较好的审稿人进行奖励,以实现多方共赢。

审稿人不仅是期刊学术质量的把关人,也是期刊的重要作者,在期刊发展过程中具有重要作用。对这一拥有多重身份的核心学术群体进行表彰,不仅有助于充分调动其审稿积极性,使其愿意将更多时间和精力倾注到审稿工作中,为解决同行评议危机提供契机,而且有助于提升该群体对期刊的忠诚度和归属感,对于提升、保持期刊的专业影响力具有重要意义。各期刊或行业协会可采取多种措施对审稿人进行激励,使奖励能真正落在实处。例如,可以在优秀审稿人投稿时为其提供高效、专业的服务,开辟快速审稿通道,缩短论文发表时滞,使其切实享有专业付出所带来的回报,实现期刊与优秀审稿人群体的互利共赢。再如,相关行业协会可将各种学术荣誉信息整合起来,建立类似于 Publons 的信息收集平台,为学术界和社会各界提供类似于社会征信体系的学术信誉查询服务,为评奖、申报项目、遴选审稿人、选择合作者、选择导师等迫切需要学术造诣、学术声誉信息的活动提供有价值的参考,更好地发挥相关学术奖励信息的协同价值,从而使审稿人的学术贡献能够真正得到全社会的认可。

◎ 参考文献

[1] Lalena Y, Michael G, Kevin S, et al. Academic Primer Series: Key Papers about Peer Review[J]. Western Journal of Emergency Medicine, 2017, 18(4): 721-728.

[2] Lovejoy T I, Revenson T A, France C R. Reviewing Manuscripts for Peer-review Journals: A Primer for Novice and Seasoned Reviewers[J]. Annals of Behavioral Medicine, 2011, 42(1): 1-13.

[3] Godlee F, Gale C R, Martyn C N. Effect on the Quality of Peer Review of Blinding Reviewers and Asking Them to Sign Their Reports: A Randomized Controlled Trial[J]. Jama the Journal of the American Medical Association, 1998, 280(3): 237-40.

[4] Williamson A. What Will Happen to Peer Review? [J]. Learned Publishing, 2003, 16(1): 15-20.

[5] Brown T. Peer Review and the Acceptance of New Scientific Ideas[M]. London: Sense About Science, 2004.

[6] Moylan E C, Harold S, O'Neill Ciaran, et al. Open, Single-blind, Double-blind: Which Peer Review Process Do You Prefer?[J]. BMC Pharmacology and Toxicology, 2014, 15(1): 55.

[7] 彭琳, 杜杏叶. 科技期刊实施开放式同行评议策略研究[J]. 中国科技期刊研究, 2018, 29(11): 1114-1121.

[8] Sullivan S E, Baruch Y, Schepmyer H. The Why, What, and How of Reviewer Education: A Human Capital Approach[J]. Journal of Management Education, 2010, 34(3): 393-429.

[9] 郭伟, 周佑启. 科技期刊审稿专家的职责及实现保证——以《中国机械工程》为例[J]. 编辑学报, 2012, 24(1): 60-61.

[10] Andradenavarro M A, Palidwor G A, Pereziratxeta C. Peer2ref: A Peer-reviewer Finding Web Tool that Uses Author Disambiguation[J]. BioData Mining, 2012, 5(1): 14-14.

[11] 曾群, 龚胜生, 刘建超. 论科技期刊论文审稿人的学术评价[J]. 编辑学报, 2018, 30(3): 234-236.

[12] Diamandis Eleftherios P. The Current Peer Review System is Unsustainable-awaken the Paid Reviewer Force[J]. Clinical Biochemistry, 2017, 50(9): 461-463.

[13] 知社学术圈. 同行评议制度: 保障学术纯洁性的坚实防线?[J]. 科技中国, 2018(4): 94-98.

[14] 李江. 认可审稿人的学术贡献[J]. 图书情报知识, 2018(5): 2.

[15] 卢佳华. 学术期刊同行评议新趋势及启示[J]. 湖北师范大学学报(自然科学版), 2018, 38(3): 125-128.

[16] 于荣利, 陈国荣. 利用期刊资源加强学术期刊作者群建设策略[J]. 编辑学报, 2017, 29(S1): 32-33.

[17] Goodman Steven N. Manuscript Quality before and after Peer Review and Editing at Annals of Internal Medicine[J]. Annals of Internal Medicine, 1994, 121(1): 11.

[18] 朱大明. 审稿对科技期刊论文质量的创造性贡献[J]. 中国科技期刊研究, 2008, 19(5): 880-882.

[19] 张韵, 袁醉敏, 陈华平. 借助审稿拓展优质稿源的探索——以《浙江农业学报》为例[J]. 编辑学报, 2015, 27(2): 163-166.

[20] Kachewar S G, Sankaye S B. Reviewer Index: A New Proposal of Rewarding the Reviewer[J]. Mens Sana Monographs, 2013, 11(1): 274.

[21] Hanson B, Lawrence R, Meadows A, et al. Early Adopters of ORCID Functionality Enabling Recognition of Peer Review: Two Brief Case Studies[J]. Learned Publishing, 2016, 29(1): 60-63.

[22] 代小秋. 客观评价审稿贡献 消除同行评议瓶颈[J]. 编辑学报, 2017, 29(5): 416-419.

[23] 朱大明. 关于学术期刊对同行专家审稿致谢的探讨[J]. 编辑学报, 2017, 29(3): 252-254.

[24] 周春雷. 领域内 h 指数及其应用研究[J]. 图书情报工作, 2012, 56(10): 45-49.
[25] McKinsey Global Institute Big Data: The Next Frontier for Innovation, Competition, and Productivity[R]. 2011.
[26] 侯修洲, 任胜利, 刘培一. 我国科技期刊现状及发展举措问卷调查[J]. 编辑学报, 2012, 24(1): 57-59.
[27] 周春雷. 学术授信评价及其应用[M]. 北京: 科学出版社, 2016: 64.

(作者贡献声明：周春雷：提出研究思路和框架，采集数据，指导论文写作、修改、定稿；王晓丹：采集数据，撰写和修改论文；袁扬：采集数据、修改论文。)

融入大数据驱动的"双一流"高校监测评估模型研究[①]

赵蓉英 余波 王建品 张扬

(1. 武汉大学中国科学评价研究中心；
2. 武汉大学信息资源研究中心；
3. 武汉大学信息管理学院)

摘要：[目的/意义]探讨大数据驱动在"双一流"评估中的作用，发挥实时监测数据服务优势，支撑"双一流"高校建设。[方法/过程]以大数据驱动、高校评估体系和"双一流"建设为基础，构建大数据驱动下"双一流"高校监测评估模型，通过现代信息技术持续搜集"双一流"高校的数据，并对数据进行深入的分析，从而利用数据分析结果对"双一流"高校建设进行监测评估。[结果/结论]监测评估模型的运行机制表明，在"双一流"高校建设中，大数据驱动下监测评估模型存在很大的需求空间，高校需要创新评估方式和体系，挖掘自身的优势和不足，实现高等教育内涵式发展，服务于创新驱动的国家发展战略。

关键词：大数据驱动；"双一流"高校；监测评估模型

Research on the "Double-class" University Monitoring and Evaluation Model Integrated with Big Data Driven

Zhao Rongying Yu Bo Wang Jingping Zhang Yang

(1. Research Center for Chinese Science Evaluation；
2. Center for Studies of Information Resources；
3. School of Information Management)

Abstract：[Purpose/Significance]The purpose of this paper is to explore the role of big data drive in the "double-class" assessment, to take advantage of real-time monitoring of data services, and to support the construction of "double-class" universities. [Method/Process]The

---

① 本文系国家社会科学基金重大项目"构建中国话语权的评价科学理论、方法与应用体系研究"(项目编号：18ZDA325)和国家社会科学基金项目"中国学者国际学术论文影响力评价研究"(项目编号：16BTQ055)的研究成果之一。

作者简介：赵蓉英，女，1961年生，博士，教授，博士生导师。主要研究方向：信息计量与科学评价、知识管理与竞争情报。余波，男，1981年生，武汉大学信息管理学院，情报学专业博士研究生。研究方向：信息计量与科学评价、知识管理与竞争情报。

paper is based on big data-driven, university evaluation system and dual-class construction. It builds a "double-class" university monitoring and evaluation model driven by big data, and continuously collects data from two top universities through modern information technology. Conduct in-depth analysis, and use the results of data analysis to monitor and evaluate the construction of dual-class universities. [Results/Conclusions]The operation mechanism of the monitoring and evaluation model shows that there is a large demand space for the monitoring and evaluation model driven by big data in the construction of "double first-class" colleges and universities. Universities need innovative evaluation methods and systems to explore their own advantages and disadvantages. Thereby achieving the intensive development of higher education and serving the innovation-driven national development strategy.

Keywords: big data driven; dual-class universities; monitoring and evaluation model

1. 引言

作为世界各国快速发展的先进经验,"双一流"高校建设是世界高等教育发展的大势所趋。"双一流"高校是国际高等教育现代化的重要标志,一个国家拥有的"双一流"高校的数量,代表着该国的科学文化水平和教育水平。当今世界,美国、英国、法国和德国等现代化强国均拥有各自的"双一流"高校。这些大学科研卓著、人才辈出、名师荟萃,对本国甚至地区的经济、科技和教育等领域的发展发挥着直接影响和推动作用。因此,建设世界"双一流"高校是许多亚欧国家大学发展的共同愿景。20世纪90年代以来,我国相继出台了一系列旨在建设世界一流大学的国家政策,例如:1993年发布的《中国教育改革和发展纲要》和1998年发布的《面向21世纪教育振兴行动计划》,两项政策分别是"211工程"和"985工程"建设的行动纲领。2015年颁布了《统筹推进"双一流"高校建设总体方案》,该政策详细规定了世界一流大学建设的总体要求、建设任务、改革任务、支持措施以及组织实施步骤,这意味着我国将启动新一轮的世界一流大学建设国家战略。2017年9月21日,教育部、财政部、国家发展改革委印发了《关于公布世界一流大学和一流学科建设高校及建设学科名单的通知》,公布世界一流大学和一流学科建设高校及建设学科名单,这意味着我国高校"一流大学和一流学科"建设迈出重要一步。

2015年8月,国务院发布《促进大数据发展行动纲要》(以下简称为《纲要》),这是指导中国大数据发展的国家顶层设计和总体部署。《纲要》明确指出了大数据的重要意义,大数据成为推动经济转型发展的新动力,重塑国家竞争优势的新机遇,提升政府治理能力的新途径。与此同时,随着大数据技术等发展,评估体系也在不断地发展,难以达到理想需求的目的。目前不同评估机构的评估体系呈现多元化趋势,各有利弊。为此,在大数据驱动下完善和改进原有评估体系之后,新的"双一流"评估体系将得以快速发展和应用。伴随着外部环境的深度变革和信息化的创新应用,尤其是大数据技术的发展和应用,传统的高等教育评估方式将变革。原有的高等教育评估的周期长,评估过程静态化,评估结果滞后,已经无法满足当前社会公众对高等教育质量进行了解的需求。在高等教育领域全面深化综合改革和全面提高高等教育教学质量的形势要求下,我国高等教育的质量监测和评估已进入到发展的新常态，构建与高等教育综合改革相适应的高等教育质量评估体系是推动我国高等教育质量发展的时代要求。

然而，从现有高校评估体系来看，仍主要停留在传统指标层面，而未能监测评估高校发展的具体动态结果，实现评估体系的智能化服务。此外，国内高等教育评估体系的指标和数据来源缺乏一定的客观性，其准确性受到人们的质疑。因此，亟待面向国家管理部门构建我国"双一流"高校监测评估体系，建设"双一流"高校，是党中央、国务院在新的历史时期，为提升我国教育发展水平，增强国家核心竞争力，奠定长远发展基础做出的重大战略决策。本研究旨在对"双一流"高校的基本理论问题、大数据驱动下"双一流"高校监测评估体系等问题进行全面、系统的研究。本研究对象是"双一流"高校、大数据监测评估体系，研究目标是对现有高校评价体系进行改革，以期实现"双一流"高校建设的目标。在此基础上提出了通过发展指数和竞争指数进行监测评价的理念，利用大数据技术、分布式文件存储、并行处理等关键技术进行研究，研发适用于新时代大数据驱动下的中国特色一流大学和一流学科建设监测评估体系，从而推进中国特色一流大学和一流学科建设。

2. "双一流"高校研究

本文采用文献计量方法对国内外"双一流"高校的相关研究状况进行分析。在国内方面，笔者选用了中国知网（CNKI）数据库，检索策略为以"双一流 and 高校"为主题检索并去除重复文献记录，得到国内文献477篇。以上数据检索时间为2019年3月1日。

中国知网对相关的文献高频关键词进行可视化展示，如图1所示。通过高频关键词和相关文献梳理、分析发现，国内"双一流"高校研究可以大致归纳为"双一流"高校建设、学科评估、人才培养三个大的主题。

（1）"双一流"高校建设研究。

"双一流"高校建设研究主要涉及一流大学和一流学科的研究、世界一流大学和世界一流学科建设的研究等。随着我国高等教育内涵式发展的需要，行业特色型高校成为我国高等教育的重要组成部分。李金和从培养人才、师资队伍、科技创新、国际化建设、建立行业特色的评价体系五个维度有序推进行业特色型高校"双一流"建设[1]。"双一流"建设高校文件对各省市地方政府也出台了地方高校"双一流"建设的目标、政策和任务。郝瑜强调了地方高校要认识"双一流"建设中的问题与困境，提出了地方高校"双一流"建设要为地方经济社会发展提供高质量的人才和智力支撑[2]。地方骨干高校的发展优势在办学历史、学科基础、服务面向等方面。闫治国认为在"双一流"建设背景下，地方高校应坚持地方化、特色化、应用型的办学定位[3]。从法律角度而言，完善高校法人制度是"双一流"建设的组织法律保障。罗爽分析了我国高校法人的具体制度建设方面存在的问题[4]。另外，情报分析服务的作用也体现在"双一流"高校建设中[5]。

（2）学科评估研究。

学科评估主要包含世界大学排名、大学排名、学科排名等方面的研究。科学合理地进行高校评估是落实"双一流"建设方案要求的重要路径。宗晓华针对教育部直属"双一流"建设高校，构建了科研质量和贡献度的指标体系来分析高校的科研效率及其变动[6]。学科评估是大学的标志和基石，也是绩效监测学科发展的有效方法。牛君霞分析了学科评估服务"双一流"建设的障碍，提出了学科评估要为"双一流"建设提供有价值的服务，确立适合国情的评估基准，形成公平竞争的评估生态[7]。随着"双一流"高校建设名单的公布，"双一流"高校建设已正式启动。翟亚军认为"双一流"建设背景下，大学评估和学科评估面临着新的挑战，提出要开展服务于我国世界一流学科建设的学科评估[8]。另外，学科评估和大学排名息息相关，因此，知名的"双一流"高校的学科排名应在综合排名中占有重要的比重，为高校的一流大学建设发挥重要的作用。

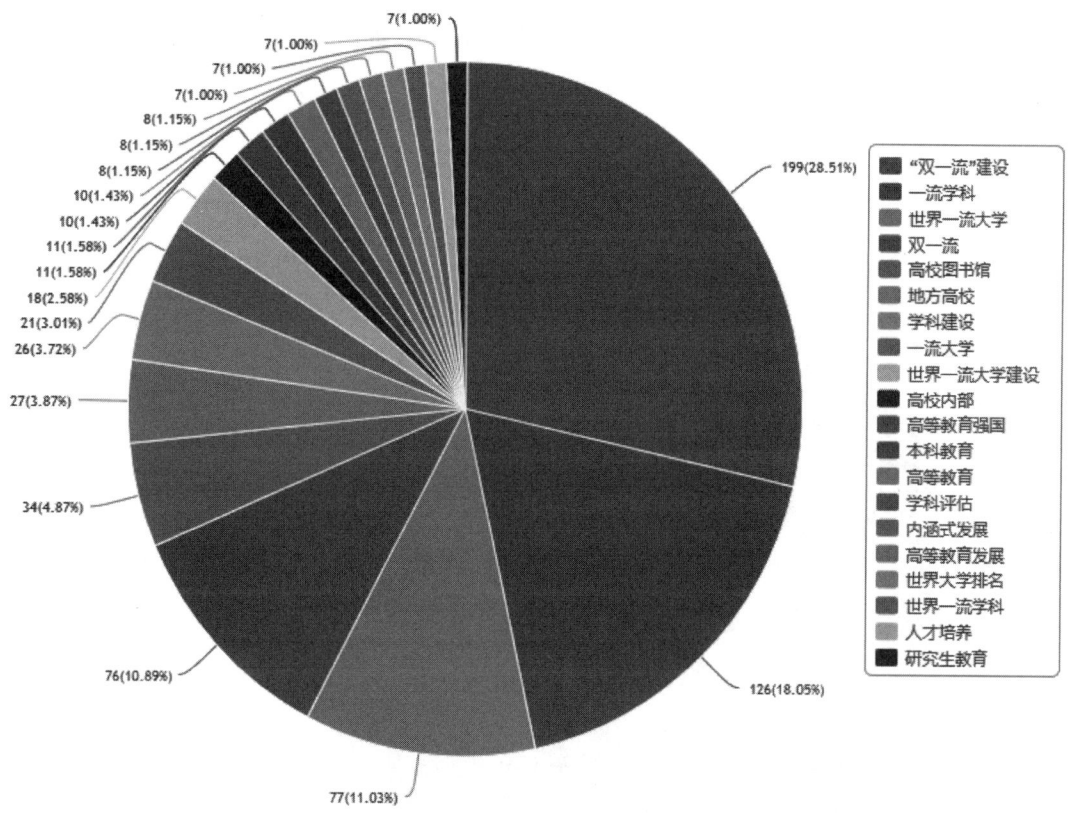

图 1　国内"双一流"高校研究主题热点关键词分布（参见彩图 7）

（3）人才培养研究。

人才培养主要体现在本科教育、研究生教育、高等教育发展、高等教育强国方面的研究。在"双一流"建设背景下，"双一流"人才培养和评价成为"双一流"高校建设的重要组成部分。夏欢欢介绍了美国高校内部人才培养和评价体系，提出了我国高校内部人才培养和评价体系，可借鉴美国人才培养的能力指标和评价智能体系[9]。"双一流"高校建设的发展要规范人才流动，推动高校人才的优化配置和利用。目前我国高校人才市场监管机制缺失，亟待完善。刘强认为政府需要构建合理有序的人才流动机制以及科学合理的人才评价体系，来解决高校人才流动失序问题[10]。一流本科教育实质上是对一流人才的培养。周光礼通过政策内容分析法，探讨了"C9 高校"一流本科教育的特点[11]。同时，本科生教

131

育的评价体系也需要进一步完善，这对本科生教育的质量提升具有重要的意义。宗晓华从教育投入、教育过程、教育结果三个维度构建了涵盖本科教育工作的指标体系[12]。

3. 大数据驱动评估研究

本文采用文献计量方法对国内大数据技术评估的相关研究状况进行分析。笔者选用了中国知网（CNKI）数据库，检索策略为以"大数据 and 评估"为主题检索并去除重复文献记录，得到国内文献 461 篇。以上数据检索时间为 2019 年 3 月 1 日。

中国知网对相关的文献高频关键词进行可视化展示，如图 2 所示。通过大数据驱动评估文献梳理，结合该领域的高频关键词分析发现，国内"双一流"高校研究可以大致归纳为大数据环境与技术、评估模型与方法、数据采集与挖掘三个大的主题。

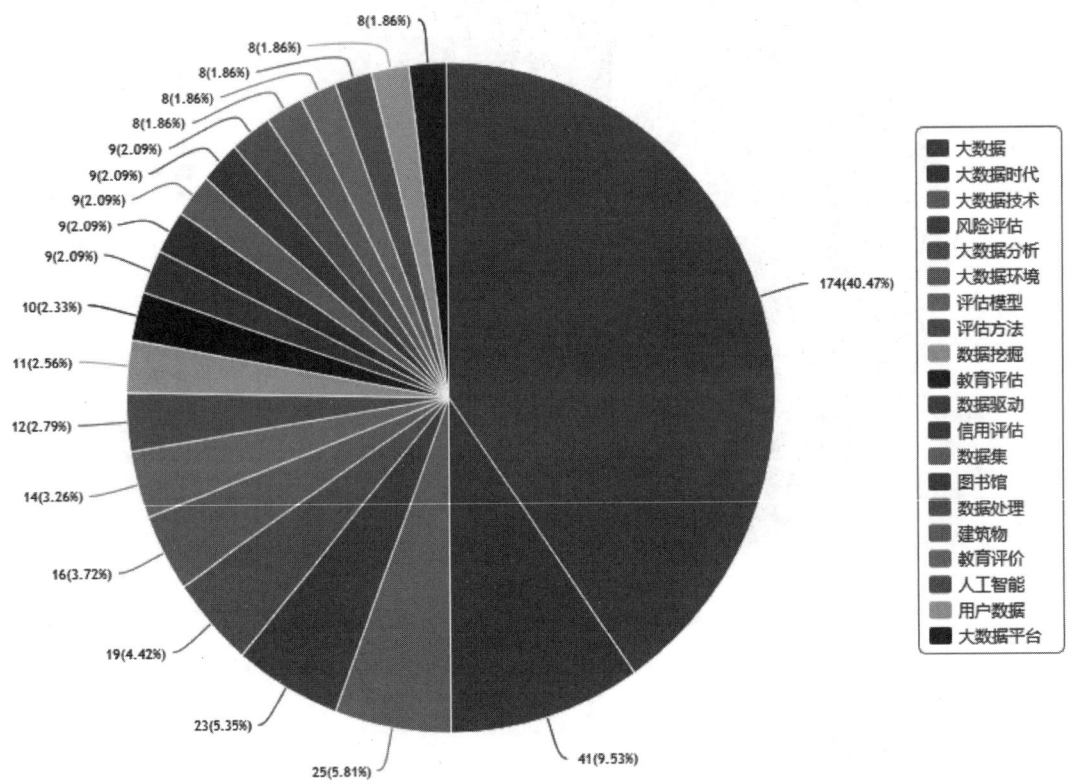

图 2　国内大数据评估研究主题热点关键词分布（参见彩图 8）

（1）大数据环境与技术。

大数据环境给不同领域的信息化建设带来了机遇。在农业信息经济领域，宋瑞莉探讨了大数据环境下农业信息管理对农业经济产生的影响[13]。大数据环境为农业信息的管理提供了更客观的数据决策支撑。王妍妍结合应急管理大数据的基本特征构建了突发灾害应急物资配置模式，并指出了实现该配置模式的有效运行策略[14]。在出版领域，陈鹤杰强调了出版社可利用网络、社交软件等新技术关注热点事件、舆情事件辅助策划图书[15]。在政府管理方面,熊光清介绍了大数据技术的发展为增强政府治理能力提供了重要的技术手段,认为将大数据技术运用到政府治理是实现国家治理能力和治理体系现代化的有效途径[16]。在行为科学和医学方面,刘海宁从行为科学的大数据技术入手,探讨了行为科学对经济学实验教学的作用和影响[17]。另外,大数据技术为中医药的发展提供了新的途径。刘艳飞分析了近几年大数据技术在中医药领域中的应用现状,并提出了中医药未来的发展的新思路与方法[18]。

(2)评估模型与方法。

在"双一流"高校建设背景下,高等教育的信息化和智能化应用评估对掌握高校教育的信息化应用和发展具有重要意义。陈敏从我国高等教育信息化应用的角度出发,运用文献计量等方法构建了高等教育信息化应用的核心评估模型[19]。韩爽基于数量、质量、应用等指标,提出了纸本馆藏的评估模型,引入规范化影响力指标[20],这为高校纸本馆藏提供了重要的决策依据。法治高校是建立现代大学制度的核心内容,王雅荔认为法治高校评估模型应包括制度建设、高校法治职能履行、目标实现、权益保障、效果监测等评估指标[21]。目前,我国高校面临发展不均衡、评估视角不同的问题。鞠锡田从评估视角对我国高校创业教育评价中存在的问题进行了分析[22]。在高校学科竞争力评估方法与体系方面,吴爱芝利用文献计量方法,对多角度、多渠道数据进行整合分析和综合解读,提出了一套合理的可供推广和复用的系统性评价方法和报告模式[23]。

(3)大数据采集与挖掘。

在大数据时代背景下,大数据的采集和挖掘面临着巨大的挑战,大数据的客观性、真实性、动态性等都给研究工作带来了一系列的问题。李俊楠利用分布式架构的用电信息采集系统采集用电数据,建立大数据云平台,通过BP神经网络算法提高线损治理成效[24]。在城市大数据管理方面,李洪涛针对城市大数据的特点,利用相关模型采集数据,对海量、动态数据集进行处理,提出了大规模动态环境下的城市大数据采集隐私保护方案[25]。卞伟玮运用聚焦网络爬虫技术设计医学数据库系统,利用整理分析的数据建立多项健康风险评估模型,为当地政府部门提供数据分析报告[26]。随着大数据技术和网络技术的发展,大数据采集和挖掘技术已应用在各个领域,并且在不同的领域发挥着重要的作用。

4. 大数据驱动下"双一流"高校监测评估模型构建

"双一流"高校监测评估是依靠现代信息技术和国家高等教育发展战略,持续、动态地搜集、处理和分析相关数据,将高等教育的发展现状客观地呈现出来,为教育管理部门和机构提供正确判断和决策的过程。基于国内外学者的相关研究,并结合前文论述,本研究提出了大数据驱动下"双一流"高校监测评估模型,如图3所示。监测评估模型主要包括"双一流"数据库、监测评估系统和风险预警系统,在以上这些模型的复合作用下,形成大数据驱动下"双一流"高校监测评估模型。下面对模型的具体要素和相互运行模式进行具体分析。

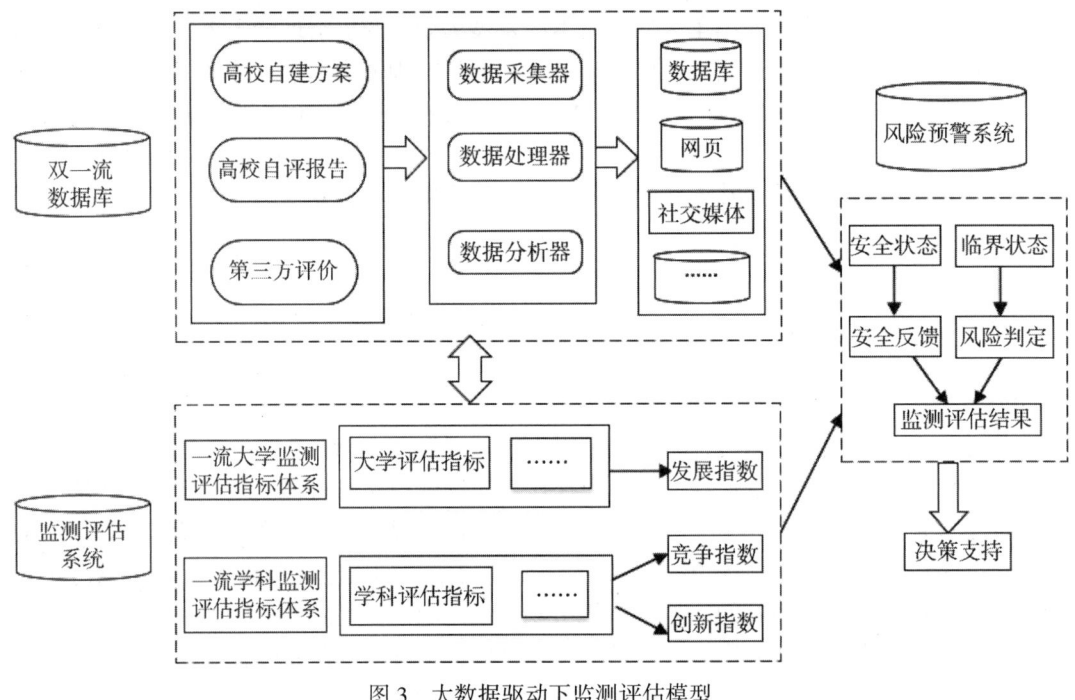

图3 大数据驱动下监测评估模型

(1)"双一流"数据库。"双一流"数据库是一个复杂、综合的数据功能处理系统,主要由高校自建方案、自评报告和第三方评价的数据集组成,也是进行数据的采集、挖掘、处理和分析的综合大数据系统。目前从海量的信息中挖掘数据以及获取有价值的信息已成为一种挑战[27]。"双一流"数据库平台是对相关的一流大学和一流学科数据进行搜集和处理,在这个过程中,涉及对相关高校的网页、数据库、社交媒体等数据源进行采集、存储、分析和处理,特别是通过这个过程提取有价值的"双一流"高校信息,为"双一流"数据库数据的综合性和多样性提供了基础,为监测评估系统的评价提供了客观、完整的数据。因此,必须对高校数据进行预处理,使数据能被及时提取和保存到"双一流"高校数据库。另外,对数据库存储的数据还可进行时间维度的分析与追溯,并分别提供实时的数据分析报告。

(2)监测评估系统。"双一流"数据库是监测评估系统的基础,在"双一流"数据库的基础上,构建"双一流"监测评估指标体系[28]。一流大学监测评估指标体系主要是对大学评价设定的不同指标体系进行监测评估,主要一级指标有教学水平、科研能力、师资质量、研究出产和国际化水平等。在对大学评价指标体系纵向分析的基础上,再通过计算不同年度数据的发展指数的得分来展现不同年度的发展情况。一流学科监测评估体系是对不同年度学科数据进行横向研究,一流学科监测评估体系的主要一级指标有师资队伍与资源、人才培养质量、科研水平、社会服务与学科声誉等。再通过各指标的综合计算得出竞争指数和创新指数,竞争指数是各大学相同学科间的横向对比关系,创新指数是学科创新能力比较关系。"双一流"监测评估体系为"双一流"高校监测评估提供了良好的决策基础。当前，我国"双一流"高校建设已进入关键时期，对"双一流"高校建设进行有效的监测评估成为学界和社会关注的焦点。在"双一流"高校建设背景下，监测评估的参照指标体系是柔性的、开放的，监测评估要利用现代信息技术的优势，也要依靠相关专家的智慧[29]。监测评估的目的旨在设定预期的目标，通过对"双一流"高校数据信息的持续收集、动态监测和客观呈现，对"双一流"高校的整体发展做出监测、预警和修正，从而确保"双一流"高校预期目标的有效实现。监测评估反映了我国教育评估理论革新的发展和时代需求，提出了监测评估实施的模型、方法等[30]。

（3）风险预警系统。基于"双一流"数据库和监测评估系统构建了"双一流"高校风险预警系统，该系统是一个动态结果监测分析系统。风险预警系统主要由安全状态、安全反馈、临界状态、风险判定和监测评估结果等要素组成，这些要素有一个整体的运行机制，该系统可以及时地掌握和了解"双一流"高校发展的状况。对"双一流"数据库而言，可实时监测该数据库的数据是安全状态还是临界状态，风险预警系统可以对不同的状态进行安全反馈或风险判定，从而实时地得出监测评结果，为高校和相关管理部门提供决策支持。另外，对监测评估体系的评价结果也进行了实时的风险预警分析，不同的安全状态将会提供不同的监测评估结果。通过不同的监测评估与分析，可全面地掌握"双一流"高校监测评估的结果，为"双一流"高校的决策支持及"双一流"高校未来的建设和发展都奠定了良好的基础。同时，"双一流"高校的相关数据和各阶段原始指标的计算与得分都可及时地监测和查询，对结果进行客观、准确的评价，对实现"双一流"高校的内涵式发展具有重要意义。

5. 结语与展望

大数据驱动下"双一流"高校监测评估模型主要以发展指数、竞争指数、创新指数等为核心指数对"双一流"大学进行实时评价，主要是监测方法与模型的构建，通过逻辑运算细化指数监测方法来研发监测评估体系，对监测结果进行具体的评估。"双一流"高校建设的监测评估体系涉及"双一流"高校的目标、利益主体、监测方法与监测结果等，构成要素主要包括政府、高校、专家委员会和社会公众等[31]。随着世界经济的发展、先进技术和教育水平的提高，"双一流"高校监测评估模型也是一个动态的评价体系，需要不断地修正和完善。在这个过程中，需要政府、教育部门、高校和社会公众的共同参与和努力，对快速提升"双一流"高校的发展水平和办学质量具有至关重要的意义。除了评体系需要不断完善外，评估方式也要逐步形成一定的制度，从而推动"双一流"高校监测体系的不断完善。

作为我国高等教育评估新的实践形式，"双一流"高校监测评估依赖数据驱动。"双一流"高校监测评估的数据来源和特点与大数据属性息息相关，必须通过新的技术手段来分析和处理"双一流"高校的数据集。利用数据存储技术、分析技术挖掘技术等来实施大数据驱动的"双一流"高校监测评估体系的完善，具有重要的理论意义。总之，"双一流"高校的监测模型在未来还需继续关注国内外已有的相关成熟经验，探索我国"双一流"高校建设发展的困境和不足，同时，积极探讨未来国际高等教育发展的路径和策略，不断完善我国高等教育的发展模式和路径。另外，"双一流"高校建设的监测机制与评估标准要充分体现中国特色和世界一流的水准，经得起现实和历史的双重检验，对我国"双一流"高校的发展起到指导和引领的作用，为我国经济社会的发展和实现中华民族伟大复兴的中国梦贡献力量。

◎ 参考文献

[1] 李金和. 行业特色型高校"双一流"建设的逻辑路径[J]. 理论导刊，2019(5)：88-92.

[2] 郝瑜. 地方高校"双一流"建设的战略选择[J]. 中国高校科技，2019(Z1)：8-11.

[3] 闫治国. "双一流"建设背景下地方骨干高校发展的困境与出路——以河南省为例[J]. 中州学刊，2019(3)：76-81.

[4] 罗爽. 完善高校法人制度："双一流"建设的法治保障[J]. 现代教育管理，2019(4)：81-85.

[5] 李津，赵呈刚. 情报分析服务支撑高校"双一流"建设的实践与思考[J]. 图书情报工作，2018，62(24)：18-26.

[6] 宗晓华，付呈祥. "双一流"建设高校科研效率及其变化——基于超效率和Malmquist指数分解[J]. 重庆大学学报（社会科学版），2020(1)：93-106.

[7] 牛君霞，董泽芳. 学科评估服务"双一流"建设：意念、障碍与出路[J]. 教育科学，2018，34(6)：62-67.

[8] 翟亚军，王晴. "双一流"建设语境下的学科评估再造[J]. 清华大学教育研究，2017，38(6)：45-51.

[9] 夏欢欢，Hamish Coates. "双一流"建设背景下高校内部人才培养和评价体系研究——以美国哥伦比亚大学教育学院为例[J]. 中国高教研究，2019(3)：12-17.

[10] 刘强，赵祥辉. "双一流"建设背景下高校人才流动失序及其有效治理[J]. 当代教育论坛，2019(3)：40-49.

[11] 周光礼. 一流本科教育的中国逻辑——基于C9高校"双一流"建设方案的文本分析[J]. 湖南师范大学教育科学学报，2019，18(2)：15-22.

[12] "一流大学建设与一流本科教育的研究"课题组，宗晓华，吕林海，王运来. "双一流"建设高校本科教育质量评价与排名[J]. 江苏高教，2019(2)：1-3.

[13] 宋瑞莉. 大数据环境下农业信息管理对农业经济的影响[J]. 农业经济，2019(4)：18-20.

[14] 王妍妍，孙佰清. 大数据环境下突发灾害应急物资配置模式研究[J]. 科技管理研究，2019，39(7)：226-233.

[15] 陈鹤杰，闫强. 基于大数据技术的热点事件图书舆情研究[J]. 科技与出版，2019(4)：83-85.

[16] 熊光清. 大数据技术的运用与政府治理能力的提升[J]. 当代世界与社会主义，2019(2)：173-179.

[17] 刘海宁，王晓磊，楚丹琪，何翔欣. 基于行为科学的大数据技术对经济学实验教学的

影响[J].实验室研究与探索,2019,38(2):265-267,271.

[18] 刘艳飞,孙明月,姚贺之,柴露露,高蕊.大数据技术在中医药领域中的应用现状及思考[J].中国循证医学杂志,2018,18(11):1180-1185.

[19] 陈敏,范超,吴砥,徐建,王娟.高等教育信息化应用核心评估模型研究[J].中国电化教育,2017(3):50-57.

[20] 韩爽.高校图书馆纸本馆藏多维度评估模型的构建[J].图书馆学研究,2018(21):31-37.

[21] 王雅荔,陈鹏.基于制度进路的法治高校评估模型构建[J].中国高教研究,2018(5):70-76.

[22] 鞠锡田.社会项目评估方法对高校创业教育评价的启示[J].当代教育科学,2019(1):30-34.

[23] 吴爱芝,肖珑,张春红,刘姝.基于文献计量的高校学科竞争力评估方法与体系[J].大学图书馆学报,2018,36(1):26,62-67.

[24] 李俊楠,李伟,李会君,何心铭,张世林.基于大数据云平台的电力能源大数据采集与应用研究[J].电测与仪表,2019(12):104-109.

[25] 李洪涛,郭俐君,郭锋,王洁,张问银.基于MapReduce模型的城市大数据采集隐私保护方案[J].通信学报,2018,39(S2):35-43.

[26] 卞伟玮,王永超,崔立真,郭伟,李晖,周苗,薛付忠,刘静.基于网络爬虫技术的健康医疗大数据采集整理系统[J].山东大学学报(医学版),2017,55(6):47-55.

[27] 赵蓉英,余波.国际数据挖掘研究热点与前沿可视化分析[J].现代情报,2018,38(6):128-137.

[28] 汤强.以学科评估促进高校学科建设——基于教育部第四轮学科评估指标体系的分析[J].中国高等教育评估,2018,29(1):9-11.

[29] 张务农,娄枝,李永鑫.国内高校世界一流学科建设引入监测评估的行事逻辑[J].中国高教研究,2019(4):33-39.

[30] 王战军,王永林.监测评估:高等教育评估发展的新图景[J].复旦教育论坛,2014,12(2):5-9.

[31] 鲁世林,冯用军."双一流"大学建设的监测机制与评估标准探究[J].黑龙江高教研究,2018,36(10):1-5.

基于SNA的核心作者合著网络研究
——以国内情报学领域为例

刘焕成 李俞颉 梁斯佳

(郑州航空工业管理学院信息科学学院)

摘要：[目的/意义]作者合著网络研究是计量学领域的一个重要研究方向，研究核心作者合著网络对于了解领域内科研合作网络、提高科研合作效率具有一定意义。[方法/过程]以国内情报学领域为例，进行该领域内最新核心作者合著网络的研究。以CNKI收录的2018年全年情报学领域的10种核心期刊为初始数据来源，从整体网络以及个体指标两大方面出发，对国内情报学领域核心作者合著网络进行社会网络分析及可视化分析，以揭示该领域最新年度的核心作者合著网络整体现状。[结果/结论]研究结果表明，国内情报学领域呈现出最新的核心作者合著网络整体联系不够紧密，合著范围不够广泛，合著团体封闭局限。对此，本文提出应合理扩大领域内的作者合作交流范围，尤其是要让那些具有"桥梁"作用的核心作者帮助其所在的合著小团体与其他团体进行合著与交流，以达到增进全领域内广泛合作交流的目的。

关键词：情报学；合著网络；社会网络分析；SATI；Ucinet

Co-authorship Network Research of Domestic Information Science Based on Social Network Analysis

Liu Huancheng Li Yujie Liang Sijia

(Department of Information Science, Zhengzhou University of Aeronautics)

Abstract：[Purpose/Significance]Collaborative network research is an important research direction in the field of metrology. Co-authorship network research of domestic information science is of great significance for improving the efficiency of scientific research cooperation in this field. [Method/Process]The 10 core journals in the field of information science in the year of 2018, which are included in CNKI, are the initial data sources. Based on the social network analysis method, from the two aspects of the overall network and individual indicators, using social network methods and visualization methods to analyze the co-authorship network of domestic informa-

---

① 作者简介：刘焕成，男，教授，硕士生导师，研究方向：网络舆情研究。李俞颉，女，硕士生，研究方向：网络舆情研究。

tion science, in order to reveal the overall status of the network in this field. [Result/Conclusion]The research results show that the overall network is not closely linked, the scope of cooperation is not wide enough, and the joint group is closed. In this regard, this paper proposes to expand the scope of cooperation and communication among authors in the field, especially to enable those core authors who have the role of "bridges" to help their co-authorship groups to co-operate and communicate with other groups.

Keywords: information science; co-authorship network; social network analysis; SATI; Ucinet

在大科学时代,学科之间的交叉融合趋势愈发显著,科学研究的综合性、复杂性和跨学科性也日益凸显,这就使得科研人员越来越倾向于以合作的方式开展科研工作[1]。科研的合作化不仅可以提高科研成果的质量,还能促进不同学科之间的知识扩散与融合,从而有助于学科整体的共同发展[2]。所以相较于小科学时代科研人员的"单枪匹马"模式,科研合作模式愈发受到众多学科领域的认可和青睐。由于论文合著是科研合作的重要表现形式之一,而在合著网络研究对象中,期刊论文又占据了主要阵地,所以学界对于期刊论文的合著网络研究关注较多[3]。其中,Price[4]是最早对科研合作进行研究的学者之一,他还是最早将计量学指标运用到科研合作研究中的学者。在他之后,Kretschmer[5]提出了论文合著网络这一概念,并提出将合著网络可视化呈现的问题,从此开启了论文合著网络可视化研究的新时代。Newman[6-8]则是最早一批将网络分析方法应用到合著网络分析中的学者,他先后通过对生物、物理及数学等学科内的科研合著网络进行大量的包括聚类系数、平均距离以及合作强度等方面的分析,最后系统地给出了科研领域合著网络的定义。从此,计量领域的网络分析方法就成为国外在科学合著网络研究中最常用的方法了。

国内科学合著网络研究起步较晚,且受国外影响较深,所以也比较倾向于利用网络分析方法来进行科学合著网络的研究。刘则渊[9]等人便是国内最早将复杂网络分析方法应用到合著研究中的学者,他们论述了合著网络像大多数社会网络一样都具有"小世界"和"无标度"属性,认为复杂网络分析方法可以被很好地运用到合著网络研究当中。近年来,越来越多学者尝试利用网络分析方法进行本学科内的论文合著研究,以期更好地了解本学科的发展历程及未来趋势。严程棋[10]等人就通过对国内28所农林类高校的论文合著情况进行社会网络分析,发现空间距离对农林类高校合著的影响较为明显。刘扬扬[11]等人通过对《兰台世界》作者合著情况进行社会网络分析,指出档案学等社会科学研究多是以文献资料和统计数据为依据,不太需要团队合作。李文聪[12]等人通过对国际干细胞研究领域的科研合著网络及其变化进行社会网络分析,发现该领域的国际科研合作规模不断扩大,且中国干细胞研究的整体水平也在不断提升。

本文将利用社会网络分析方法,结合文献题录信息统计分析工具SATI、整体网分析工具Ucinet以及可视化工具Netdraw,通过对2018年全年国内情报学领域核心作者论文合著进行网络密度、网络平均距离、凝聚子群、核心-边缘结构以及中心度分析,以期了解该领域内最新的合著网络结构,反映作者合著交流的最新情况及不足,为今后从事该领域研究的科研人员提供一定的参考。

1. 数据来源与研究方法

1.1 数据来源

被中文社会科学引文索引 CSSCI 收录的期刊大多能受到业内的广泛认可和重视[13]。根据目前最新的 CSSCI 目录[14]可知，图书馆、情报与文献学学科收录来源期刊共 20 种，其中与情报学相关的期刊有《情报学报》《情报杂志》《情报科学》《情报理论与实践》《情报资料工作》《图书情报工作》《数据分析与知识发现》《图书情报知识》《图书与情报》《现代情报》。所以本文选取这 10 种期刊在 2018 年全年收录的学术论文作为此次的研究对象。在中国知网（CNKI）中按文献来源依次检索以上 10 种期刊名称，只检索 2018 年全年内的期刊文献，共得到 2444 篇，对检索到的全部文献进行清洗，最终得有效期刊文献 2268 篇，保存其题录信息。

1.2 研究方法

本文所采用的社会网络分析方法是一种综合运用数学以及图论相关知识，用于分析某一团体成员之间的定量关系，并实现可视化的研究方法[15]。要想构建并分析核心作者合著网络，就必须先根据普赖斯定律[16]得到核心作者及其于 2018 年在以上 10 种期刊上发表的共计 945 篇论文；再从知网上将其题录信息下载保存，并利用 SATI 进行相应的字段抽取、频次统计及矩阵生成；最后将矩阵导入 Ucinet 中，并结合 Netdraw 绘制网络图谱，进而实现对国内情报学领域最新核心作者合著网络的分析。

2. 结果与分析

2.1 整体分析与核心作者群确定

本次研究共涉及 2268 篇论文，5974 位作者，平均一篇论文有 2.6 位作者，其中合著论文有 1894 篇，占论文总数的 83.51%；参与合著的作者有 5601 位，占作者总数的 93.76%。表 1 列出了 2018 年国内情报学领域作者论文合著情况。

由表 1 可知，合著论文数和作者合作率均在 80% 以上，2~3 人合作最为普遍，当然也存在更多人合著的情况，其中就有一部分文章的合作者数量在 4 人及以上，最高一篇文章作者数量为 10 人。

根据普赖斯定律[16]可确定情报学领域的核心作者，即以本领域最高产作者发表论文数的平方根的 0.749 倍为界，高于此发文量的作者即为该领域的核心作者。本文中最高产作者共发文 25 篇，则核心作者中最低产作者的论文数取最大整数后为 4 篇。统计数据表明，发文 4 篇及以上的作者共 232 人，通过分析这 232 位情报学领域核心作者所构成的合著网络，能在一定程度上反映出该领域内核心作者间的合作情况。

表1 国内情报学领域作者论文合著情况

每篇论文作者数(人)	论文数(篇)	百分比(%)
1	374	16.49%
2	732	32.28%
3	688	30.34%
4	352	15.52%
5	89	3.92%
6	25	1.10%
7	6	0.26%
8	0	0.00%
9	1	0.04%
10	1	0.04%

2.2 合著网络整体分析

由于此次研究涉及的作者数及论文篇数较多,文献题录信息统计分析工具 SATI 鉴于实际意义,只将根据普赖斯定律确定的 232 位核心作者生成规模为 100×100 的共现矩阵(见表2),后面的网络整体分析及网络个体分析也都将基于此矩阵。且基于此矩阵绘制出的图谱更加清晰,也能能更好地反映出合著网络中作者的亲疏关系,详见图1。

表2 核心作者共现矩阵(部分)

	朱庆华	袁勤俭	赵宇翔	王晞巍	吴超	王福	毕强	许海云	王秉
朱庆华	25	1	11	0	0	0	0	0	0
袁勤俭	1	24	0	0	0	0	0	0	0
赵宇翔	11	0	19	0	0	0	0	0	0
王晞巍	0	0	0	19	0	0	0	0	0
吴超	0	0	0	0	18	0	0	0	15
王福	0	0	0	0	0	18	9	0	0
毕强	0	0	0	0	0	9	17	0	0
许海云	0	0	0	0	0	0	0	16	0
王秉	0	0	0	0	15	0	0	0	15

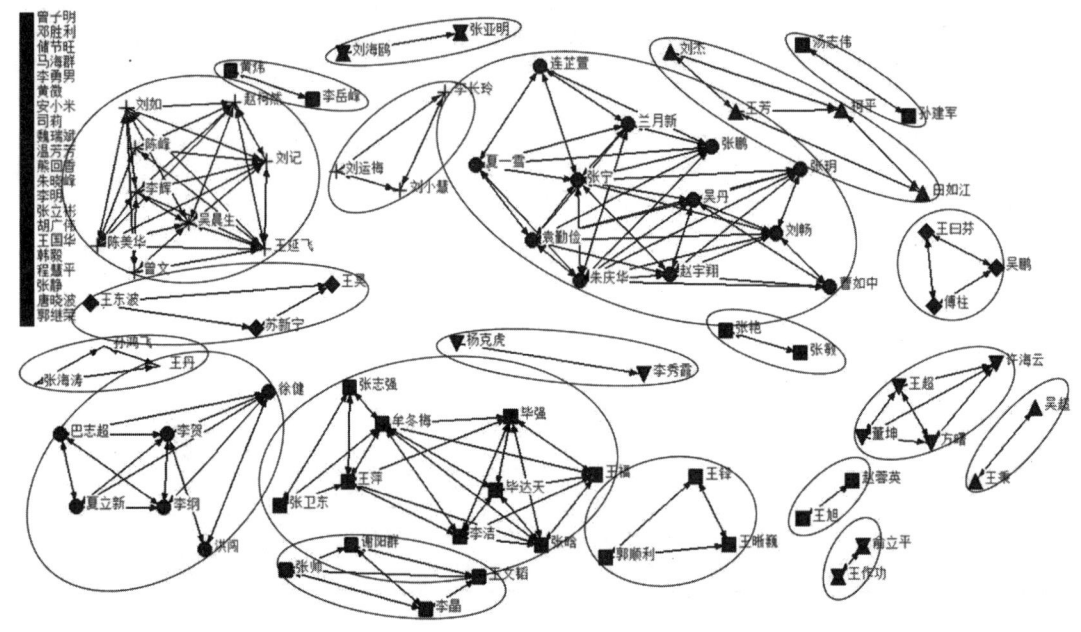

图 1 合著网络结构图

图 1 显示，2018 年全年里，国内情报学领域共形成了 20 个大小不等的合著群体。调查可知，这些合著群体的形成依据基本可分为三大类，第一类是基于同门师生关系所建立起来的，第二类是基于机构同事关系所建立起来的，第三类则是基于同事及师生关系所共同建立起来的。其中基于师生关系所形成的合著群体最为普遍，有"赵蓉英（教授）王旭（博士生）"这种导师带领在读博士生进行科研的；有"李长玲（教授）刘运梅（硕士生）刘小慧（硕士研究生）"这种导师带领在读硕士生进行科研的；也有"张亚明（燕山大学教授）刘海鸥（燕山大学毕业生、燕山大学副教授）"这种博士毕业后留校任教，并继续跟随导师从事科研的；还有"张海涛（吉林大学教授）孙鸿飞（吉林大学博士毕业生、东北电力大学副教授）王丹（吉林大学博士生）"这种毕业生继续参与导师科研工作，并与导师及师弟/妹进行合作的。在基于同事关系所形成的合著群体中，有"王作功（学院院长）俞立平（学院导师）"这种基于同一机构内同事关系进行科研合作的；也有"黄炜（教授）李岳峰（特聘教授）"这种校内在职教授与校外特聘教授进行科研合作的。同时基于同事及师生关系所形成的合著群体也很多，例如"谢阳群（武汉大学毕业生、合肥师范学院教授）李晶（武汉大学毕业生、安徽大学副教授）王文韬（武汉大学毕业生、安徽大学讲师）张帅（安徽大学硕士生）"这种，其中谢阳群、李晶、王文韬三人都是武汉大学的往届毕业生，且李晶与王文韬为同事关系，李晶与张帅又为师生关系，在这个四人小合著群体中既包括了同学关系，又包括了同事关系，还包括了师生关系。以上三类合著群体基本都仅限于师生圈、同学圈或同事圈里，跨圈际的较少，所以该网络整体上还比较

松散。

2.2.1 网络密度分析

网络密度是指网络实际有的连线数与最多可能存在的连线数之比,用来反映群体成员间联系的紧密程度[17]。在合著网络中,网络密度值越大,表示网络节点关系越紧密,内部成员合作越频繁;反之则表示网络节点关系越松散,成员间的合作越少。利用Ucinet软件,沿"Network-Cohesion-Density"路径计算出2018年国内情报学领域核心作者合著网络的密度为0.081,网络中关系的标准差为0.747。即该网络的整体密度值较低,节点间的关系较为松散。说明在2018年里,该领域作者的合作还不够紧密,互动交流不够密切;同时也反映出该领域还存在一定的发展空间,成员间的交流合作仍需进一步加强。

2.2.2 网络平均距离分析

网络的平均距离原指网络中任意两个节点之间最短路径的平均值,而在实际网络中往往存在两个节点不连通的情况,为了避免计算中的发散问题,将网络的平均距离定义为存在连通路径的节点对之间距离的平均值[18]。在合著网络中,平均距离能反映出网络的紧密程度,平均距离越短,网络间的联系就越紧密,网络中的信息流通也就越快捷。沿"Network-Cohesion-Distance"路径计算出2018年国内情报学领域核心作者合著网络的平均距离是1.845,建立在"距离"基础上的凝聚力指数为0.027。说明在该网络中,一个学者要想同另一个学者互相建立联系,平均只需通过约2个学者即可,这是一个较短的联系距离。但因小世界网络是既具有较短平均路径长度,又具有较高聚类系数的一类特殊的复杂网络,而该网络的平均距离虽短,但聚类系数却不够高,所以该网络的小世界效应并不是很显著[19]。说明2018年里,该领域内虽形成了基于师生、同学或同事关系的联系较为紧密的小团体,但整体上来看,其信息流畅度还不够,学者间的合作交流也不够快捷。

2.2.3 凝聚子群分析

凝聚子群分析能通过简化复杂整体网络结构的方法,来帮助研究者找到蕴涵在网络中的子结构及其相互关系[20]。在对网络小团体结构进行凝聚子群分析的方法中,k-丛分析是最常用的方法。k-丛是假设在某一个小团体中有g_s个人,其中每个人都至少与该小团体中的其他节点保持有g_s-k条关系,且当n值一定时,k值越大,网络就越分散[21]。沿"Network-Subgroups-K-plex"路径进行k-丛分析,网络中的k值默认为2,小团体最小规模取值也默认为3,共分析得到60个2-丛子群,子群规模最大为7,表3为17组规模大于等于6的2-丛子群。

表3 规模为6及以上的2-丛子群列表

序号	成员							规模
1	朱庆华	袁勤俭	赵宇翔	吴丹	张玥	张宁	刘畅	7
2	王延飞	吴晨生	李辉	陈美华	刘如	赵柯然	刘记	7
3	朱庆华	袁勤俭	赵宇翔	吴丹	曹如中	刘畅		6
4	朱庆华	袁勤俭	兰月新	夏一雪	张鹏	张宁		6
5	朱庆华	赵宇翔	吴丹	张玥	曹如中	刘畅		6
6	朱庆华	赵宇翔	吴丹	张宁	曹如中	刘畅		6
7	朱庆华	兰月新	夏一雪	张鹏	张宁	连芷萱		6
8	袁勤俭	兰月新	夏一雪	张鹏	张宁	连芷萱		6
9	王福	毕强	王萍	李洁	牟冬梅	张晗		6
10	王福	毕强	李洁	牟冬梅	张晗	毕达天		6
11	毕强	王萍	李洁	牟冬梅	张晗	毕达天		6
12	王延飞	吴晨生	李辉	陈美华	刘如	曾文		6
13	王延飞	吴晨生	李辉	刘如	赵柯然	曾文		6
14	王延飞	吴晨生	李辉	刘如	曾文	刘记		6
15	王延飞	吴晨生	陈美华	陈峰	赵柯然	刘记		6
16	王延飞	李辉	陈美华	陈峰	赵柯然	刘记		6
17	王延飞	陈美华	刘如	陈峰	赵柯然	刘记		6

由分析结果可知，得出的2-丛子群中规模最小为3，即在该类子群中，任一成员至少和其他1位成员之间有直接关系。规模为3、4、5、6、7的子群分别有17个、13个、13个、15个、2个，分别占子群总数的28.33%、22%、22%、25%、3%，各个规模的2-丛子群数量较为平均，说明直至2018年，国内情报学领域已经逐渐形成规模，并已出现一些较为稳定且紧密的合著小团体。其中还存在一个成员属于多个子群的情况，例如朱庆华就分别隶属于21个规模不同的2-丛，说明这些作者已经形成了多个论文合著群体，而这些跨子群合作的作者则在整个合著网络中担任起了重要的桥梁作用。

2.2.4 核心-边缘结构分析

核心-边缘结构是一种中间核心区节点连接紧密，而外部边缘区节点连接松散的理想型网络结构模式，核心-边缘结构分析则是根据网络内部节点之间的紧密程度，找出处于网络核心位置以及处于网络边缘位置的成员的一种分析方法[22]。在合著网络中，若某一作者越处于核心位置，那么其所掌握的信息资源就越多，在现实中就越有价值。沿"Network-Core/Periphery-Categorical"路径可分析得出核心-边缘结构矩阵模型，如图 2 所示，朱庆华、袁勤俭、赵宇翔等 14 名作者位于网络中的核心位置，剩余作者位于网络边缘位置。在核心位置上的作者中，发文量最高的有 24 篇，最低的有 5 篇，发文量在 10 篇以上的高产作者共 29 人，其中仅有 4 人处于核心位置，剩余 25 人未能进入合著网络的核心位置，这说明在 2018 年，国内情报学领域核心作者之间的合著交流不够广泛，合著伙伴比较固定，合著圈比较封闭。

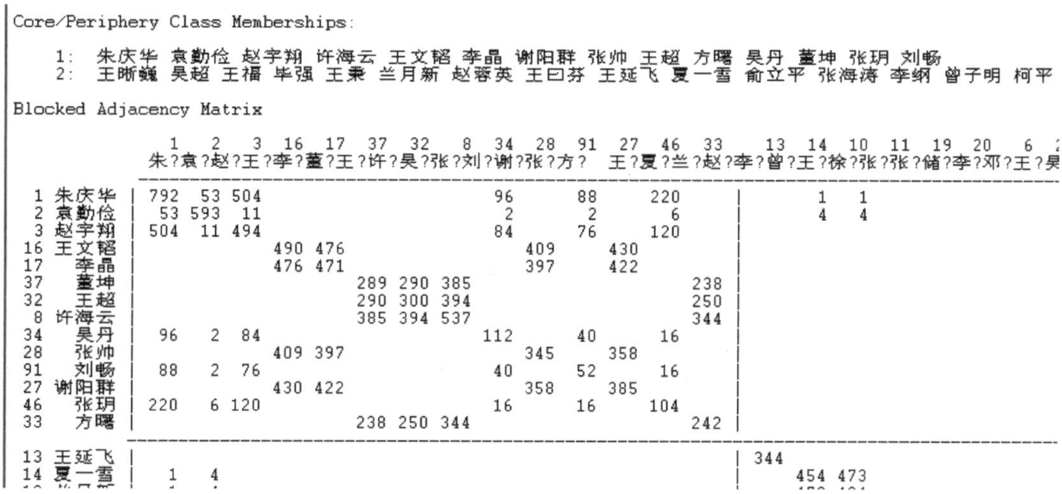

图 2　核心-边缘结构矩阵模型(部分)

2.3　合著网络个体分析

"中心性"是社会网络分析的研究重点之一，其量化指标包括中心度和中心势指数，中心性分析是评价网络中节点相对重要性的主要方法[23]。本文将采用基于中心度量化指标的点度中心度、中间中心度和接近中心度这 3 种方法来对 2018 年国内情报学领域核心作者合著网络进行分析。

2.3.1　点度中心度

点度中心度(degree centrality)指的是与某节点直接相连的其他邻居节点的总数量，点度中心度分析是通过得出该节点的局部中心指数来测量其直接获取网络流动信息的能力，此过程并未考虑该节点能否控制其他节点[24]。在合著网络中，若某一作者的点度中心度越大，即表示与该作者合著论文的其他作者越多，也就说明该作者在合著网络中的影响力越大。沿"Network-Centrality-Degree"路径分析得出，网络中点度中心度最高的作者是王文韬，其度数为 31，即他与 31 位作者合作发表过文献，说明其在网络中占有重要地位，且影响力也很大；点度中心度最低的作者是郭继荣，其度数为 0，在图谱中表现为孤立节点，说明其在合著网络中的地位不高，影响力小。点度中心度在 21~31 的作者共有 12 位

(见表4），占作者总数的12%；点度中心度在11~20的作者有18位，占作者总数的18%；点度中心度在1~10的作者有49位，占作者总数的49%；另外还有21位作者的点度中心度为0，占比21%；说明大部分作者都有参与论文合著，并形成了趋近成熟的合著网络，这也是国内情报学领域研究有所发展的体现。

表4 点度中心度高于20的作者

序号	作 者	点度中心度	相对中心度
1	王文韬	31	2.088
2	李 晶	30	2.02
3	许海云	29	1.953
4	谢阳群	28	1.886
5	张 帅	27	1.818
6	兰月新	27	1.818
7	夏一雪	26	1.751
8	王 超	24	1.616
9	董 坤	23	1.549
10	朱庆华	23	1.549
11	王延飞	23	1.549
12	毕 强	21	1.414

2.3.2 中间中心度

中间中心度（betweeness centrality）指的是一个节点出现在其他点对的最短路径上的频数[25]。中间中心度反映的是节点在网络中的控制能力，一般中间中心度高的节点大多处在多对节点对上，即经过该节点的信息流较大，且该节点在信息传播过程中起到了桥梁作用，进而影响网络整体[26]。在合著网络中，若某一作者的中间中心度越大，就代表其拥有较强的控制能力，能联结众多各自独立的合著小团体。沿"Network-Centrality-Freeman Betweenness-Node Betweenness"路径分析得出，在网络中，中间中心度最高的作者是朱庆华，其度数为31.5，说明其在合著网络中拥有较强的控制能力；中间中心度最低的作者还是郭继荣，其度数为0，在图谱中仍表现为孤立节点，再次证明其在合著网络中的影响力不高。中间中心度在10及以上的作者只有6位（见表5），占作者总数的6%；中间中心度在1~10的作者有19位，占作者总数的19%；还剩下75位作者的中间中心度都为0，占比高达75%。说明2018年里，只有少数核心作者在该网络中担任了桥梁作用，而大部分作者没有控制其他节点沟通的能力,这不利于建立完备的合著网络。

表5 中间中心度在10及以上的作者

序号	作者	中间中心度	相对中间中心度
1	朱庆华	31.5	0.649
2	张 宁	28	0.577
3	王延飞	16	0.33
4	牟冬梅	15	0.309
5	王 萍	13	0.268
6	刘 畅	10	0.206

为了将合著网络中各个节点的中间中心度可视化呈现出来,利用Netdraw软件,沿"Analysis-Centrality Measures"路径,在"set node size by"对话框中选中"degree"选项,就能得到依据中间中心度大小显示的节点情况,如图3所示。从图中可以很明显地看到,朱庆华、张宁、王延飞等6人的节点较大,其余节点对上的节点都大小不一,左上角还有很多相对孤立的节点,这与Ucinet软件分析的结果相一致。该图谱中存在部分合著小团体,且各团体间或多或少都建立了联系,但整体上看,整个网络的结构还比较松散,所以还需进一步加强各团体以及各节点间的联系。

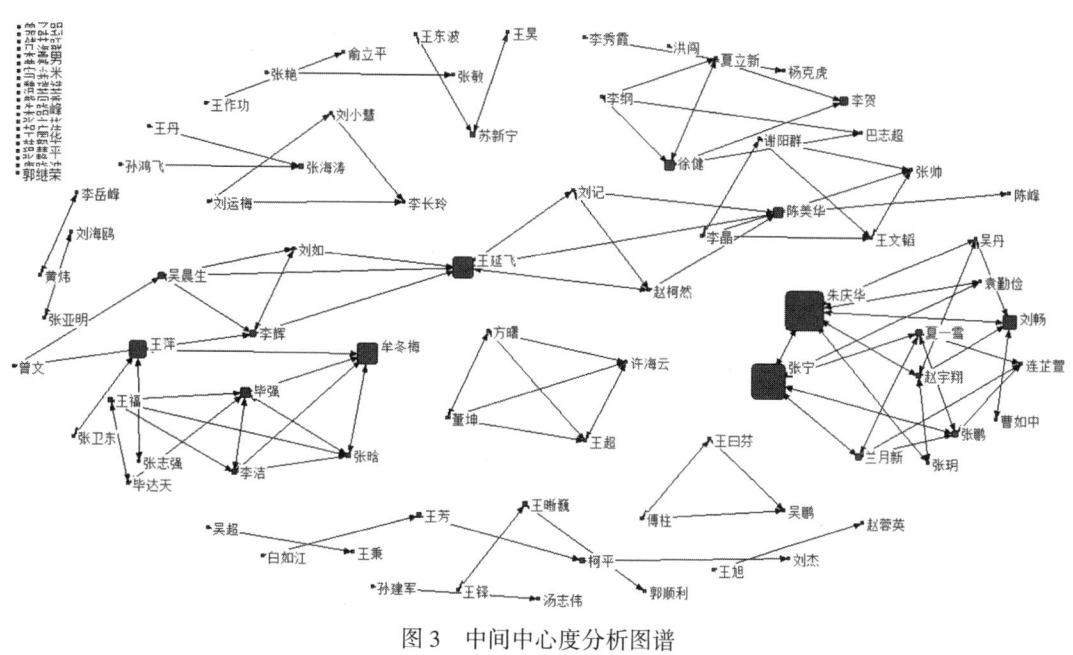

图3 中间中心度分析图谱

2.3.3 接近中心度

接近中心度(closeness centrality)指的是某一节点与网络中其他所有节点的最短距离之和,接近中心度反映的是节点在多大程度上不受其他节点控制的能力[27]。在合著网络中,若某一作者到网络中其他作者的最短距离之和最小,那么该作者的接近中心度就最大,其值在一定程度上反映了作者在合作网络中的中间位置的程度[28]。沿"Network-Centrality-Closeness"路径分析得出,在2018年的国内情报学领域核心作者合著网络中,接近中心度值最低的作者是朱庆华,其度数为8817,说明他能在距离最短的路径上联系其他作者,在最短的时间内传递信息,因此在合著网络中,他处于核心位置。表6列出了接近中心度在9000以下的作者。

表6 接近中心度在9000以下的作者

序号	作者	接近中心度	相对接近中心度
1	朱庆华	8817	1.123
2	张宁	8818	1.123
3	袁勤俭	8822	1.122
4	刘畅	8823	1.122
5	赵宇翔	8823	1.122
6	张鹏	8824	1.122
7	兰月新	8824	1.122
8	夏一雪	8824	1.122
9	吴丹	8824	1.122
10	张玥	8826	1.122
11	连芷萱	8832	1.121
12	曹如中	8833	1.121

结合表5和表6可发现,中间中心度最高和接近中心度最高的作者都是朱庆华,说明在2018年里,他既是该合著网络中其他作者进行沟通联系的重要桥梁,还是该领域内传播信息最快、信息资源最丰富的作者。

同样将合著网络中各个节点的接近中心度可视化呈现出来,利用Netdraw软件,沿"Analysis-Centrality Measures"路径,在"set node size by"对话框中选中"closeness"选项,得到依据接近中心度大小显示的节点情况,如图4所示。由图可知,朱庆华、张宁、袁勤俭等人的节点明显较小,其余节点对上的节点都相对较大,左上角也有很多相对孤立的节点,与Ucinet的分析结果一致。

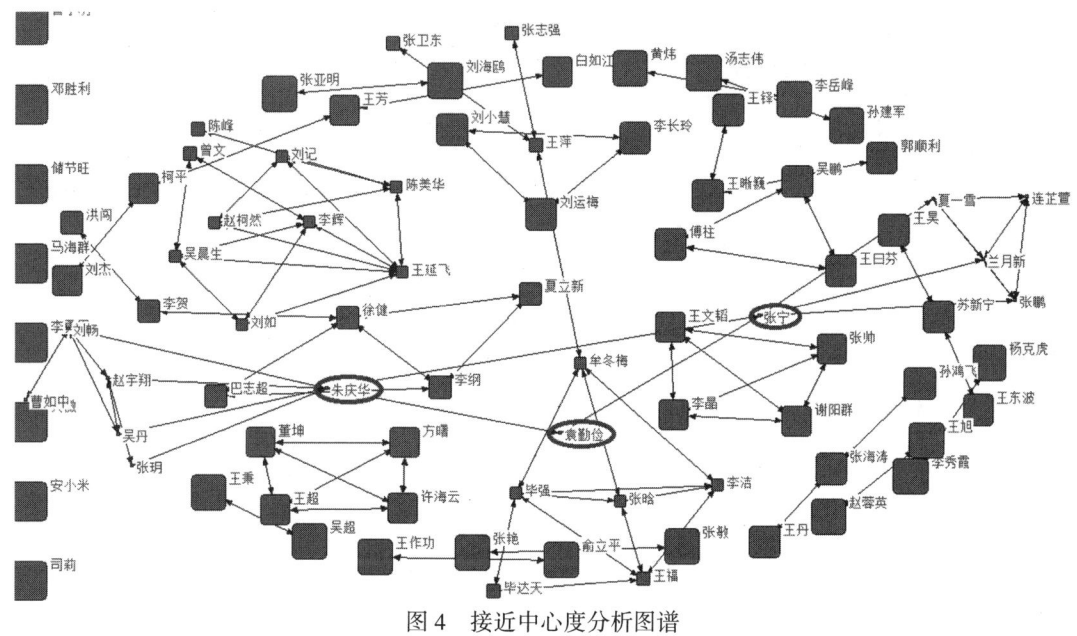

图 4 接近中心度分析图谱

3. 分析结论与对策

3.1 分析结论

本文运用社会网络分析方法,从整体网络和个体指标两方面对 2018 年全年里国内情报学领域核心作者合著网络进行了社会网络分析以及可视化分析,最终得到以下结论。

3.1.1 整体网络分析结论

经过对 2018 年国内情报学领域核心作者合著网络进行的整体网络分析发现,该合著网络的整体密度较低,说明该领域内部联系不够紧密,信息交流有待加强。该网络的平均距离较短,可聚类系数不高,所以其"小世界效应"不显著,说明该领域内的合著团体体量不大,难以覆盖全网络。凝聚子群分析的结果表明,目前国内情报学领域已经形成了不少长期稳定的合著小团体,但团体间的合作交流却不多。核心-边缘结构分析的结果表明,只有少数核心作者能够进入到合著网络的核心位置,而大部分作者之间的合著交流圈还不够广泛,合著伙伴也比较固定。

3.1.2 个体网络分析结论

经过对 2018 年国内情报学领域核心作者合著网络进行的个体网络分析发现,79% 的核心作者的点度中心度都大于 0,还有 12% 的核心作者的点度中心度大于 20,说明合著网络中的大部分作者能参与到论文合著当中,且还有部分作者拥有较高的论文合著量。只有 6% 的核心作者的中间中心度在 10 及以上,而还有 75% 的作者的中间中心度为 0,说明目前的合著网络中还缺乏具有桥梁连接作用的作者，网络的整体连接性也较弱。接近中心度和中间中心度的结果较为相似，说明在合著网络中，处于核心位置的作者同时也具有很强的控制力。

3.2 分析对策

通过对2018年这一年的国内情报学领域核心作者合著网络分析发现，目前国内情报学领域核心作者合著网络存在联系不够紧密，合著范围不够广泛，合著团体封闭局限等问题。对此，本文提出国内情报学领域的核心作者不应将科研合著仅限于狭小的师生圈、同学圈或同事圈里，而应有意识地增进圈外的合著交流，拓宽合著范围。

具体来说，即核心作者应以自身个体的合著带动其所在合著小团体之间的合著。如一作者原本只在自己的同学圈里进行科研合著，为了进一步扩大其合著范围，他可以尝试着与同机构同事开展科研合著，等到形成新的同事合著圈后，再主动担任起桥梁作用，为其同时所在的同学圈与同事圈建立联系，这样一来便可形成一个跨类型的合著关系网。长此以往，随着各个小合著圈的建立及融合，该合著网络的联系将会更加紧密，合著团体也将会不断壮大健全，而合著交流的增强又能促进领域内的知识交流及成果共享，进而促进整个情报学领域的合作发展。

由于本文在对文献题录进行统计分析时并未对作者字段进行同名同姓拆分处理，且此次所选取的数据量较少，只有2018年一整年的，所以此次研究的结果可能存在一定偏差，所得结论还存有一定局限。因此，本文的研究结论还有待进一步深入验证。

◎参考文献

[1] 王新明，丁敬达. 科研论文的著者合作模式研究综述[J]. 现代情报，2018，38(8)：172-177.

[2] 施敏，胡婷婷. 我国科技期刊论文合著现象分析——以图书情报学核心期刊为例[J]. 出版发行研究，2018(1)：57-59.

[3] 谭春辉，王仪雯，曾娟. 国际ISLS领域期刊论文合著网络及其影响力研究[J]. 现代情报，2018，38(12)：133-143，150.

[4] Price D D S. A General Theory of Bibliometric and other Cumulative Advantage Processes [J]. Journal of the American Society for Information Science，1976，27(5)：292-306.

[5] Kretschmer H. Author Productivity and Geodesic Distance in Bibliographic Co-authorship Networks，and Visibility on the Web [J]. Scientometrics，2004，60(3)：409-420.

[6] Newman M E J. Scientific Collaboration Networks. I. Network Construction and Fundamental Results[J]. Physical Review. E，Statistical，Nonlinear，and Soft Matter Physic，2001，64(1)：16-131.

[7] Newman M E J. Scientific Collaboration Networks. II. Shortest Paths，Weighted Networks，and Centrality [J]. Physical Review. E，Statistical，Nonlinear，and Soft Matter Physic，2001，64(1)：16-132.

[8] Newman M E J. Coauthorship Networks and Patterns of Scientific Collaboration [J]. Proceedings of the National Academy of Sciences，2004，101：5200-5205.

[9] 刘则渊, 尹丽春, 徐大伟. 试论复杂网络分析方法在合作研究中的应用[J]. 科技管理研究, 2005(12): 267-269, 273.

[10] 严程棋, 赵映慧, 谌慧倩, 等. "十二五"期间我国农林类高校论文合著网络研究[J]. 图书情报工作, 2016, 60(S2): 107-110.

[11] 刘扬扬, 周丽霞. 基于《兰台世界》的档案学领域作者合作度研究[J]. 兰台世界, 2018(5): 30-32.

[12] 李文聪, 沙思颖, 高雅, 等. 从合著网络及其变化看干细胞研究领域的国际科研合作[J]. 数学的实践与认识, 2016, 46(10): 68-76.

[13] 王旭, 李同合, 谢冰冰. 基于WOS数据库的我国图书情报学期刊引文计量分析[J]. 河北科技图苑, 2017, 30(6): 84-88.

[14] 中国社会科学研究评价中心. CSSCI来源期刊目录(2017—2018年)[EB/OL]. [2019-01-11]. http://cssrac.nju.edu.cn/a/cpzx/zwshkxwsy/20171216/2853.html.

[15] 徐宝达, 赵树宽, 张健. 基于社会网络分析的微信公众号信息传播研究[J]. 情报杂志, 2017, 36(1): 120-126.

[16] 姚雪, 徐川平, 李杰, 等. 基于普赖斯定律和二八定律及在线投稿系统构建某科技期刊核心作者用户库[J]. 编辑学报, 2017, 29(1): 64-66.

[17] 吴江, 施立. 基于社会网络分析的在线医疗社区用户交互行为研究[J]. 情报科学, 2017, 35(7): 120-125.

[18] 汪小帆, 李翔, 陈关荣. 网络科学导论[M]. 北京: 高等教育出版社, 2012: 91-130.

[19] 黄开木, 樊振佳, 卢胜军, 等. 我国竞争情报领域期刊论文合著网络研究[J]. 情报杂志, 2015, 34(2): 142-147.

[20] 张泸月. 高校移动阅读推广活动中读者互动行为研究——基于社会网络分析视角[J]. 图书情报知识, 2016(3): 89-95.

[21] 赵蓉英, 王旭. 突发事件网络舆情关键节点识别及导控对策研究——以"大贤村遭洪灾事件"为例[J]. 现代情报, 2018, 38(1): 19-24, 30.

[22] 曹霞, 崔雷. 基于SNA的国外医学信息学领域合著网络研究[J]. 现代情报, 2016, 36(3): 129-134.

[23] 刘军. 整体网分析 UCINET 软件实用指南(第2版)[M]. 上海: 上海人民出版社, 2014.

[24] 邵瑞华, 沙勇忠, 李亮. 机构合作网络与机构学术影响力的关系研究——以图书情报学科为例[J]. 情报科学, 2017, 35(3): 42-46, 86.

[25] 刘小平, 田晓颖. 传统媒体与新媒体微博社会网络特征对比分析实证研究[J]. 图书情报工作, 2018, 62(5): 106-114.

[26] 张勤. 国内知识管理领域跨学科知识交流特征研究[J]. 图书情报知识, 2018(6): 50-60.

[27] 雷宏振, 章俊, 兰娟丽, 等. 基于谣言传播模型的"微博社区"负面信息扩散效应及案例研究[J]. 现代情报, 2015, 35(5): 30-34.

[28] 王卫, 闫帅, 史锐涵. 作者合作网络连接影响因素分析——以图情领域为例[J]. 情报科学, 2018, 36(1): 61-66, 74.

基于科学网的学者影响力指标研究①

张　洋　王媛媛

（中山大学作息管理学院）

摘要：[目的/意义]随着Web2.0的兴起，以Facebook、Twitter、Mendeley、微博、博客、维基百科为代表的社交媒体为科学交流传播搭建了新平台，学术博客发挥着不可忽视的作用。[方法/过程]本文以科学网为数据源，采集管理综合、生命科学、信息科学、化学科学四个一级学科中的三级学科的数据，最终确定管理综合、生命科学这两个一级学科中的两个三级学科为样本数据。选取替代计量指标主页浏览量、博文总数、博文总阅读数、推荐人数、总评论数、篇均阅读数、博客h指数、博客R指数与传统文献计量指标发文数、h指数、被引数进行相关性分析，探究各指标之间的相关性；进一步将博主博文分为学术类博文与非学术类博文，观察各指标之间的相关性是否发生变化。[结果/结论]研究发现，主页浏览量、总阅读数可以反映出博主的受欢迎程度或被关注程度；博文总数反映了博主在科学网的活跃度；博客h指数、博客R指数、推荐人数、总评论数更多反映了博主的学术影响力；篇均阅读数则反映了博主博文阅读数的平均分布水平。

关键词：学术博客；替代计量指标；社会影响力；学术影响力

Study on Scholars' Impact Indicators Based on ScienceNet

Zhang Yang　Wang Yuanyuan

(School of Information Management, Sun Yat-Sen University)

Abstract：[Purpose/Significance]With the development of Web2.0, social media represented by Facebook, Twitter, Mendeley, microblog, blog, Wikipedia builds a new platform for science communication in which academic blog plays an irreplaceable role. [Method/Process] This article chose the ScienceNet as data source, collect the data from the subjects including manage-

---

① 本文系国家社科基金项目"我国科技人才评价理论、方法体系与实现机制的创新研究"（项目编号：20BTQ085）、广东省软科学研究计划项目"面向粤港澳大湾区的科技评价机制、方法与应用研究"（项目编号：2018A070712016）、中央高校基本科研业务费专项资金资助项目"新型信息环境下科技综合评价体系研究"（项目编号：19wkzd28）的成果之一。

作者简介：张洋，博士，中山大学资讯管理学院教授、博士生导师；王媛媛，中山大学资讯管理学院博士研究生。

ment comprehensive discipline, life sciences, information sciences and chemical sciences. Finally, identify the the Level 3 disciplines as sample data. Make correlation analysis between altmetrics indicators such as home page views, total number of posts, total reading quantity, total number of recommends, total number of comments, average reading number, blog h index, blog R index and traditional bibliometrics indicators such as total number of articles, h index, citation; make further exploration between academic posts and non-academic posts and observe if there has any changes about the correlation among indicators. [Result/Conclusions] The research shows that home page views and total reading quantity reflect the degree of popular or attention; total number of posts reflect the active degree of bloggers; blog h index, blog R index, total number of recommends, total number of comments may be more of a sign of the scholars' academic impact; average reading number reflects the overall distribution of reading.

Keywords: academic blog; altmetrics indicators; social impact; academic impact

1. 引言

互联网，尤其是社交网络的出现，为学者开展学术交流、分享学术成果提供了新的广阔平台。依托新型科学交流工具或平台产生的大量网络数据可以构建成替代计量指标，近些年来，探究替代计量指标与传统计量指标之间关系的研究成为热门主题。

1.1 研究背景

科研评价是对一个多层次、复杂的科学研究系统的某种科研活动，达到科研目的程度的价值或绩效进行评判、估量的过程[1]。科研评价包括人员评价、成果评价、机构评价、项目评价、国家/地区等诸多方面[2]。其中，对科研人员进行科研评价有助于实现科研资源合理分配、奖励优秀科研人员、确定科研人员职位晋升。因此，客观、公平、公正地对科研人员进行科研评价至关重要。传统的科研人员评价仅关注学者的学术影响力，着眼于学者们在著名期刊或者核心期刊上发表的论文量以及他人对论文的引用情况[3]。2005年，Hirsch兼顾引文数量与引文质量，提出了评价个人影响力的h指数，随后得到普遍应用。针对h指数的弊端[4]，国内外学者也对h指数进行改进，提出了h-n指数[5]、ET指数[6]、n指数[7]、hp指数[8]、S指数[9]等多种学术影响力计量指标。

随着网络通信技术和互联网的应用与发展，各种基于Web2.0的新型网络媒介不断涌现。对科研人员而言，网络不仅是检索工具与信息获取平台，也为其展现学者影响力、开展各种学术交流活动提供了广阔的空间。在学术共同体中，传播媒介不再局限在期刊等传统载体，Twitter、Facebook、维基百科、Youtube及国内的人人网、微博等公共社交网络平台，BioStaro等专业问答网站，Research Blogging.org等学术博客网站，Mendeley、CiteULike等文献题录管理网站，Academia.edu、SlideShare、Peer Evaluation、F1000等学术分享与评价网站成为学者大范围讨论和传播的阵地。

总的来看,在众多新型网络媒介中,学术博客在学术领域中发挥着至关重要的作用。学术博客是指用于发布和交流教学、科研和科学信息的博客,即能够用于交流学术观点、发表科研成果、发布学校教学信息的博客[10]。Stuart[11]指出学术博客提供了更快捷的学术讨论手段,为不同地域的学者交流提供了机会,学术博客的个性化以及能为学者提供补充观点的特性使其不断促进学术的发展。Goodfellow[12]等认为应该鼓励会议中进一步使用博客来交流。Mike Thelwall[13]分别从覆盖范围、实证研究、指标解读三个方面对学术博客中的引文进行分析,并指出学术博客中的引用是否对文章未来的引用次数有影响是未来的研究方向。可以看出,作为新型学术交流模式的一种,学术博客以其更为宽松、自由的交流环境,成为传统学术交流模式的重要补充[14]。学者在学术博客中进行学术交流、发布或分享学术成果,进而提供了新的角度开展对科研人员的评价。

1.2 文献综述

科学网[15](http://www.sciencenet.cn/)是由中国科学院、中国工程院和国家自然科学基金委主管,科学时报社主办的综合性科学网站,主要为网民提供快捷权威的科学新闻报道、丰富实用的科学信息服务以及交流互动的网络平台,目标是建成最具影响力的全球华人科学社区。科学网是国内最具代表的学术博客,诸多学者对科学网进行了研究,具有一定的研究基础。以"科学网"为主题或关键词在中国知网中进行检索,发现目前关于科学网的研究主要集中在以下几个方面:

(1)科学网图情领域博主影响力指标选取与指标体系研究。

周春雷[16]运用链接内容方法对科学网进行研究,并在此基础上提出了新型博客影响力评估指标——"被友好"指标,进而用于揭示科学网博客的核心博客及其社区结构。此外,周春雷[17]提出构建基于h指数的学术授信评价系统,进一步提出博客z指数、博文z指数、h指数批量统计、引荐分析法。赵传彪[18]从博客情况、发文情况、阅读和评价情况三个方面入手,构建了基于科学网的图书馆学学者学术影响力指标体系,通过归一化处理分配指标权重。曹冲[19]在此基础上对指标体系进行改进,构建了由博主积极性、传播覆盖度、博文质量三个一级指标构成的科学网图情博主学术影响力指标体系。

(2)科学网热门博文或热门博主的替代计量指标相关性研究。

张晓阳等[20]从博文数和点击量两个方面定义了博客h指数、博客g指数、博客R指数,并与博文数、点击量、篇均点击量、网络影响因子、连接量进行相关性分析,研究表明博客类h指数在博客影响力方面将是一种有益工具。王曰芬等[21]以科学网热门博文为分析对象,采用方差分析、相关性分析等方法,对博文的点击量、评论量、推荐量进行相关性分析。

(3)科学网中学科、博主社会网络研究。

汤刚强[22]利用UCINET对科学网中的博文进行整体网络研究、内部子结构研究、个体中心性研究，发现网络社区中存在的不足与问题。谭旻[23]等利用网络分析方法对科学网博客中的共推荐关系以及形成的网络进行研究，发现科学网博客中的共推荐关系具有高聚集性、行为活跃等特征。谭旻、许鑫[24]研究了科学网博客2013年的博主信息和推荐数据，构建了学术博客的推荐网络。

(4) 网络用户行为特征研究。

王曰芬等[25]通过提取科学网用户基本信息、博文信息、博文内容，利用数理统计与内容分析法，发现核心用户群基本特征、核心用户创作方式特征及博文内容特征。张颖怡等[26]从标注系统使用方式、关键词结构以及标注动机三个角度，选取关键词标注比率、用户标注关键词比率、用户标注关键词平均个数、用户标注关键词平均长度以及用户标注关键词重用率5个标注行为指标，分析科学网博客中不同类型用户标注行为的差异，研究表明不同类型用户的学术博客关键词标注行为存在差异。

综上，关于科学网的研究主要关注科学网用户的基本特征与行为特征，多采用统计方法对科学网提供的替代计量指标进行分析，尚未对科学网所提供的替代计量指标与反映学者影响力的传统文献计量指标之间的关系进行揭示。本文以博主为单位，以博文为切入点，从反映学者社会影响力的替代计量指标与反映学者学术影响力的传统文献计量指标入手，探究不同学科中替代计量指标与传统文献计量指标之间的关系以及科学网中各种替代计量指标的特点，并为科学网完善相关服务提供建议。

2. 数据与方法

2.1 数据来源及指标筛选

科学网应用广泛，国内学者从科学网博客的网络影响力、科学网博主群体概况、科学网博客的生产力角度对科学网博客概貌进行了详细介绍[18]。除科学网外，国内应用比较广泛的学术博客网站还包括科研之友、学者网和小木虫。相比而言，科研之友的注册用户少，可采集的数据少，可供选择的替代计量指标较少；学者网注册用户较多（少于科学网用户），学科、地理位置倾向明显，工科尤其是计算机学科的注册用户远多于人文社会学科注册用户，用户集中在广东省；小木虫论坛功能众多，涉及升学交流、招聘信息发布等版块，广告版面多，信息混杂，可供选择的指标较少。科学网影响力大、注册用户数多、学科种类丰富、可供选择的指标较多，因此，本文选择科学网作为研究对象，对反映学者学术影响力的传统文献计量指标与反映学者社会影响力的替代计量指标之间的关系进行初步探索。

在指标筛选方面，传统文献计量指标是指在科研人员评价层面，使用广泛的学者学术影响力指标，包括发文数、h指数、被引数；替代计量指标是指在科学网博主层面，由科学网提供的学者社会影响力指标，包括主页浏览量、博文总数、博文总阅读数、推荐人数、总评论数、篇均阅读数、博客h指数、博客R指数。其中，篇均阅读数、博客h指数[20]、博客R指数[20]是由博文总阅读数计算得到，综合考虑博主所有博文中不同博文阅读数中的最大值和最小值(见表1)。

表1 指标筛选汇总表

指标	说明
主页浏览量	指博客空间自创建以来,浏览该博客主页的人数总数
博文总数	指博主在博客空间创建以来,所发布博文的总数
博文总阅读数	指博主自博客空间创建以来,发布的所有博文被阅读数的总和
推荐人数	指博主自博客空间创建以来,发布的博文被其他博主推荐到博客首页的次数的总和
总评论数	指博主自博客空间创建以来,发布的博文被自己或其他博主评论次数的总和
篇均阅读数	指博主自博客空间创建以来,发布的所有博文被阅读数的总和除以博主所发布博文的总数,即:博文总阅读数/博文总数
博客h指数	指一个博客的分值为h,当且仅当其N篇博文中有h篇博文每篇获得不少于h^2次的阅读数时,剩下的$N-h$篇博文中每篇的点击数都小于h^2次
博客R指数	指一个博客h核内点击总数的平方根,记作R_b,$R_b = \sqrt{\sum_{i=1}^{h} c_i}$,其中$c_i$为$h$核内各篇博文的阅读数

2.2 数据采集

2.2.1 科学网数据采集

科学网中的博客按学科分为生命科学、医学科学、化学科学、工程材料、信息科学、地球科学、数理科学、管理综合8个类别。在学科选择方面,首先选择了笔者所在的图书情报与档案管理学科,对应管理综合类下的三级学科情报学、图书馆学、文献学、档案学。考虑到文献学、档案学的注册用户数量极少,为保证与中国知网学者映射后的数据量,故选择管理综合类下的三级学科情报学、图书馆学作为研究对象。接着,在其他三级学科的选择上确定每个一级学科下均选择2个三级学科,保持与管理综合学科下三级学科数量一致;在具体的三级学科选择上,综合考虑学科差异及三级学科下注册用户数量,依据三级学科中发博文数大于等于1(不包含隐私设置用户)的用户数占该学科内所有博主数的相对比例最高的前两个学科的原则进行学科选择。最终确定本研究的研究对象为生命科学中的三级学科生物信息学、神经生物学;化学科学中的三级学科理论和计算化学、生物化工与食品化工;信息科学中的三级学科半导体光电子器件、光子与电子器件;管理综合中的三级学科情报学、图书馆学。

使用八爪鱼采集器,以博主为单位,采集8个三级学科下的所有博主的各项数据,包括主页浏览量、博文阅读数、推荐人数、评论数,数据导出为Excel格式;利用Excel计算出博主的博文总数、博文总阅读数、推荐人数、总评论数,进一步计算出博主的篇均阅读数、博客h指数、博客R指数。

科学网方便了同学科或不同学科博主进行学术交流与学术分享；博主不仅将科学网作为学术交流与分享的阵地，也会在博客中记录日常生活中的点点滴滴，博主在发博时会使用系统标签对博文进行分类。科学网提供十二类系统标签，分别为：科研笔记、论文交流、教学心得、观点评述、科普集锦、海外观察、人物记事、图片百科、人文社科、诗词集锦、生活其他、博客资讯。网络学术信息主要包括以下九类：学术机构信息、学术人物信息、项目信息、学术会议信息、正式出版的科研成果信息、非正式的科研成果信息、政策类信息、方法工具技术类信息和个人科研活动信息[13,27]。研究发现，由科研笔记、论文交流、教学心得、科普集锦、观点评述这五类标签标注的博文内容基本涵盖上述九类网络学术信息。因此将由这五类系统标签标注的归类到学术类博文，由其他系统标签标注的博文归类到非学术类博文。对每位博主的学术类博文与非学术类博文进行统计，探究不同学科学术类博文、非学术类博文中替代计量指标与传统文献计量指标的关系。利用八爪鱼采集器采集博主的每一条博文内容，利用系统标注将同一博主的博文分为学术类博文和非学术类博文。根据博主的学术类博文、非学术类博文中的各项数据计算主页浏览量、博文阅读数、推荐人数、评论数、博文总数、博文总阅读数、推荐人数、总评论数。本文采集的博文时间段为博主创博至 2018 年 2 月 1 日，共采集博文数据 18596 条，博主数据 743 条。

2.2.2　中国知网数据采集

由于科学网采用实名注册，利用博主姓名、所在学科、研究领域、工作/就读机构等信息可以在中文全文期刊数据库中检索到对应的学者及其发文情况。学者所发表的论文可能既有中文论文也有外文论文，考虑到作者中文姓名转换为英文后形式变化多样，还可能忽略作者在求学过程或工作调动中从属于其他机构时所发表的论文等因素，本文未直接使用作者姓名在 Web of Science 中进行检索。同时，对万方、维普、中国知网进行对比发现，万方、维普虽然直接提供了学者的 h 指数，但是以学者姓名进行检索只显示学者发表的中文论文的统计数据，其 h 指数是以学者所发表的中文论文的被引数为基础进行计算的，忽略了学者所发表的外文论文的被引数；而使用作者姓名在中国知网进行检索时，既显示了学者所发表的中文论文，也有作者发表的外文论文，故确定中国知网为映射数据库，人工检索进行科学网博主与中国知网学者的映射。

对于学者所发表的中文论文数据，在中国知网以学者姓名为检索条件进行检索，利用八爪鱼采集器采集中国知网上收录的作者被引数，存储为 Excel 格式。对于学者所发表的外文论文数据，中国知网未提供对应的被引数，因此考虑利用 Web of Science 进行论文标题检索获取被引数或使用百度学术进行检索获取被引数。实际检索过程中发现，有些学者发表的外文论文在 Web of Science 中检索不到，却可以在百度学术中检索成功，故最终选择百度学术获取外文论文的被引数。由于百度学术中其检索按钮"百度学术"不提供超链属性，因此不能使用爬虫或者八爪鱼进行数据采集，故手动检索学者所有的外文论文，并将每一篇文章对应的被引数存储到 Excel 中。随后将学者中文论文被引数与外文论文被引数按降序排列，计算学者的 h 指数；利用求和功能统计学者的发文数、被引数。

在从科学网博主映射到中国知网学者的过程中发现存在同名现象，在这种情况下，如果多个同名作者从事同科学网博主一样的学科或研究领域,则默认为同一作者。如果科学网博主就业/学习机构为国外机构,且在中国知网中检索不到学者信息,默认发文数为空值;如果科学网博主个人信息不齐全,无法在知网中映射到对应的学者,默认发文数为空值;如果科学网博主工作经历为硕士或博士,且在中国知网中检索不到学者信息,默认发文数为0。

最后,利用Excel匹配函数,以"博主姓名(作者姓名)"为关键字,对存储有博主替代计量指标的Excel与存储有学者传统计量指标的Excel进行匹配,最终形成的数据集是以博主为单位的记录,每一条记录由主页浏览量、博文总数、博文总阅读数、推荐人数、总评论数、篇均阅读数、博客h指数、博客R指数、发文数、h指数、被引数构成。

将数据集导入SPSS 22.0,对管理科学中三级学科情报学、图书馆学,生命科学中的三级学科生物信息学、神经生物学,化学科学中的三级学科理论计算化学、生物化工与食品化工,信息科学中的半导体光电子器件、光子与电子器件各学科中的博主数据、博文数据进行描述性统计分析,了解博主开博情况及发博情况;进一步将博文划分为学术类博文与非学术类博文,对不同替代计量指标的特点进行初步分析;采用相关性分析方法对科学网中替代计量指标主页浏览量、博文总数、博文总阅读数、推荐人数、总评论数、篇均阅读数、博客h指数、博客R指数与传统的科研人员评价计量指标发文数、被引数、h指数进行相关性分析,探究不同指标之间的关系(见图1)。

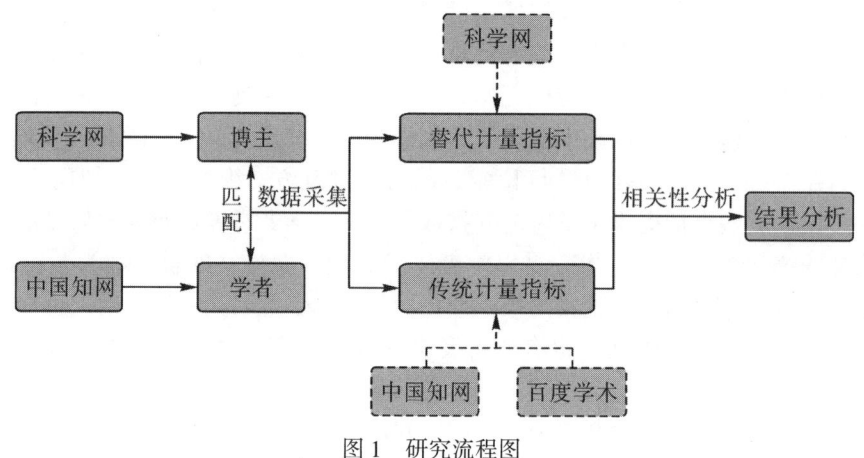

图1 研究流程图

3. 结果分析

科学网共设置八大学科,博主可在对应学科下注册博客。本文选择的样本数据统计如表2所示。管理综合学科下属的情报学、生命科学下属的神经生物学、生物信息学注册博主数较多,都在600人以上;这三个学科的发博数≥1(不含隐私设置)的博主总数与博主发博总数也较多。表明这三个学科的博客圈较大,有可能进行更密切的学术讨论与交流。本文选取的四个学科中发博数≥1(不含隐私设置)的博主总数占各学科博主总数比例普遍较低,均在20%左右。研究发现,部分用户注册科学网是为了获取相应权限,如浏览、评论、推荐、转载其他博客或博文,本身并未发文。除此之外,科学网注册用户中硕士、博士研究生占较大比例,这部分人群可能还不具备深厚的学术造诣以及丰富的学术经验,多是浏览领域内知名学者的博客汲取知识。样本数据中,科学网博主映射到知网学者的匹配率均在60%以上。其中,情报学、图书馆学中的博主映射到知网学者的匹配率最高,达到90%左右。与学科领域的专业知识有关,图情博主本身信息意识较强,博主信息完善度更高,因此能够提供多角度信息对博主身份进行确认。而在生命科学领域,国外在技术、理念、实验条件等方面均领先国内,因此该领域海外学术交流频繁,境外求学或任职的博主达90人。

表2 科学网样本博客基本信息

学科大类	三级学科	注册博主总数	发博数≥1(不含隐私设置)博主总数	博主数占比	各学科博主数占比	对应知网学者数	科学网博主与知网学者映射	发博总数
管理综合	情报学	632	145	23%	21%	127	88%	4322
	图书馆学	253	42	17%		40	95%	2615
生命科学	神经生物学	626	104	17%	22%	66	64%	4224
	生物信息学	691	180	26%		118	66%	3715
化学科学	理论和计算化学	341	59	17%	18%	36	61%	1897
	生物化工和食品化工	158	31	20%		24	77%	967
信息科学	半导体光电子器件	164	26	16%	22%	21	81%	209
	光子与电子器件	114	36	32%		26	72%	647

3.1 基本统计分析

常用的相关性检测方法主要是 Pearson 系数和 Spearman 系数。利用 SPSS 22.0 对统计数据进行 K-S 单样本正态性检验,检测结果是管理科学、生命科学、化学科学、信息科学的数据均显示显著性水平小于 0.05,不服从正太分布。因此,采用 Spearman 方法来验证各指标间的相关性。研究发现,在化学科学与信息科学领域中,传统文献计量指标发文数、h 指数、被引数与替代计量指标主页浏览量、博文总数、博文总阅读数、推荐人数、总评论数、篇均阅读数、博客 h 指数、博客 R 指数之间的显著性均大于 0.01,表明这两类指标之间不存在相关性(见表3、表4)。

表3 各指标间相关系数——化学科学

项目		博文总阅读数	博文总数	篇均阅读数	博客h指数	博客R指数	推荐人数	总评论数	主页浏览量
发文数	显著性	.457	.884	.149	.889	.457	.776	.380	.389
h指数	显著性	.696	.481	.240	.481	.696	.693	.973	.637
被引数	显著性	.909	.812	.387	.810	.909	.887	.549	.828

注:**. 相关性在0.01层上显著(双尾)。

表4 各指标间相关系数——信息科学

项目		博文总阅读数	博文总数	篇均阅读数	博客h指数	博客R指数	推荐人数	总评论数	主页浏览量
发文数	显著性	.640	.237	.774	.218	.615	.644	.434	1.000
h指数	显著性	.633	.251	.563	.253	.596	.240	.354	0.617
被引数	显著性	.595	.283	.926	.261	.590	.813	.476	.897

注:**. 相关性在0.01层上显著(双尾)。

相较于管理科学与生命科学,这两个学科中的样本数量较少,因此考虑样本数量影响两类指标之间的相关性。单独使用情报学、图书馆学、神经生物学、生物信息学、理论和计算化学、生物化工与食品化工、半导体光电子器件、光子与电子器件中的样本数据进行相关性分析。研究发现,除样本量最高的生物信息学、情报学中传统文献计量指标发文数、h指数、被引数与替代计量指标主页浏览量、博文总数、博文总阅读数、推荐人数、总评论数、篇均阅读数、博客h指数、博客R指数具有相关性,样本量最少的半导体与电子器件中传统文献计量指标发文数、h指数、被引数与替代计量指标主页浏览量、博文总数、博文总阅读数、推荐人数、总评论数、篇均阅读数、博客h指数、博客R指数均不相关,其他子学科中只有极个别两两指标间的显著性小于0.05或小于0.01。整体来看,样本量越少,传统文献计量指标发文数、被引数、h指数与替代计量指标主页浏览量、博文总数、博文总阅读数、推荐人数、总评论数、篇均阅读数、博客h指数、博客R指数之间的显著性较大。本文旨在探究基于科学网与中国知网的跨平台的学者影响力指标关系,即反映学者学术影响力的发文数、被引数、h指数与反映学者社会影响力的主页浏览量、博文总数、博文总阅读数、推荐人数、总评论数、篇均阅读数、博客h指数、博客R指数之间的关系,化学科学与信息科学样本量较少,两类指标之间不存在相关性。因此,剔除化学科学与信息科学的样本数据,选取管理综合与生命科学作为样本数据。

3.1.1 替代计量指标相关性分析

在替代计量指标相关性分析层面,研究发现:由表5可知,管理综合领域博文总阅读数、博文总数、篇均阅读数、博客 h 指数、博客 R 指数、推荐人数、总评论数、主页浏览量在 0.000 的显著水平上两两相关，除篇均阅读数与博文总数、博客 h 指数与篇均阅读数呈中等相关（相关系数分别为 0.481、0.495），其他两两指标均为强相关。由表 6 可知，生命科学领域博文总阅读数、博文总数、篇均阅读数、博客 h 指数、博客 R 指数、推荐人数、总评论数、主页浏览量在 0.000 的显著水平上两两相关，除篇均阅读数与博文总数、博客 h 指数与篇均阅读数、推荐人数与篇均阅读数呈中等相关（相关系数分别为 0.335、0.357、0.481），其他两两指标均为强相关。

表 5　各替代计量指标间相关系数——管理综合

项目		博文总阅读数	博文总数	篇均阅读数	博客 h 指数	博客 R 指数	推荐人数	总评论数	主页浏览量
博文总阅读数	相关系数	1.000	.944**	.720**	.944**	.999**	.850**	.848**	.926**
博文总数	相关系数	.944**	1.000	.481**	.998**	.940**	.815**	.808**	.870**
篇均阅读数	相关系数	.720**	.481**	1.000	.495**	.731**	.605**	.623**	.678**
博客 h 指数	相关系数	.944**	.998**	.495**	1.000	.942**	.813**	.807**	.870**
博客 R 指数	相关系数	.999**	.940**	.731**	.942**	1.000	.849**	.848**	.925**
推荐人数	相关系数	.850**	.815**	.605**	.813**	.849**	1.000	.903**	.851**
总评论数	相关系数	.848**	.808**	.623**	.807**	.848**	.903**	1.000	.853**
主页浏览量	相关系数	.926**	.870**	.678**	.870**	.925**	.851**	.853**	1.000

注：**．相关性在 0.01 层上显著（双尾）；
　　*．相关性在 0.05 层上显著（双尾）。

表 6　各替代计量指标间相关系数——生命科学

项目		博文总阅读数	博文总数	篇均阅读数	博客 h 指数	博客 R 指数	推荐人数	总评论数	主页浏览量
博文总阅读数	相关系数	1.000	.911**	.659**	.912**	.996**	.750**	.755**	.873**
博文总数	相关系数	.911**	1.000	.335**	.998**	.903**	.684**	.679**	.800**
篇均阅读数	相关系数	.659**	.335**	1.000	.357**	.685**	.481**	.507**	.550**
博客 h 指数	相关系数	.912**	.998**	.357**	1.000	.907**	.683**	.679**	.800**
博客 R 指数	相关系数	.996**	.903**	.685**	.907**	1.000	.743**	.749**	.866**
推荐人数	相关系数	.750**	.684**	.481**	.683**	.743**	1.000	.875**	.749**
总评论数	相关系数	.755**	.679**	.507**	.679**	.749**	.875**	1.000	.725**
主页浏览量	相关系数	.873**	.800**	.550**	.800**	.866**	.749**	.725**	1.000

注：**．相关性在 0.01 层上显著（双尾）。

3.1.2 替代计量指标与传统文献计量指标相关性分析

在替代计量指标与传统计量指标相关性分析层面，对表7、表8进行研究发现：管理综合与生命科学这两个学科中的博文总阅读数、博文总数、篇均阅读数、博客h指数、博客R指数、推荐人数、总评论数、主页浏览量分别与发文数、h指数、被引数的相关系数均在0.1~0.3的范围内，呈弱相关。说明反映博主社会影响力的替代计量指标与反映学者学术影响力的传统文献计量指标对学者的测度涉及不同方面，对学者进行综合评价时，可以考虑纳入反映学者社会影响力的替代计量指标。

表7 替代计量指标与传统文献计量指标间相关系数——管理综合

项目		博文总阅读数	博文总数	篇均阅读数	博客h指数	博客R指数	推荐人数	总评论数	主页浏览量
发文数	相关系数	.240**	.230**	.226**	.236**	.246**	.230**	.232**	.259**
	显著性	.002	.003	.003	.002	.001	.003	.003	.001
h指数	相关系数	.267**	.258**	.230**	.265**	.273**	.246**	.241**	.275**
	显著性	.000	.001	.003	.001	.000	.001	.002	.000
被引数	相关系数	.209**	.199**	.203**	.207**	.215**	.184*	.178*	.226**
	显著性	.007	.010	.008	.007	.005	.017	.021	.004

注：**. 相关性在0.01层上显著（双尾）；

*. 相关性在0.05层上显著（双尾）。

表8 替代计量指标与传统文献计量指标间相关系数——生命科学

项目		博文总阅读数	博文总数	篇均阅读数	博客h指数	博客R指数	推荐人数	总评论数	主页浏览量
发文数	相关系数	.257**	.223**	.213**	.226**	.258**	.316**	.278**	.279**
	显著性	.000	.002	.004	.002	.000	.000	.000	.000
h指数	相关系数	.253**	.196**	.245**	.200**	.253**	.262**	.264**	.256**
	显著性	.001	.007	.001	.006	.001	.001	.000	.001
被引数	相关系数	.264**	.236**	.202**	.240**	.264**	.366**	.330**	.278**
	显著性	.000	.001	.006	.001	.000	.000	.000	.000

注：**. 相关性在0.01层上显著（双尾）。

3.2 学术类博文分析

3.2.1 替代计量指标相关性分析

管理综合与生命科学学科中学术类博文的各替代计量指标均两两相关。在管理综合领域，各替代计量指标之间的相关系数均在 0.6 以上，呈强相关。对比表 9、表 5 发现，学术类博文中的篇均阅读数与其他替代计量指标间的相关系数均有所上升；除主页浏览量外，推荐人数与其他替代计量指标间的相关系数基本呈上升趋势；除篇均阅读数外，主页浏览量与其他替代计量指标间的相关系数均有所下降。在生命科学领域，各替代计量指标之间的相关系数均在 0.5 以上，呈强相关。对比表 10、表 6 发现，学术类博文中的篇均阅读数与其他替代计量指标间的相关系数均有所上升；除篇均阅读数外，主页浏览量与其他替代计量指标间的相关系数均有所下降。

表 9　学术类博文中替代计量指标间相关系数——管理综合

项目		博文总阅读数	博文总数	篇均阅读数	博客 h 指数	博客 R 指数	推荐人数	总评论数	主页浏览量
博文总阅读数	相关系数	1.000	.959**	.829**	.959**	.996**	.862**	.851**	.832**
博文总数	相关系数	.959**	1.000	.669**	.999**	.952**	.817**	.801**	.779**
篇均阅读数	相关系数	.829**	.669**	1.000	.677**	.838**	.717**	.735**	.687**
博客 h 指数	相关系数	.959**	.999**	.677**	1.000	.954**	.817**	.801**	.779**
博客 R 指数	相关系数	.996**	.952**	.838**	.954**	1.000	.859**	.846**	.827**
推荐人数	相关系数	.862**	.817**	.717**	.817**	.859**	1.000	.902**	.802**
总评论数	相关系数	.851**	.801**	.735**	.801**	.846**	.902**	1.000	.811**
主页浏览量	相关系数	.832**	.779**	.687**	.779**	.827**	.802**	.811**	1.000

注：**. 相关性在 0.01 层上显著（双尾）；
　　*. 相关性在 0.05 层上显著（双尾）。

表10 学术类博文中替代计量指标间相关系数——生命科学

项目		博文总阅读数	博文总数	篇均阅读数	博客h指数	博客R指数	推荐人数	总评论数	主页浏览量
博文总阅读数	相关系数	1.000	.934**	.769**	.933**	.990**	.752**	.769**	.796**
博文总数	相关系数	.934**	1.000	.537**	.998**	.920**	.686**	.698**	.735**
篇均阅读数	相关系数	.769**	.537**	1.000	.546**	.774**	.603**	.613**	.574**
博客h指数	相关系数	.933**	.998**	.546**	1.000	.921**	.687**	.703**	.735**
博客R指数	相关系数	.990**	.920**	.774**	.921**	1.000	.740**	.758**	.786**
推荐人数	相关系数	.752**	.686**	.603**	.687**	.740**	1.000	.870**	.703**
总评论数	相关系数	.769**	.698**	.613**	.703**	.758**	.870**	1.000	.677**
主页浏览量	相关系数	.796**	.735**	.574**	.735**	.786**	.703**	.677**	1.000

注：**. 相关性在0.01层上显著(双尾)；
　　*. 相关性在0.05层上显著(双尾)。

3.2.2 替代计量指标与传统文献计量指标相关性分析

与前述的基本统计分析结果相比，管理综合学科学术类博文中学者的发文数、h指数与被引数与主页浏览量的相关系数保持不变，与其他替代计量指标的相关系数均有所上升；生命科学学科学术类博文中学者的发文数、h指数、被引数与其他替代计量指标的相关系数均有所降低，整体相关系数在0.3左右(见表11、表12)。

表11 学术类博文中替代计量指标与传统文献计量指标相关性分析——管理综合

项目		博文总阅读数	博文总数	篇均阅读数	博客h指数	博客R指数	推荐人数	总评论数	主页浏览量
发文数	相关系数	.312**	.311**	.280**	.316**	.316**	.280**	.242**	.259**
	显著性	.000	.000	.000	.000	.000	.000	.002	.001
h指数	相关系数	.340**	.335**	.291**	.339**	.342**	.304**	.263**	.275**
	显著性	.000	.000	.000	.000	.000	.000	.001	.000
被引数	相关系数	.283**	.277**	.262**	.283**	.287**	.238**	.192*	.226**
	显著性	.000	.000	.001	.000	.000	.002	.013	.004

注：**. 相关性在0.01层上显著(双尾)；
　　*. 相关性在0.05层上显著(双尾)。

表 12　学术类博文中替代计量指标与传统文献计量指标相关性分析——生命科学

项目		博文总阅读数	博文总数	篇均阅读数	博客h指数	博客R指数	推荐人数	总评论数	主页浏览量
发文数	相关系数	.206**	.167*	.179*	.170*	.182*	.288**	.267**	.279**
	显著性	.005	.023	.015	.020	.013	.000	.000	.000
h指数	相关系数	.215**	.165*	.221**	.167*	.201**	.248**	.253**	.250**
	显著性	.003	.025	.002	.023	.006	.001	.001	.001
被引数	相关系数	.195**	.162*	.150*	.167*	.171*	.319**	.293**	.283**
	显著性	.008	.028	.041	.023	.020	.000	.000	.000

注：**．相关性在0.01层上显著（双尾）；

*．相关性在0.05层上显著（双尾）。

3.3　非学术类博文分析

3.3.1　替代计量指标相关性分析

管理综合与生命科学学科中学术类博文的各替代计量指标均两两相关。在管理综合领域，各替代计量指标之间的相关系数均在0.5以上，呈强相关。对比表13、表5发现，学术类博文中的篇均阅读数与其他替代计量指标的相关系数均有所上升；除篇均阅读数外，主页浏览量、总评论数分别与其他替代计量指标的相关系数均有所下降。在生命科学领域，各替代计量指标之间的相关系数均在0.5以上，呈强相关。对比表14、表6发现，非学术类博文中的篇均阅读数与其他替代计量指标的相关系数均有所上升；除篇均阅读数外，主页浏览量与其他替代计量指标的相关系数均有所下降；除主页浏览量外，其他各替代计量指标间的相关系数总体上均有所上升。

表 13　非学术类博文中各替代计量指标间相关系数——管理综合

项目		博文总阅读数	博文总数	篇均阅读数	博客h指数	博客R指数	推荐人数	总评论数	主页浏览量
博文总阅读数	相关系数	1.000	.985**	.930**	.985**	1.000**	.853**	.816**	.646**
博文总数	相关系数	.985**	1.000	.875**	.999**	.984**	.847**	.797**	.617**
篇均阅读数	相关系数	.930**	.875**	1.000	.880**	.933**	.758**	.714**	.564**
博客h指数	相关系数	.985**	.999**	.880**	1.000	.985**	.850**	.799**	.619**

续表

项目		博文总阅读数	博文总数	篇均阅读数	博客h指数	博客R指数	推荐人数	总评论数	主页浏览量
博客R指数	相关系数	1.000**	.984**	.933**	.985**	1.000	.853**	.817**	.646**
推荐人数	相关系数	.853**	.847**	.758**	.850**	.853**	1.000	.825**	.619**
总评论数	相关系数	.816**	.797**	.714**	.799**	.817**	.825**	1.000	.651**
主页浏览量	相关系数	.646**	.617**	.564**	.619**	.646**	.619**	.651**	1.000

注：**. 相关性在 0.01 层上显著（双尾）；
　　*. 相关性在 0.05 层上显著（双尾）。

表 14　非学术类博文中各替代计量指标间相关系数——生命科学

项目		博文总阅读数	博文总数	篇均阅读数	博客h指数	博客R指数	推荐人数	总评论数	主页浏览量
博文总阅读数	相关系数	1.000	.980**	.937**	.979**	1.000**	.835**	.838**	.620**
博文总数	相关系数	.980**	1.000	.880**	.991**	.980**	.822**	.809**	.587**
篇均阅读数	相关系数	.937**	.880**	1.000	.878**	.940**	.743**	.774**	.555**
博客h指数	相关系数	.979**	.991**	.878**	1.000	.979**	.831**	.817**	.585**
博客R指数	相关系数	1.000**	.980**	.940**	.979**	1.000	.838**	.837**	.619**
推荐人数	相关系数	.835**	.822**	.743**	.831**	.838**	1.000	.871**	.587**
总评论数	相关系数	.838**	.809**	.774**	.817**	.837**	.871**	1.000	.565**
主页浏览量	相关系数	.620**	.587**	.555**	.585**	.619**	.587**	.565**	1.000

注：**. 相关性在 0.01 层上显著（双尾）；
　　*. 相关性在 0.05 层上显著（双尾）。

3.3.2　替代计量指标与传统文献计量指标相关性分析

与前述的基本统计分析结果相比，管理综合学科中非学术类博文中学者的发文数、h指数、被引数与主页浏览量的相关系数有所上升，与推荐人数的相关系数有所降低，与其他部分替代计量指标不存在相关性。而生命科学领域中非学术类博文中学者的发文数、h指数、被引数与其他替代计量指标的相关系数有增有减,整体相关系数在0.3左右(见表15、表16)。

表15 非学术类博文中替代计量指标与传统文献计量指标相关性分析——管理综合

项目		博文总阅读数	博文总数	篇均阅读数	博客h指数	博客R指数	推荐人数	总评论数	主页浏览量
发文数	相关系数	.112	.092	.119	.095	.113	.185*	.205**	.269**
	显著性	.149	.237	.125	.223	.145	.016	.008	.000
h指数	相关系数	.152*	.137	.159*	.137	.153*	.180	.214**	.286**
	显著性	.050	.079	.040	.076	.048	.020	.005	.000
被引数	相关系数	.089	.075	.112	.076	.090	.109	.156*	.233**
	显著性	.252	.333	.149	.326	.247	.161	.045	.003

注:**. 相关性在0.01层上显著(双尾);
*. 相关性在0.05层上显著(双尾)。

表16 非学术类博文中替代计量指标与传统文献计量指标相关性分析——生命科学

项目		博文总阅读数	博文总数	篇均阅读数	博客h指数	博客R指数	推荐人数	总评论数	主页浏览量
发文数	相关系数	.240**	.235**	.248**	.234**	.247**	.227**	.195**	.279**
	显著性	.001	.001	.001	.001	.001	.002	.008	.000
h指数	相关系数	.185*	.180**	.199**	.182*	.191*	.169	.169*	.250**
	显著性	.012	.014	.007	.013	.010	.022	.021	.001
被引数	相关系数	.314**	.284**	.340**	.298**	.321**	.307**	.279*	.283**
	显著性	.000	.000	.000	.000	.000	.000	.000	.000

注:**. 相关性在0.01层上显著(双尾);
*. 相关性在0.05层上显著(双尾)。

4. 结果与讨论

用户出于对某学科领域的兴趣、受某学者学术影响力的影响进而浏览该学者在科学网的博客,或随意浏览博客等原因点击某博主的主页,在各种因素的综合作用下可能会对博主的博文进行阅读、评论、推荐。这种情况下,博主的发博文数越多,可能会获得越多的阅读数、评论数和推荐数。实际情况中,部分科学网博主出于方便学术交流、更好地管理个人博客空间或偏好习惯等考虑，采取用户是否实名认证、是否是其好友等权限设置的措施。因此，访问者有可能无权限访问某一博主的某一博文或某些博文。与此同时，访问者在自身的研究兴趣、浏览目的等因素的影响下，对博主的博文也具有一定的选择性。所以，如果不同博主博文的篇均阅读数接近，博客 h 指数越高说明博主有多篇博文获得了高阅读数，博文有更大可能被评论、被推荐。然而，访问者受主观影响或博主权限设置影响，并不一定会对博文进行评论、推荐。

4.1 替代计量指标相关性分析

在各替代计量指标相关性分析层面，由表 5、表 6 可知，管理综合学科与生命科学学科中各替代计量指标间均在 0.01 的显著水平上两两相关，且管理综合学科中各替代计量指标间的相关系数均高于生命科学学科中各替代计量指标间的相关系数，说明相较于生命科学领域，用户访问管理综合学科领域博主的主页后更有可能对博主博文进行阅读、评论、推荐。进一步将博主博文分类为学术类博文与非学术类博文，可以发现无论是学术类博文还是非学术类博文，管理综合学科与生命科学学科中各替代计量指标均两两相关，表明博主的不同类型的博文均有用户阅读、评论、推荐。与未分类之前的各替代计量指标间相关系数相比，管理综合与生命科学中学术类博文、非学术类博文中的篇均阅读数与其他替代计量指标的相关系数均有所上升；除篇均阅读数外，主页浏览量与其他替代计量指标的相关系数均有所下降。表明用户阅读了管理综合、生命科学领域中的博文后，更有可能进行评论、推荐；主页浏览量并不能直接体现博主的受关注度，用户在浏览博主主页后是否进行阅读、评论、推荐更能反映博主的受关注度。此外，相较于学术类博文，管理综合领域中非学术类博文的总评论数与其他替代计量指标的相关系数均有所下降，表明该领域用户对博主所发布的学术类信息更感兴趣，乐于对学术类信息进行评论；相较于学术类博文，生命科学领域中博文总阅读数、篇均阅读数、推荐人数与其他各替代计量指标间的相关系数总均有所上升，表明用户既关注该领域博主的学术类博文，也对其非学术类博文保持兴趣，用户浏览博主的博文后更可能对其进行推荐。

4.2 替代计量指标与传统文献计量指标相关性分析

在替代计量指标与传统文献计量指标相关性分析层面，可以发现，在 0.01 的显著水平上，管理综合学科中两两指标的相关系数均高于生命科学学科中两两指标的相关系数。说明用户访问管理综合学科领域博主的主页时，如果博主发文数越多，那么该博主的博文可能会获得更多的阅读人数、推荐人数、评论数，其博文的篇均阅读数、博客 h 指数、博客 R 指数也可能更高。此外，在 0.01 的显著水平上，管理综合学科与生命科学学科中的篇均阅读数分别与博文总阅读数、博文总数、篇均阅读数、博客 h 指数、博客 R 指数、推荐人数、总评论数、主页浏览量的相关系数在两两指标的相关系数中都是最低的，其中篇均阅读数与博文总数及博客 h 指数与篇均阅读数的相关系数均低于 0.5，呈弱相关。访问者浏览某一博文时，一方面受到博主权限设置的限制，另一方面科学网具备审核机制，对不符合要求的博文进行隐藏。此外，访问者本身会进行偏好选择。所以篇均阅读数并不能较好地反映博主的高阅读数博文或博主整体的发文质量，与其他替代计量指标的相关性较弱。

与前述的基本统计分析结果相比，管理综合学科学术类博文中学者的发文数、h 指数、被引数与主页浏览量的相关系数保持不变，与其他替代计量指标的相关系数均有所上升；非学术类博文中学者的发文数、h 指数、被引数与主页浏览量的相关系数有所上升，与推荐人数的相关系数有所降低，与其他部分替代计量指标不存在相关性。结合表 10、表 14 可知，访问者浏览管理科学领域的博客时更关注博主的学术影响力，学者因其学术影响力可能获得更多的阅读数、推荐数和评论数。主页浏览量不能完全反映学者的学术影响力，更多反映了博主的受欢迎程度或被关注程度。发文数、h 指数、被引数与博客 h 指数、博客 R 指数的相关系数较高，用户在浏览该领域博主博文时，更关注学术类博文，倾向于对学术类博文进行推荐，表明访问者对学术类博文有更浓厚的兴趣，博客 h 指数、博客 R 指数、推荐数这三个替代计量指标更能反映学者的学术影响力。

与前述的基本统计分析结果相比，生命科学学科中学术类博文中学者的发文数、h 指数、被引数与其他替代计量指标的相关系数均有所降低；非学术类博文中学者的发文数、h 指数、被引数与其他替代计量指标的相关系数有增有减。结合表 11、表 15 可知，用户访问生命科学领域博主博客时，对博主的学术类博文与非学术类博文均有浓厚兴趣；博主本身可能对系统标签的使用没有进行详细区分。在生命科学领域，学术类博文和非学术类博文中学者的发文数、h 指数、被引数与主页浏览量的相关系数保持不变，说明主页浏览量不能完全反映学者的学术影响力，更多反映了博主的受欢迎程度或被关注程度。除主页浏览量，学术类博文中学者的发文数、h 指数、被引数与推荐人数、总评论数的相关系数最高，说明这两个指标更能反映学者的学术影响力。

4.3 结语

综上，主页浏览量、总阅读数可以反映出博主的受欢迎程度或被关注程度；博文总数反映了博主在科学网的活跃度；博客 h 指数、博客 R 指数、推荐人数、总评论数更多反映了博主的学术影响力；篇均阅读数则反映了博主博文阅读数的平均分布水平。总体来看，科学网中替代计量指标与传统文献计量指标的相关系数在 0.3 左右波动，二者呈弱相关，表明替代计量指标反映的学术影响力较低。那么各替代计量指标具体反映了何种其他的影响力，例如教育影响力、商业影响力等，未来研究中可以利用调查问卷对博主的发文动机、用户的访问动机进行调研，结合对博文的内容分析进行深入探究。

本研究也存在一定的局限性，在科学网博主与中国知网学者的匹配过程中，相较于生命科学学科，管理综合学科领域的博主有更强的信息意识，博客主页的个人信息更加完善，更易于在知网中匹配到对应的学者。生命科学领域中部分学者有海外游学经历，如果博主在海外深造后回国就业或在国内升学后就职于国外，那么在知网中只能获得这部分学者在国内的发文数、h 指数和被引数。生命科学领域中大约 35% 的博主的科研成果在国外发布，无法获取这部分学者的发文数、h 指数和被引数。此外，博主的名字如果是两个字或者都是常用字，则重名较多，需要更多信息对学者身份进行确认。本文直接使用科学网提供的系统标签将博文分为学术类博文与非学术类博文，由于系统标签是博主在发文时自行选择的，因此具有一定的主观性。未来研究中可以利用内容分析法对博文内容进行更客观的分类；引入文本挖掘，对科学网博主发表的博文内容与用户评论内容进行文本分析，将文本内容的文本长度、情感分析值与推荐数、浏览量、阅读数、评论数等指标相结合，设计科学合理的权重，实现对科学网博主更全面的测度。

◎ 参考文献

[1] 蒋宁，刘民. 医学科研评价指标体系研究综述[J]. 中华医学科研管理杂志，2005，18(5)：317-319.

[2] 蔡琼，苏丽，丁宇. 从行政主导转向国家主导：我国科研评价制度的理性选择[J]. 科学学与科学技术管理，2009，30(9)：35-39.

[3] 刘雁书，吴玮亚. 学术影响力在学术性网站评价上的应用研究[J]. 情报学报，2007，26(4)：538-545.

[4] 王勇，徐永红，姚萍. 科研评价指标——h指数研究综述[J]. 情报杂志，2011，30(b06)：41-44.

[5] 聂超，朱国祥. h指数在科研评价中的缺陷及其对策[J]. 情报理论与实践，2009，32(11)：1-2.

[6] 高慧颖，聂超，袁浩川. 基于帕累托效应的科研评价实证初探[J]. 图书情报工作，2010，54(18)：32-35.

[7] 聂超，高慧颖. 基于h指数的科研评价综合改进[J]. 情报杂志，2010，29(1)：93-96.

[8] 宋振世，周健，吴士蓉. h指数科研评价实践中的应用研究[J]. 图书情报工作，2013，57(1)：117-121.

[9] 宋歌. 科研成果创新力指标S指数的设计与实证[J]. 图书情报工作，2016(5)：77-86.

[10] 吕鑫，袁勤俭，宗乾进，等. 学术博客研究述评[J]. 图书情报工作，2012，56(6)：64-68.

[11] STUART K. Towards an Analysis of 1Academic Weblog[J]. Revista Alicantinade de Estudios Ingleses, 2006(19): 387-404.

[12] Graham S, Goodfollow T. The Blog as a High-impact Institutional Communication Tool[J]. Electronic Library, 2007, 25(4): 395-400.

[13] Thelwall M, Kousha K. Web Indicators for Research Evaluation: Part 2: Social Media Metrics[J]. El Profesional de la Informacion, 2004, 24(5): 607-620.

[14] 王宪洪，王玉玫. 网络学术信息资源与大学生利用研究[M]. 北京：中国财政经济出版社，2014.

[15] 科学网[EB/OL]. [2018-07-08]. http://www.sciencenet.cn/.

[16] 周春雷. 链接内容分析视角下的科学网博客评价探索[J]. 图书情报知识，2012(4)：11-17.

[17] 周春雷. 基于h指数的学术授信评价研究[D]. 武汉：武汉大学，2010.

[18] 赵传彪. 基于科学网的图书馆学学者学术影响力的评价与研究[J]. 图书情报工作，2015(S1)：158-160.

[19] 曹冲. 科学网图情博主学术影响力分析[D]. 郑州：郑州大学，2017.

[20] 张晓阳, 李晓亮. 科学家博客 h 指数评价及其相关性分析[J]. 图书情报工作, 2010, 54(2): 66-69.

[21] 王曰芬, 贾新露, 傅柱. 学术社交网络用户内容使用行为研究——基于科学网热门博文的实证分析[J]. 现代图书情报技术, 2016, 32(6): 63-72.

[22] 汤刚强. 网络学术社区学科关系社会网络研究[D]. 南京: 南京大学, 2015.

[23] 谭旻, 许鑫, 赵星. 学术博客共推荐关系及核心结构特性研究——以科学网博客为例[J]. 现代图书情报技术, 2015, 31(7): 24-30.

[24] 谭旻, 许鑫. 学术博客推荐网络的 h 度实证——以科学网博客为例[J]. 现代图书情报技术, 2015, 31(7): 31-36.

[25] 王曰芬, 王怡, 贾新露. 学术博客核心用户内容创作行为特征研究[J]. 图书与情报, 2017(3): 1-8.

[26] 张颖怡, 章成志, 池雪花, 等. 科研用户博文关键词标注行为差异研究——以科学网博客为例[J]. 现代图书情报技术, 2015, 31(10): 13-21.

[27] 王曰芬, 贾新露, 李冬琼. 微信学术信息共享意图影响因素研究[J]. 图书与情报, 2017(3): 9-18.

(作者贡献说明: 张洋: 论文框架调整修改, 研究思路指导; 王媛媛: 资料与数据收集, 论文撰写与修改。)

基于双重激励模型的学术期刊动态综合评价研究①

肖洁琼　奉国和

(华南师范大学经济与管理学院)

摘要：[目的/意义]期刊评价指标间权重不确定性和时间点的动态发展性是学术期刊评价面临的两大难题。基于此，提出一种新的综合评价模型，探索不同的方法对学术期刊进行评价，以获得更多有效、公平和有价值的信息。[方法/过程]以2011—2017年《中国科技期刊引证报告》为数据源，选取34种图书馆学情报学类期刊为样本期刊，经过筛选得到17个指标，使用熵权法和线性加权综合模型确定各年度的指标权重系数，得到各年度的静态综合评价值，构建激励控制模型实现对各年度静态评价值的增益水平的激励。最后引入规则确定优、劣激励因子，得到2010—2016年图书馆学情报学类期刊动态综合评价值并进行排序。[结果/结论]实证研究表明基于双重激励模型的评价法与7年时间加权CI值排序基本一致，基于双重激励模型的评价法在期刊评价中比单指标评价法更具严谨性和较强可操作性，为期刊评价提供了新思路。

关键词：增益水平；激励因子；双重激励模型；熵权法；期刊评价

Academic Journal Comprehensive Evaluation：Based on the Double Excitation Model

Xiao Jieqiong　Feng Guohe

(School of Economics & Management, South China Normal University)

Abstract：[Purpose/Significance]The uncertainty of weight between journal evaluation indicators and the dynamic development of time points are two major problems faced by academic journals. Based on this, a new comprehensive evaluation model is proposed to explore different methods to evaluate academic journals to obtain more effective, fair and valuable information. [Method/Process]Taking the 2011-2017 edition of the "Chinese Science and Technology Periodical Citation Report" as the data source, 34 kinds of library and information science journals were selected as sample journals. After screening, 17 indicators were selected, and the entropy weight

---

① 本文系国家社会科学基金项目"基于文本挖掘的科技文献知识发现研究"（项目编号：16BTQ071）的成果之一。

作者简介：肖洁琼，硕士研究生；奉国和，教授，博士。

method and linear weighted comprehensive model were used to determine the annual The index weight coefficient obtains the static comprehensive evaluation value of each year, and the incentive level is constructed to realize the incentive level of the static evaluation value of each year. Finally, by introducing rules to determine the superior and inferior incentive factors, the dynamic comprehensive evaluation values of the journals of library and information sciences in 2010-2016 are obtained and sorted. [Result/Conclusion] The empirical research shows that the evaluation method based on the dual incentive model is basically consistent with the extended total citation frequency ranking. The evaluation method based on the dual incentive model is more rigorous and more operable than the single index evaluation method in journal evaluation. It provides us a new ideas.

Keywords: gain level; inspirit factor; double incentive model; entropy weight method; journal evaluation

1. 引言

期刊学术水平综合评价（以下简称期刊评价）是科学计量学研究的重要内容和国际性难题，对于促进期刊业繁荣、科技交流以及提升科研经费绩效、建设创新型国家等都具有重要意义，也是期刊业（学）界、高校等科研机构（管理部门）等关注的焦点和难点问题[1-3]。现有文献表明，学界对于期刊评价的方法已经从一开始的定性分析发展到定量分析，定量分析也从单一指标发展到综合评价。在单一指标期刊评价中，自加菲尔德开创文献计量学以来，有大量的文献计量指标被提出，例如影响因子、h指数、总被引频次、即年指标等，这些指标也都成为期刊评价的重要指标[4]，但该方法由于仅包含一个指标的信息量，因此可能会使得评价结果不够准确。随着学者们对期刊评价的研究不断深入，开始注重多指标的综合评价方法。在多指标评价过程中，选择合适的评价方法尤其重要，学者们经过多次尝试后，认为运用主成分分析法[5]、因子分析法[6]、层次分析法[7]、灰色关联法[8]和秩和比法[9]等对期刊评价比单指标评价更为合理。另一方面，多指标评价也分为静态综合评价和动态综合评价。静态综合评价主要考察被评价对象在某个时间点上综合评价值的高低，但在现实管理决策中，通常需要大量考察被评价对象在连续一段时间内的综合评价值，即关于时序立体数据表的综合评价[10]，这种在静态评价基础上加入时间因素的多指标评价就称为动态综合评价。目前，对该问题的研究已取得了许多研究成果[11-13]，但评价过程也存在主观臆断、信息失真与操作性难等问题。一直以来，学者们致力于找到一种变量可以充分地反映期刊学术价值，或者通过其他方法构建评价指标体系[5]。然而，任何期刊评价一定程度上都是主观决定的结果，无论是指标还是计算方法的选择都可能产生完全不同的排名结果[14]。完全正确的评价排名是不存在的，为了更全面反映期刊水平，需要更加合理的科学评价方法。基于此，笔者探索用不同的方法对期刊进行评价，以获得更加有效、公平和有价值的信息，促进期刊评价理论与实践的发展。

本文考虑到不同时间段内被评价对象各指标权重和静态综合评价值权重皆可能不同，

并以此为着眼点，希望将"熵值法"和双重激励模型运用于期刊评价中。张发明[15-16]采用双重激励模型的计算方法，分别对我国中部6省和西部12省市邮政企业5年和7年间的宏观经济发展状况做出了与实际情况相符的综合排名，说明了该方法用于小样本研究的可行性。且据文献调研，迄今为止，国内尚未发现基于双重激励模型研究期刊评价问题的文献。因此，基于现有研究基础，笔者拟构建基于双重激励模型的学术期刊排名新方法，并选取国内图书情报类34种学术期刊作为样本进行实证研究，证明该方法的有效性。

2. 基于双重激励模型的学术期刊评价方法构建

本研究依据张发明[17]提出的构建激励控制模型的方法，先对数据进行标准化，同时使用"熵权法"[6]计算各年各评价指标的权重，随后使用熵值进行线性加权，得到各截面的综合得分矩阵；考虑到不同时段内被评价对象增益的不同，以此为着眼点，提出了一种基于增益水平激励的动态综合评价方法。首先，以各被评价对象在不同时段的增益为基础，求出全体被评价对象的优增益水平和劣增益水平；然后以此为据，通过反推的方式求得每个被评价对象在不同时点上的优激励点与劣激励点；再通过引入优激励因子和劣激励因子的方式对处于优激励点以上的部分给予适当"奖励"，处于劣激励点以下的部分给予适当的"惩罚"；最后通过引入规则的方式来确定优、劣激励因子，得出最终的动态综合评价值，并进行排序。具体方法及模型计算步骤如下：

步骤1：构建多指标面板数据矩阵。

记样刊数据集为X，包括m种刊物、n个指标以及T个时间段，X的三维矩阵表示为：

$$X = \begin{bmatrix} X_{11}^1 & \cdots & X_{1j}^t & \cdots & X_{1n}^T \\ \vdots & \vdots & \cdots & \vdots & \vdots \\ X_{i1}^1 & \cdots & X_{ij}^t & \cdots & X_{in}^T \\ \vdots & \vdots & \cdots & \vdots & \vdots \\ X_{m1}^1 & \cdots & X_{mj}^t & \cdots & X_{mn}^T \end{bmatrix}$$

将X按照时间维度展开，得到指标和期刊的二维矩阵X^T，如下：

$$X^T = \begin{bmatrix} X_{11} & \cdots & X_{1n} \\ \vdots & \ddots & \vdots \\ X_{m1} & \cdots & X_{mn} \end{bmatrix}$$

步骤2：得到各年度由指标和期刊构成的二维矩阵后，首先对指标数据进行标准化处理，选取极值处理法对指标进行无量纲化处理，得到标准化矩阵$R=(r_{ij})_{m*n}$，其中，$r_{ij}=(X_{ij}-m_j)/(M_j-m_j)$，$M_j=\max_i\{X_{ij}\}$，$m_j=\min_i\{X_{ij}\}$，$1\leqslant i\leqslant m$，$1\leqslant j\leqslant n$。

步骤3：将标准化矩阵$R=(r_{ij})_{m*n}$进行归一化处理，得到二次标准化矩阵$R^*=(r_{ij}^*)_{m*n}$，$r_{ij}^*=r_{ij}/\sum_{i=1}^m r_{ij}$，要求$\sum_{i=1}^m r_{ij}>0$，且当$r_{ij}\geqslant 0$时，$r_{ij}^*\in[0,1]$，无固定的最大值和最小值，同时$\sum_{i=1}^m r_{ij}^*=1$。

步骤4：确定各指标熵值 e_j 及差异系数。

使用各年二次标准化矩阵 R^*，采用熵值法确定各年度的指标权重系数，公式如下：

熵值 $e_j = -\dfrac{\sum_{i=1}^{m}(b_{ij}*\ln b_{ij})}{\ln m}$，$1 \leq i \leq m$，$1 \leq j \leq n$，其中，$b_{ij} = r_{ij}^*/\sum_{i=1}^{m}r_{ij}^*$，即为第 i 个样本期刊指标值在第 j 项指标中所占的权重，并假定当 $b_{ij} = 0$ 时，$b_{ij}*\ln b_{ij} = 0$ [18]，得到熵值 e_j 后，计算差异系数 g_j，$g_j = 1 - e_j$。

步骤5：线性加权并计算静态综合评价值矩阵。

首先，通过线性加权计算出各指标权重 w_j，$w_j = g_j/\left(n - \sum_{j=1}^{n} e_j\right)$，$1 \leq j \leq n$；

其次，计算各年度加权矩阵 $R^{**} = (r_{ij}^{**})_{m*n}$，$r_{ij}^{**} = r_{ij}^* * w_j$，$1 \leq i \leq m$，$1 \leq j \leq n$；

最后，计算各个样本期刊在各个不同时间点 $t(t=1, 2, \cdots, T)$ 的静态综合评价值。

记第 i 个样本期刊在 t_k 时间点的静态综合评价值为 y_{it}，$y_{it} = \sum_{j=1}^{n} r_{ij}^{**}$，$1 \leq i \leq m$，$1 \leq j \leq n$，$t = 1, 2, \cdots T$；于是，可得所有评价对象在各个时间点所构成的静态综合价值矩阵 Y。

$$Y = \begin{bmatrix} y_{11} & y_{21} & \cdots & y_{1T} \\ y_{21} & y_{22} & \cdots & y_{2T} \\ \vdots & \vdots & \vdots & \vdots \\ y_{m1} & y_{m2} & \cdots & y_{mT} \end{bmatrix}$$

步骤6：计算样本期刊的平均最大增益、平均最小增益以及平均增益。

由步骤5得到的指标加权矩阵 $Y = y_{it}$，可以计算样本期刊的平均最大增益量 $\eta^{\max}$，平均最小增益量 $\eta^{\min}$ 和平均增益量 $\bar{\eta}$，计算公式如下：

$$\begin{cases} \eta^{\max} = \max_{i}\left[\dfrac{1}{T-1}\sum_{t=1}^{T-1}(y_{i(t+1)} - y_{it})\right] \\ \eta^{\min} = \min_{i}\left[\dfrac{1}{T-1}\sum_{t=1}^{T-1}(y_{i(t+1)} - y_{it})\right], \quad 1 \leq i \leq m, \ 1 \leq t \leq T-1 \\ \bar{\eta} = \dfrac{1}{m(T-1)}\sum_{i=1}^{m}\sum_{t=1}^{T-1}(y_{i(t+1)} - y_{it}) \end{cases}$$

其中，$\dfrac{1}{T-1}\sum_{t=1}^{T-1}(y_{i(t+1)} - y_{it})$ 表示某个样本期刊在所有时间点的平均增益。

步骤7：计算样本期刊的优劣增益水平 η^+、η^-。

分别称 η^+、η^- 为样本期刊的优、劣增益水平，其计算公式为：

$$\begin{cases} \eta^+ = \bar{\eta} + (\eta^{\max} - \bar{\eta})k^+ \\ \eta^- = \bar{\eta} - (\bar{\eta} - \eta^{\min})k^- \end{cases}$$

其中，k^+、k^- 为相应的浮动系数，取值范围是 $(0, 1]$，代表了决策者对被评价对象整体发展状况的心理预期,如最佳、正常或最差情况下被评价对象的发展(成长)情况[15,17]。

步骤8:计算样本期刊的优劣激励值。

通过步骤7可以得到样本期刊的优、劣增益水平 η^+、η^-,将它们代入算式即可求出优、劣激励值 y_{it}^+、y_{it}^-。

$$\begin{cases} y_{it}^+ = \eta^+ + y_{i(t-1)} \\ y_{it}^- = y_{i(t-1)} + \eta^- \end{cases}, \quad t = 2, 3, \cdots, T$$

步骤9:计算各样本期刊的增益量。

针对单独某个样本期刊 s_i ($i = 1, 2, \cdots, m$) 进行处理,其获得的"奖励"的优激励量可利用其获得"奖励"后的优激励值减去未获激励值计算得到,"惩罚"的劣激励量可利用其未获激励值减去获得"惩罚"后的劣激励值得到,于是可得 v_{it}^+、v_{it}^- 分别表示各样本期刊 s_i 在第 t 时间点获得的优、劣激励量。并且,设在初始时间点不获得任何激励,应有 $v_{i1}^+ = v_{i1}^- = 0$。

$$v_{it}^+ = \begin{cases} y_{it}^+ - y_{it}, & y_{it}^+ > y_{it} \\ 0, & 其他 \end{cases}$$

$$v_{it}^- = \begin{cases} y_{it} - y_{it}^-, & y_{it} > y_{it}^- \\ 0, & 其他 \end{cases}$$

步骤10:计算样本期刊的优劣激励因子。

为确定优、劣激励因子 h^+、h^-,使用以下两个规则[15,17]:

规则1:激励总量比例性规则。对于 m 个评价对象总体来说,要求优、劣激励总量是成比例性的,即有 $r = \dfrac{h^+ \sum\limits_{i=1}^{m} \sum\limits_{t=1}^{T} v_{it}^+}{h^- \sum\limits_{i=1}^{m} \sum\limits_{t=1}^{T} v_{it}^-}$,其中 r ($r \in R^+$) 表示优激励总量和劣激励总量的比例关系,它是评价者决策意图的一种反映。当 $r > 1$ 时,表示优激励总量大于劣激励总量;当 $r < 1$ 时,表示优激励总量小于劣激励总量;当 $r = 1$ 时,表示优、劣激励总量相等。

规则2[19]:适度激励规则。要求优、劣激励因子 h^+、h^- 的和为1,即有 $h^+ + h^- = 1$。

当给定 r 时,结合规则1和规则2两式构成二元一次方程组,即可求得 h^+、h^-(h^+, $h^- > 0$)的值。

步骤11:计算各样本期刊的总动态综合评价值并排序。

在引入优、劣激励值之后,动态综合评价值还需要考虑对处于优、劣激励值上下的部分进行适当的奖惩,记 z_{it} 为第 i 个样本期刊在 t 时间点的动态综合评价值,$z_{it} = h^+ v_{it}^+ + y_{it} - h^- v_{it}^-$。

同时,为了体现"厚古薄今"的思想,加入递增型时间因子序列,令时间因子 $\tau_t = e^{\frac{t}{m}}$。最后,综合各个时间点 t,易得到第 i 个样本期刊在 T 个时间点带激励的总动态综合评价值为 $z_i = \sum\limits_{t=1}^{T} \tau_t z_{it}$,对总动态综合评价值进行排序,得到对应的排序结果。

3. 实证分析

3.1 数据来源及指标确定

检索 CNKI、万方等数据库，得到近五年关于"期刊质量""期刊学术水平""期刊学术影响力""期刊评价"的论文，合计 1000 余篇核心期刊文献，从中筛选出百余篇"国家社会科学基金"和"国家自然科学基金"项目文献。分析这些文献发现，目前国内期刊评价的指标和数据基本都来自《中国科技期刊引证报告（核心版、扩刊版）》《中国科学计量指标：期刊引证报告》和《中国学术期刊影响因子年报》等列出的指标，少则 7~8 个，多则 15~17 个[4,14,20-21]。因此，本研究选取《中国科技期刊引证报告》，在剔除有缺失数据的期刊后，将被报告收录的 34 家图书情报类期刊作为数据样本，选取 2011—2017 年共 7 年的数据，包括 9 个来源指标和 9 个被引指标，在剔除缺失数据较多的海外论文比后，最终样本为 7 年间 34 种期刊的 17 个指标数据，具体指标体系见表 1。

表 1 学术期刊评价指标体系

潜变量	显 变 量
来源指标	来源文献量、文献选出率、平均引文量、平均作者数、地区分布数、机构分布数、基金论文比、引用半衰期
被引指标	总被引频次、影响因子、即年指标、他引率、引用刊数、学科影响指标、学科扩散指标、被引半衰期、h 指数

3.2 参照指标选取

本次研究中，笔者借用 CNKI 提出的期刊影响力指标（CI）作为参照对象代替总被引频次，以消除载文量等因素对其的干扰，以探究基于双重激励模型的多指标动态综合评价与单指标评价的排序差异，从而验证了该综合评价的客观性与适用性[4,22]。CI 是由总被引频次和影响因子两个指标投射到"期刊影响力排序空间"并用向量平权的方法计算得到的综合指标，其计算公式为 $CI = \sqrt{2} - \sqrt{(1-A)^2 + (1-B)^2}$，其中：

$$A = \frac{\text{扩展影响因子值（个刊）} - \text{扩展影响因子值（组内最小）}}{\text{扩展影响因子值（组内最大）} - \text{扩展影响因子值（组内最小）}}$$

$$B = \frac{\text{扩展总被引频次（个刊）} - \text{扩展总被引频次（组内最小）}}{\text{扩展总被引频次（组内最大）} - \text{扩展总被引频次（组内最小）}}$$

3.3 数据描述统计

表 2、表 3 是这 34 种期刊的指标数据和描述性统计数据，限于篇幅，表 2 仅展示各指标 2016 年的值。考虑到各刊可能存在改名的情况，此次统计均以各期刊最新的刊名为标

准，其中，《现代图书情报技术》已于 2017 年更名为《数据分析与知识发现》，但因本文数据取自 2010—2016 年，因此仍用《现代图书情报技术》表示该刊[4]。

表 2 2016 年各样本期刊来源评价指标值表

期刊名称	来源文献	文献选出率	平均引文数	平均作者数	地区分布数	机构分布数	基金论文比	引用半衰期
大学图书馆学报	103	0.91	19.3	2.1	20	69	0.3	5.6
大学图书情报学刊	155	0.99	10.1	1.6	25	116	0.432	4.5
高校图书馆工作	118	0.92	15.5	1.7	23	94	0.576	7.5
国家图书馆学刊	91	0.98	19.6	1.5	21	62	0.32	2.7
河南图书馆学刊	634	1	6.9	1.3	29	426	0.276	3.9
晋图学刊	99	0.94	9.5	1.4	21	78	0.313	4.6
农业图书情报学刊	616	0.98	8.2	1.6	30	376	0.393	4.5
情报科学	393	0.98	19.8	2.4	25	155	0.69	6.3
情报理论与实践	315	0.96	19.8	2.5	27	138	0.72	5
情报探索	359	0.99	11.3	1.7	31	250	0.471	4.3
情报学报	130	0.91	30.1	2.9	21	62	0.8	4.6
情报杂志	420	0.99	20.6	2.4	26	179	0.65	4.6
情报资料工作	105	0.91	23.8	2.1	23	64	0.66	4
现代图书情报技术	139	0.95	22.7	2.9	19	65	0.72	5.7
数字图书馆论坛	127	0.73	18.4	2.3	18	55	0.44	3.2
四川图书馆学报	154	0.99	8	1.6	28	125	0.364	3.7
图书馆	259	0.97	17	1.7	27	184	0.56	3.9
图书馆工作与研究	327	0.98	11.1	1.4	28	234	0.48	4.4
图书馆建设	222	0.93	17	1.6	25	144	0.3	2.3
图书馆界	143	0.95	9.1	1.3	26	128	0.385	3.9
图书馆理论与实践	301	0.88	13.4	1.6	30	220	0.472	4.3
图书馆论坛	212	0.91	17.5	1.8	22	119	0.49	5.2
图书馆学刊	501	1	8.7	1.3	30	329	0.257	3.7
图书馆学研究	423	1	14.8	1.9	26	200	0.48	4
图书馆研究	167	0.98	9.4	1.5	24	139	0.479	3.4
图书馆杂志	206	0.84	15.5	1.7	22	125	0.388	5.1
图书情报导刊	601	0.99	6.7	1.4	31	434	0.273	4.2

续表

期刊名称	来源文献	文献选出率	平均引文数	平均作者数	地区分布数	机构分布数	基金论文比	引用半衰期
图书情报工作	459	0.95	27.1	2.4	26	167	0.58	3.5
图书情报知识	87	0.92	24.5	2.2	22	49	0.55	4.9
图书与情报	128	0.96	20.9	2.1	22	67	0.63	2.9
现代情报	360	0.98	17.9	2.1	29	199	0.65	4.7
新世纪图书馆	256	0.94	11.3	1.5	24	171	0.348	3.7
中国图书馆学报	50	0.91	36.9	2.2	11	29	0.64	4.7
中华医学图书情报杂志	192	0.94	14	3.32	24	82	0.23	4.1

表3　2016年各样本期刊被引评价指标值表

期刊名称	扩展总被引频次	扩展影响因子	扩展即年指标	扩展他引率	扩展引用刊数	扩展学科影响指标	扩展学科扩散指标	扩展被引半衰期	扩展H指标
大学图书馆学报	2922	3.365	0.528	0.97	476	0.92	18.31	4.8	17
大学图书情报学刊	780	0.832	0.168	0.98	270	0.92	10.38	4.3	6
高校图书馆工作	923	1.128	0.11	0.98	267	0.92	10.27	4.6	8
国家图书馆学刊	1325	2.9	0.56	0.98	316	0.92	12.15	3.3	12
河南图书馆学刊	1155	0.395	0.101	0.93	335	0.85	12.88	3.1	5
晋图学刊	352	0.427	0.131	0.99	172	0.63	9.05	5.1	4
农业图书情报学刊	2097	0.61	0.179	0.96	538	0.92	20.69	3.8	7
情报科学	3973	1.351	0.308	0.92	989	0.89	52.05	5	11
情报理论与实践	3665	1.637	0.411	0.92	761	0.89	40.05	4.5	11
情报探索	1491	0.587	0.228	0.96	498	0.89	26.21	4.2	6
情报学报	1774	1.365	0.031	0.89	408	0.84	21.47	6.8	10
情报杂志	5502	1.693	0.313	0.91	1199	0.89	63.11	4.7	15
情报资料工作	1728	2.197	0.343	0.97	387	0.89	20.37	3.9	12
现代图书情报技术	1808	1.213	0.213	0.93	475	0.92	18.27	5.2	10
数字图书馆论坛	317	0.294	0.173	0.94	136	0.85	5.23	4.3	4
四川图书馆学报	680	0.717	0.104	0.98	230	0.92	8.85	4.1	6

续表

期刊名称	扩展总被引频次	扩展影响因子	扩展即年指标	扩展他引率	扩展引用刊数	扩展学科影响指标	扩展学科扩散指标	扩展被引半衰期	扩展H指标
图书馆	2576	1.569	0.417	0.94	427	0.96	16.42	4.2	6
图书馆工作与研究	3141	1.604	0.471	0.97	550	0.92	21.25	3.7	10
图书馆建设	3264	1.707	0.33	0.97	452	0.92	17.38	4.9	13
图书馆界	542	0.622	0.077	0.98	186	0.81	7.15	4.2	4
图书馆理论与实践	1926	0.786	0.169	0.97	489	0.96	18.81	4.7	7
图书馆论坛	3490	1.878	0.788	0.95	564	0.92	21.69	5	13
图书馆学刊	2436	0.864	0.253	0.95	496	0.92	19.08	3.6	8
图书馆学研究	4289	1.697	0.293	0.94	629	0.92	24.19	3.7	14
图书馆研究	898	0.924	0.126	0.99	264	0.85	10.15	3.6	7
图书馆杂志	2726	1.886	0.403	0.98	512	0.92	19.69	4.3	12
图书情报导刊	6588	0.363	0.18	0.98	1412	0.89	74.32	6.6	10
图书情报工作	8384	2.541	0.294	0.91	1039	0.89	54.68	4	18
图书情报知识	1612	2.324	0.782	0.97	422	0.84	22.21	5.2	11
图书与情报	2593	2.87	0.411	0.98	554	0.84	29.16	4.3	17
现代情报	4162	1.243	0.285	0.95	1013	0.89	53.32	5.4	12
新世纪图书馆	1331	0.951	0.219	0.97	329	0.96	12.65	3.5	9
中国图书馆学报	3482	7.116	1.118	0.98	580	0.92	22.31	5.3	21
中华医学图书情报杂志	1228	1.083	0.307	0.82	364	0.84	19.16	3.4	7

3.4 数据处理与计算

3.4.1 指标数据标准化

在进行熵值计算以及构造激励模型时，都需要对数据进行标准化，数据标准化、熵值计算以及线性加权综合获得静态综合评价值模型过程如模型步骤1~5所示。本研究选取极值处理法和归一化处理法对指标原数据进行预处理，其次采用熵值法确定各年度的指标权重系数，最后由线性加权综合模型对各样本期刊信息进行集结，得到各年度的静态综合评价值 y_{it}。为了直观比较和计算结果的精确，将 y_{it} 放大10000倍并保留小数点后2位，如表4所示。

表4 34种图情类期刊2010—2016年 y_{it} 值表

序号	样本期刊	2010	2011	2012	2013	2014	2015	2016
1	大学图书馆学报	286.63	317.85	392.32	377.3	338.01	329.9	347.85
2	大学图书情报学刊	146.53	157.1	163.43	152.36	151.81	159.84	152.06
3	高校图书馆工作	186.18	199.1	210.46	192.78	155.72	196.37	196.79
4	国家图书馆学刊	159.86	176.43	204.54	179.18	195.7	173.09	231.2
5	河南图书馆学刊	166.03	174.69	152.46	224.84	198.92	238.4	205.95
6	晋图学刊	114.12	100.23	97.47	77.66	82.37	96.98	94.04
7	农业图书情报学刊	474.69	360.51	316.65	325.94	294.95	314.73	281.12
8	情报科学	377.12	365.79	397.14	411.37	419.85	540.17	445.35
9	情报理论与实践	315.28	338.12	340.8	379.36	391.93	386.32	410.29
10	情报探索	304.91	304.92	321.84	324.89	324.33	305.98	248.63
11	情报学报	470.47	446.87	450.02	488.96	500.19	511.89	337.33
12	情报杂志	200	197.2	261.8	263.88	294.3	274.03	506.2
13	情报资料工作	106.34	129.6	131.47	98.05	106.83	111.29	290.86
14	现代图书情报技术	245.52	250.74	293.09	291.97	311.86	299.02	316.08
15	数字图书馆论坛	115.94	137.72	107.38	106.74	120.75	119.69	133.65
16	四川图书馆学报	122.93	127.4	139.02	119.35	126.68	134.04	126.57
17	图书馆	278.73	272.97	299.79	287.15	254.85	297.87	272.11
18	图书馆工作与研究	294.09	311.74	307.8	310.31	290.17	296.76	293.01
19	图书馆建设	313.5	303.4	309.07	310.01	287.12	287.93	269.06
20	图书馆界	115.38	98.9	101.91	74.13	94.62	97.46	98.68
21	图书馆理论与实践	286.28	274.74	279.37	295.03	247.76	257.22	239.41
22	图书馆论坛	351.95	326.59	375.37	356.79	376.16	319.88	351.48
23	图书馆学刊	289.31	336.87	306.4	312.06	280.19	280.69	246.8
24	图书馆学研究	294.22	305.1	385.11	375	369.69	381.89	348.04
25	图书馆研究	141.34	141.84	135.62	124.26	137.66	142.73	143.65
26	图书馆杂志	274.33	284.7	328.2	268.52	284.87	289.69	282.08
27	图书情报导刊	1471.17	1373.22	800.68	780.37	765.4	725.02	477.47
28	图书情报工作	457.22	476.16	479.81	515.55	548.25	524.42	544.44
29	图书情报知识	226	223.35	300.72	308.57	299.44	288.54	337.82
30	图书与情报	229.35	258.71	282.23	288.53	324.51	301.66	353.43
31	现代情报	463.65	419.14	406.83	422.53	430.45	437.58	433.12
32	新世纪图书馆	148.95	188.53	179.6	216.81	162.08	180.29	181.18
33	中国图书馆学报	361.02	400.78	545.66	516.12	558.64	450.55	560.77
34	中华医学图书情报杂志	210.95	218.96	195.94	223.64	273.93	248.05	243.48

3.4.2 构造激励模型

依照上文模型,计算各指标用于模型构造,本部分的计算均使用 Excel 完成;同时,由于篇幅有限,笔者仅展示优激励因子相关数据。

(1)按上文所述步骤6,计算出样本期刊的平均最大增益 η^{max}、最小增益 η^{min} 及平均增益 $\overline{\eta}$,分别是 $\eta^{max} = 51.03$、$\eta^{min} = -165.62$、$\overline{\eta} = 0$。

(2)因为浮动系数 k^+ 与 k^- 的取值具有较强的主观性,因此笔者在尝试了 $k^+ = k^- = 0.5$、$k^+ = k^- = 0.3$、$k^+ = k^- = 0.8$ 和 $k^+ = 0.5 \& k^- = 0.3$ 等不同的组合后,发现 k^+ 与 k^- 的取值对最终结果的影响极小几乎为零,因而在征求有关专家意见后,折中取 $k^+ = k^- = 0.5$,代入步骤7,可得到优、劣增益水平分别为:$\eta^+ = 25.52$,$\eta^- = -82.81$。

(3)将 η^+ 和 η^- 代入步骤8,求出样本期刊的优劣激励值 y_{it}^+、y_{it}^-,优激励值 y_{it}^+ 的具体数据(见表5)。

表 5 样本期刊各年度优激励值表

期刊名称	2010	2011	2012	2013	2014	2015	2016
情报杂志	200	225.51	222.72	287.31	289.4	319.82	299.55
中国图书馆学报	361.02	386.53	426.3	571.17	541.63	584.16	476.07
情报资料工作	106.34	131.86	155.12	156.99	123.56	132.35	136.8
图书与情报	229.35	254.87	284.22	307.74	314.04	350.03	327.18
图书情报知识	226	251.52	248.86	326.23	334.08	324.96	314.05
情报理论与实践	315.28	340.8	363.64	366.32	404.88	417.44	411.84
图书情报工作	457.22	482.74	501.67	505.33	541.06	573.76	549.94
国家图书馆学刊	159.86	185.38	201.95	230.06	204.69	221.22	198.61
现代图书情报技术	245.52	271.03	276.25	318.61	317.49	337.37	324.54
情报科学	377.12	402.64	391.31	422.65	436.88	445.37	565.69
大学图书馆学报	286.63	312.14	343.36	417.83	402.82	363.53	355.42
图书馆学研究	294.22	319.74	330.64	410.63	400.52	395.21	407.41
河南图书馆学刊	166.03	191.55	200.21	177.98	250.36	224.44	263.92
中华医学图书情报杂志	210.95	236.47	244.48	221.46	249.16	299.45	273.57
新世纪图书馆	148.95	174.46	214.04	205.12	242.32	187.59	205.81
数字图书馆论坛	115.94	141.46	163.24	132.89	132.26	146.26	145.21
高校图书馆工作	186.18	211.7	224.62	235.97	218.29	181.24	221.88
图书馆杂志	274.33	299.84	310.22	353.72	294.03	310.39	315.21
大学图书情报学刊	146.53	172.05	182.62	188.95	177.88	177.32	185.35

续表

期刊名称	2010	2011	2012	2013	2014	2015	2016
四川图书馆学报	122.93	148.45	152.92	164.54	144.87	152.19	159.56
图书馆研究	141.34	166.86	167.35	161.13	149.78	163.18	168.25
图书馆论坛	351.95	377.47	352.1	400.89	382.31	401.68	345.4
图书馆工作与研究	294.09	319.6	337.26	333.32	335.83	315.69	322.28
图书馆	278.73	304.25	298.49	325.31	312.67	280.36	323.38
图书馆界	115.38	140.9	124.42	127.43	99.65	120.14	122.98
晋图学刊	114.12	139.64	125.75	122.99	103.18	107.89	122.5
现代情报	463.65	489.17	444.65	432.34	448.05	455.97	463.1
图书馆学刊	289.31	314.82	362.39	331.92	337.58	305.71	306.21
图书馆建设	313.5	339.02	328.91	334.59	335.52	312.64	313.45
图书馆理论与实践	286.28	311.8	300.25	304.88	320.55	273.28	282.73
情报探索	304.91	330.43	330.44	347.36	350.4	349.84	331.49
情报学报	470.47	495.98	472.38	475.54	514.47	525.71	537.41
农业图书情报学刊	474.69	500.21	386.03	342.16	351.45	320.47	340.25
图书情报导刊	1471.17	1496.68	1398.74	826.2	805.88	790.91	750.54

(4)将 y_{it}^+ 和 y_{it}^- 代入步骤9，计算样本期刊的优激励量 v_{it}^+ 和劣激励量 v_{it}^-，其中优激励量 v_{it}^+ 计算结果见表6。

表6 样本期刊各年度优激励量表

期刊名称	2010	2011	2012	2013	2014	2015	2016
情报杂志	0	28.32	0	23.43	0	45.79	0
中国图书馆学报	0	0	0	55.06	0	133.6	0
情报资料工作	0	2.26	23.65	58.94	16.73	21.06	0
图书与情报	0	0	2	19.22	0	48.36	0
图书情报知识	0	28.17	0	17.66	34.64	36.42	0
情报理论与实践	0	2.67	22.84	0	12.95	31.12	1.55
图书情报工作	0	6.58	21.86	0	0	49.34	5.5
国家图书馆学刊	0	8.94	0	50.88	9	48.12	0
现代图书情报技术	0	20.3	0	26.64	5.63	38.35	8.46
情报科学	0	36.85	0	11.29	17.03	0	120.35

续表

期刊名称	2010	2011	2012	2013	2014	2015	2016
大学图书馆学报	0	0	0	40.53	64.81	33.63	7.57
图书馆学研究	0	14.61	0	35.63	30.83	13.31	59.37
河南图书馆学刊	0	16.85	47.75	0	51.43	0	57.97
中华医学图书情报杂志	0	17.51	48.53	0	0	51.39	30.09
新世纪图书馆	0	0	34.45	0	80.25	7.3	24.63
数字图书馆论坛	0	3.74	55.87	26.15	11.52	26.57	11.56
高校图书馆工作	0	12.6	14.16	43.2	62.57	0	25.09
图书馆杂志	0	15.14	0	85.2	9.16	20.7	33.13
大学图书情报学刊	0	14.95	19.18	36.59	26.07	17.49	33.29
四川图书馆学报	0	21.04	13.9	45.18	18.19	18.16	32.99
图书馆研究	0	25.02	31.74	36.87	12.12	20.45	24.6
图书馆论坛	0	50.88	0	44.1	6.15	81.8	0
图书馆工作与研究	0	7.86	29.45	23.01	45.66	18.93	29.26
图书馆	0	31.28	0	38.16	57.82	0	51.27
图书馆界	0	42	22.51	53.3	5.02	22.68	24.3
晋图学刊	0	39.41	28.28	45.32	20.81	10.91	28.46
现代情报	0	70.03	37.83	9.81	17.59	18.39	29.98
图书馆学刊	0	0	55.98	19.86	57.39	25.02	59.41
图书馆建设	0	35.62	19.84	24.59	48.4	24.71	44.39
图书馆理论与实践	0	37.06	20.89	9.85	72.79	16.06	43.32
情报探索	0	25.51	8.6	22.47	26.08	43.87	82.86
情报学报	0	49.12	22.36	0	14.28	13.82	200.08
农业图书情报学刊	0	139.7	69.38	16.23	56.5	5.74	59.13
图书情报导刊	0	123.46	598.06	45.83	40.49	65.89	273.06

(5)计算优劣激励因子 h^+、h^-。

根据步骤10，通过计算可得 $\sum_{i=1}^{m}\sum_{t=1}^{T}v_{it}^{+} = 6484.08$，$\sum_{i=1}^{m}\sum_{t=1}^{T}v_{it}^{-} = 17722.80$，并根据规则1与规则2，取优激励总量和劣激励总量的比例关系 $r=1$，易得关于优激励因子与劣激励因子的一元一次方程：

$$6484.08(1-h^-)/17722.8\,h^- = 1$$

可得优激励因子 $h^+ = 0.73$、劣激励因子 $h^- = 0.27$(计算结果保留小数点后2位)。

3.4.3 各样本期刊总动态综合评价值及排序

依据上述计算,可得优、劣激励量和优、劣激励因子,根据步骤11,可计算第i个样本期刊在t时间点的动态综合评价值。考虑到时间的因素,对时间序列进行递增型加权,可得34种样本期刊在7年中带激励的总动态综合评价值,并根据其值大小进行排序。

同时,考虑到时间因子,参考步骤11,对7年间各期刊的CI值使用递增型序列进行加权,得到7年时间加权CI值,然后,将综合评价值排序与7年时间加权CI值排序进行比较,结果见表7。

表7 样本期刊带激励信息的综合评价信息结果表

期刊名称	动态综合值	综合值排序	7年时间加权CI值排序	排序变化
大学图书馆学报	2652.87	11	3	8
大学图书情报学刊	1191.73	28	27	1
高校图书馆工作	1482.96	25	23	2
国家图书馆学刊	1418.05	26	18	8
河南图书馆学刊	1526.85	24	30	−6
晋图学刊	741.08	34	33	1
农业图书情报学刊	2825.48	7	25	−18
情报科学	3335.2	6	6	0
情报理论与实践	2780.16	8	14	−6
情报探索	2447.69	12	19	−7
情报学报	3726.69	4	7	−3
情报杂志	2118.72	22	15	7
情报资料工作	1004.07	30	31	−1
现代图书情报技术	2183.91	18	21	−3
数字图书馆论坛	904.35	32	34	−2
四川图书馆学报	982.59	31	29	2
图书馆	2213.02	17	16	1
图书馆工作与研究	2347.75	15	13	2
图书馆建设	2365.82	13	8	5
图书馆界	758.37	33	32	1
图书馆理论与实践	2142.14	21	20	1

续表

期刊名称	动态综合值	综合值排序	7年时间加权CI值排序	排序变化
图书馆论坛	2769.85	9	4	5
图书馆学刊	2351.13	14	22	-8
图书馆学研究	2745.72	10	5	5
图书馆研究	1062.47	29	28	1
图书馆杂志	2250.82	16	12	4
图书情报导刊	7958	1	10	-9
图书情报工作	3901.69	2	2	0
图书情报知识	2162.68	20	17	3
图书与情报	2182.96	19	9	10
现代情报	3401.28	5	11	-6
新世纪图书馆	1381.88	27	26	1
中国图书馆学报	3789.16	3	1	2
中华医学图书情报杂志	1790	23	24	-1

3.5 评价结果分析

从表6中的图书馆与情报学类期刊两种方式排序比较可知：

（1）一方面，基于双重激励模型的综合评价值排序前18名的期刊绝大多数属于CSSCI核心期刊，因此通过此方法进行加权的最终结果具有一定的客观性和科学型。另一方面，基于双重激励模型的综合评价值排序与时间加权CI值排序有一定的出入，出现了偏高、偏低和基本不变的三种情况。

（2）基于双重激励模型的综合评价与时间加权CI值排序偏高的期刊包括《河南图书馆学刊》《情报理论与实践》《现代情报》《情报探索》《图书馆学刊》《图书情报导刊》和《农业图书情报学刊》7家期刊，占待评价期刊数量的20.6%。基于双重激励模型的综合评价与时间加权CI值排序偏低的期刊包括《图书与情报》《大学图书馆学报》《国家图书馆学刊》《情报杂志》《图书馆建设》《图书馆论坛》《图书馆学研究》和《图书馆杂志》共8家期刊，占待评价期刊数量的23.5%。基于双重激励模型的综合评价与时间加权CI值排序基本不变的期刊包括《大学图书馆学报》《现代图书情报技术》《图书情报导刊》等19家期刊，占待评价期刊数量的55.9%，是三种情况中比例最高的情形。

（3）对排序发生改变较大的期刊进一步分析，排序偏高的7家期刊中，3家幅度偏高6个档位，其余4家幅度偏高较多。通过对比其他数据发现，这4家期刊的即年指标、他引率、学科扩散指标、学科影响指标、H指标等在7年间均处于上升趋势，具有较强的优激励权重,因此基于双重激励模型加权的综合值排序更为靠前是合理的。排序偏低的8家期刊中,4家幅度偏低为5个位次以内,4家幅度偏低较多,分别为7、8、8和10个位次。通过对比可知,这几家期刊基本上属于CSSCI核心期刊,在7年间处于平稳状态上升趋势不显著,因此优激励因子权重不明显,与7年时间加权CI值排序的差值较大。但是,这也能从另一方面证明基于双重激励模型加权的综合值更能体现样本期刊发展状况并做出一定的预测。

综上所述,基于双重激励模型加权的动态综合评价法具有较强的客观性、适用性和预测性。

4. 结论与思考

本文以《中国科技期刊引证报告(扩刊版)》2010—2016年的17个计量指标数据为素材,运用双重激励模型评价法对图书馆与情报学期刊进行评价,结果表明,基于双重激励模型加权的动态综合评价法与7年时间加权CI值排序具有较高吻合性,也改进了单指标评价不足,真实地反映了期刊的水平,同时综合值结果排序对期刊的未来排序具有一定的预测性,能对期刊做出较公正的评价。

但本研究中对于指标间是否存在信息重合考虑不够,没有通过相关性分析剔除关联指标。同时,样本以图书馆与情报学类期刊为例,研究结论的广泛代表性需要更多样本验证,这些都值得进一步深入探讨。

◎ **参考文献**

[1]熊国经,熊玲玲,陈小山. 组合评价和复合评价模型在学术期刊评价优越性的实证研究[J]. 现代情报,2017,37(1):81-88.

[2]曾伟,田时中,田家华. 科技期刊学术影响力综合评价模型与实证[J]. 中国科技期刊研究,2016,27(3):316-323.

[3]叶继元. 学术期刊质量评价具有多元性与复杂性[J]. 清华大学学报(哲学社会科学版),2015,30(2):182-186,191.

[4]奉国和,周榕鑫,武佳佳. 基于熵权TOPSIS及因子分析的学术期刊综合评价研究[J]. 图书情报工作,2018,62(17):84-95.

[5]陈国福,王亮,熊国经,张瑞. 基于主成分和集对分析法的期刊评价方法研究[J]. 情报杂志,2017,36(3):196-201.

[6]熊国经,熊玲玲,陈小山. 基于因子分析与TOPSIS法在学术期刊评价中的改进研究[J]. 情报杂志,2016,35(7):196-200.

[7]刘爽,吕永波,张仲义. 基于AHP和PCA的多指标评价建模方法及应用[J]. 信息与控制,2015,44(4):416-421.

[8]张秦,方志耕,蔡佳佳,等. 基于广义灰色激励因子的多源不确定性指标动态综合评价模型研究[J]. 系统工程与电子技术,2009(3):586-593.

[9]王映. 加权TOPSIS与RSR法在学术期刊影响力综合评价中的应用研究[J]. 图书情报

工作，2013，57(2)：92-96.

[10] 郭亚军. 综合评价理论、方法及应用[M]. 北京：科学出版社，2007.

[11] 方兴林. 学术迹与学术矩阵在省属本科高校学报评价中的应用研究——以安徽省为例[J]. 中国科技期刊研究，2018，29(12)：1257-1266.

[12] 刘雪立，魏雅慧，盛丽娜，等. 期刊PR8指数：一个新的跨学科期刊评价指标及其实证研究[J]. 图书情报工作，2017，61(11)：116-123.

[13] 俞立平，王作功. z指数评价学术期刊的适用性及其改进研究[J]. 情报学报，2018，37(11)：1132-1139.

[14] 赵蓉英，王建品. 基于FDH模型的学术期刊评价新方法[J]. 图书情报工作，2018，62(8)：100-106.

[15] 马赞福，郭亚军，张发明，潘玉厚. 一种基于增益水平激励的动态综合评价方法[J]. 系统工程学报，2009，24(2)：243-247.

[16] 张发明. 基于双重激励模型的动态综合评价方法及应用[J]. 系统工程学报，2013，28(2)：248-255.

[17] 张发明. 综合评价基础方法及应用[M]. 北京：科学出版社，2018：122.

[18] 邱菀华. 管理决策熵学及其应用[M]. 北京：中国电力出版社，2011：169.

[19] 李玲玉，郭亚军，易平涛，冯雪丽. 基于改进分层激励控制线的多阶段信息集结方法[J]. 东北大学学报(自然科学版)，2018，39(1)：148-152.

[20] 楼文高，叶晶，武丹，张博. 期刊学术水平综合评价低维逐次投影寻踪建模与实证研究[J]. 情报理论与实践，2019(2)：87-95.

[21] 熊国经，熊玲玲，陈小山. 基于PLS结构方程模型进行学术期刊评价的实证研究[J]. 情报理论与实践，2017，40(8)：117-121.

[22] 肖闯，邓景康，伍军红. 中国学术期刊国际引证年报2016[M]. 北京：《中国学术期刊(光盘版)》电子杂志社有限公司，2016：9-12.

(作者贡献说明：肖洁琼：提出研究思路，设计研究方案，负责进行实验，采集、清洗和分析数据，以及论文起草；奉国和：提出修改意见，并校对。)

基于学科评价的跨库综合 H 指数实证研究

宋天华

(哈尔滨工业大学图书馆)

摘要:[目的/意义]学科评价对于学科建设具有重要意义。为了突破 ESI 话语垄断、标准单一和数据限定,建立一个全面、包容和开放的学科评价方法至关重要。[方法/过程]借鉴文献分布规律与 H 指数思想,依据数据库的特点,构建了一套全面、兼容和开放学科评价方法——跨库综合 H 指数。[结果/结论]结果表明,该方法兼顾了学科研究的质量和数量,结合数据库的特点,从学科基础研究、应用研究、国内研究、国际化研究和综合研究等多个视角揭示学科的特色与发展水平,为学科建设和发展提供指导。

关键词:学科评价;跨库综合 H 指数;多数据库

Empirical Study on Cross-Database Comprehensive H-Index Based on Discipline Evaluation

Song Tianhua

(Library Harbin Institute of Technology)

Abstract:[Purpose/Significance]Discipline evaluation is of great significance to discipline construction. In order to break through the monopoly of discourse, single standard and data limitation for ESI, it is essential to establish a comprehensive, inclusive and open subject evaluation method. [Method/process]Referring to the law of literature distribution and H-index idea, according to the characteristics of database, a subject evaluation method being comprehensive, compatible and open named Cross-Database Comprehensive H-index is constructed. [Result/Conclusion]The results show that the method takes into accounts both the quality and quantity of discipline research. Combining with the characteristics of database, it reveals the characteristics and development level of discipline for basic science research, applied science research, domestic research, international research and comprehensive research. And it provides guidance for the construction and development of discipline.

Keyword:discipline evaluation;cross-database comprehensive h-index;multi-database

学科建设与发展一直是高等院所最注重的课题之一。各个大学按照短期、中期和长期划分,不断地推出一个接一个的学科发展规划。制定规划的前提是必须对学科目前在国际和国内所处的地位、学科建设现状和学科生态等有一个全面和客观的分析。中国教育部为了加强学科建设，建设一批世界一流的学科群，在2012年对国内高校开展了学科评估，目的是对本国高校的学科建设提供更好的指导和依据。教育管理部门推出的学科评估虽然很全面和权威，但是评估本身动用了大量的财力物力，参与的高校也需要耗费大量资源参与其中，因此这种评估无法经常开展，不具备作为常规性普适性的学科建设依据。因此，通过开发一些客观方便的学科评价工具或指标，作为常规性和普适性的学科建设依据已经不可避免。

ESI是汤普森路透2001年推出的一个全球学科评价指标数据库，已经成为学科评价的重要工具[1-2]。邱均平团队依据ESI标准和数据展开了大量的实践研究，推出了一套大学排名[3,10]。有多少学科进入ESI，以及进入ESI学科的排名情况已经成为高校决策的重要依据。但是，ESI排名的依据是总被引次数，不够全面，没有兼顾文献的数量。提取的数据也是有选择性的，选择的期刊来源于其旗下的SCI和SSCI数据库部分期刊，而不是数据库的所有期刊。只是依据总被引次数来排名和评价，数据选择来源于单个数据库的部分期刊，虽然强调了重要期刊的作用，但忽略了数据全面性，一些重要的研究也来自于普通期刊或其他类型文献。一些研究探讨了另外的基于ESI的扩展学科评价方法[11-12]，但是仍然没有突破ESI的评价框架。h指数兼顾了文献"数量"和"质量"，自从2005年被美国物理学家赫希教授提出后，得到了广泛的认可和重视[13-14]，也在此基础上发展了更多的指标，如A指数、R指数、g指数等[15-20]。国内外对H指数的研究多集中在学者评价、期刊评价和机构评价方面。少数学者研究了H指数与学术评价的关联关系[21]以及在学科评价中的作用[22]。即使是用H指数对学科进行评价也是基于SCI和SSCI数据[23]，QS大学排名也只是简单地套用学科的H指数作为其排名记分的一定比例[24]。而ESI对学科的评价指标按照被引总数的标准过于片面，数据不够全面，而且最近几年也封闭了数据的下载权限。因此，建立基于全面、包容和开放性的综合性的学科评价指标，用于指导常规性的学科建设和学科规划，为学科发展建设提供决策支持，是很有必要的。

1. 数据与方法

数据的选择一方面要考虑全面性、权威性和代表性，以体现评价结果的公正性、客观性和全面性。数据的第一个来源是国际权威数据Web of Science核心库和EI数据库。Web of Science包含社会科学、自然科学和其他科学等几乎全部学科；考虑到实证研究学科是交通工程，具有典型工程学科属性，我们又选择了EI数据库，其为国际上工程领域最权威、最具代表性的数据库，数据在工程领域也足够全面，体现了工程类学科的特点。另一方面，学科评价还要体现地域特点，因此我们还要选择一个全面、权威和代表性的中文数据库。基于以上考虑，我们选择了CNKI数据库，该数据库具有全学科、多文献类型，数据来源包含8000多种中文期刊、会议和300万学位论文，数据具有一定的全面性，是中文数据库的代表。

学科建设具有时间累积效应，当前的学科水平是学科发展的历史积累和沉淀的结果，学科声誉、学术水平、雇主评价等都是长期积累的效应，引文也具有长期累积性的特点。

因此,我们选择了数据库的全部时间,Web of Science 是从 1985 开始直到 2018 年,EI 数据库是从 1969 年直到 2018 年,CNKI 数据库每种文献类型收录起始时间都不一样,一般情况下是从 1980 年或 1990 年直到 2018 年。数据采集时间是 2019 年 1 月。选择的实证研究学科是工程技术类学科——交通工程。对应的 Web of Science 学科类别是 Transportation 和 Transportation Science Technology。EI 数据库中对应的学科类别是其控制学科代码字段中的 Roads and Streets 以及 Bridges。CNKI 中选择的是铁路运输、公路与水路运输,考虑到 EI 以及 Web of Science 中的交通学科偏重科学与技术的特点,排除了运输经济。

在 Web of Science 中提取了中国内地的交通学科的全部文献为 24131 篇,在 EI 中提取了中国内地的交通学科的全部文献为 39521 篇,在 CNKI 中提取交通学科的 1303947 篇中文文献;之后,按照 2012 年中国教育部交通学科评估中的 25 所院校,在每个数据库中都提取计算了对应院校交通学科的 H 指数。Web of Science 和 CNKI 的引文都是来源于自身数据库,它们的 H 指数可以直接获取。EI 数据库的引文来自于 Scopus 数据库,它的 H 指数计算需要下载数据,并用 Excel 对数据进行处理统计后获得。

涉及跨库的 H 指数计算,需要考虑数据库数据的权威性、代表性和数据量以及它们之间的关系。由于数据来源于多个数据源,H 指数无法简单地套用,因此一个跨库的综合性的 H 评价模型需要被建立。借鉴于文献的分散分布规律以及核心期刊的思想,可以近乎认为 Web of Science 收录的是全球核心出版物的文献,EI 收录的是全球工程应用类核心出版物文献,CNKI 收录的是全部中文文献。因此,我们提出核心数据库的概念,核心数据库是指其收录了所涉及领域大多数(80%左右)的重要文献的数据库,但其收录的文献总量却只占所涉及领域的少数(20%左右)。基于核心数据库以及 H 指数思想,建立如下模型公式(1):

$$H_t = \sum h_i C_i \tag{1}$$

其中 H_t 是计算跨库学科评价的综合 H 指数,C_i 是 i 数据库的 H 指数系数。C_i 的计算模型如公式(2):

$$C_i = \frac{D_i^{-1}}{\sum_{i=1}^{k} D_i^{-1}} \tag{2}$$

D_i 为数据库 i 的所选学科数据总量,该学科数据可以随评价的范围而调整,如果选择某一国内部评价,则只选该国全部学科数据,如果是选择全球评价则应选择全球学科数据。

2. 研究结果

我们建立的跨库综合 H 指数,根据数据库的特点可以从不同视角揭示学科发展的特点。

2.1 Web of Science 中的 H 指数

先计算 25 所大学交通学科在 Web of Science 中的 H 指数,结果如表 1。

表1 交通学科在 Web of Science 中的 H 指数

教育部评估排名	大学名称	H(WOS)	H(WOS)排名
3	北京交通大学	40	1
4	同济大学	35	2
7	北京航空航天大学	35	2
1	东南大学	33	4
10	哈尔滨工业大学	28	5
18	北京理工大学	23	6
2	西南交通大学	22	7
5	中南大学	21	8
8	大连海事大学	20	9
15	西北工业大学	18	10
13	吉林大学	15	11
11	武汉理工大学	13	12
14	南京航空航天大学	12	13
6	长安大学	11	14
21	郑州大学	9	15
16	江苏大学	8	16
12	长沙理工大学	7	17
20	河海大学	7	17
19	大连交通大学	6	19
9	兰州交通大学	5	20
17	重庆交通大学	5	20
23	沈阳建筑大学	2	22
24	辽宁工业大学	2	22
25	福建农林大学	2	22
22	天津职业技术师范大学	1	25

Web of Science 中特别是 SCI、SSCI 和 AH&CI 数据库收录的文献以基础研究为主，因此在 Web of Science 中的 H 指数排名反映基础研究影响。从表 1 来看，中国大陆 25 所拥有交通学科的大学，它们的基础研究影响分为四个层次。第一个层次有四所院校，分别为北京交通大学、同济大学、北京航空航天大学和东南大学，它们的交通学科在 Web of Science 数据库中的 H 指数处于 40~30 的区间，基础研究比较好，在国内处于引领地位。交通学科基础研究处于第二层次的有 5 所院校，分别是哈尔滨工业大学、北京理工大学、西南交通大学、中南大学和大连海事大学，它们的交通学科在 Web of Science 数据库中的 H 指数处于 30~20 的区间，基础研究良好，在国内处于一定的领先地位。处于第二层次的有 5 所院校，分别是西北工业大学、吉林大学、武汉理工大学、南京航空航天大学和长安大学，它们的交通学科在 Web of Science 数据库中的 H 指数处于 20~10 的区间，基础研究一般，在国内处于中游水平。剩下的 11 所院校其交通学科基础研究处于第四层次，它们的交通学科在 Web of Science 数据库中的 H 指数低于 10，基础研究比较薄弱。特别指出的是，长安大学和兰州交通大学的交通学科在中国教育部的评估中排名在前十名，但从表 1 看，它们的基础研究比较薄弱，如果一直不能得到提高，那么它们的整体研究水平就没有坚强的基础，没有后劲，会影响到整个学科的建设与发展，可能会慢慢地没落。而与它们的情形相反，北京理工大学交通学科虽然在 2012 年中国教育部学科评估中排名处于中下游水平，但是其基础研究比较好，在 Web of Science 数据库中的 H 指数处于领先区间，如果能一直保持下去，甚至不断加强基础研究的领先地位，其交通学科会持续快速发展，水平不断提高，在一定时间内追上领先者。

2.2 EI 数据库 H 指数

EI 数据库主要收录工程和应用类文献，因此从 EI 数据库 H 指数排名观察大学学科应用研究情况。从表 2 中可以看出，有 7 所大学的交通学科应用研究比较好，它们是同济大学、北京理工大学、东南大学、中南大学、武汉理工大学、北京交通大学和哈尔滨工业大学。有三所院校的交通学科应用研究较好，分别是西南交通大学、江苏大学和北京航空航天大学。而在中国教育部 2012 年本科评估中排名前十的长安大学、大连海事大学和兰州交通大学应用研究比较薄弱，而交通学科是应用型比较强的工程类学科，因此在学科建设中要特别注意应用研究的发展及其在工程中的应用。

表 2 交通学科在 EI 中的 H 指数

教育部评估排名	大学名称	H(EI)	H(EI)排名
4	同济大学	40	1
18	北京理工大学	37	2
1	东南大学	32	3
5	中南大学	31	4
11	武汉理工大学	31	4

续表

教育部评估排名	大学名称	H(EI)	H(EI)排名
3	北京交通大学	30	6
10	哈尔滨工业大学	30	6
2	西南交通大学	24	8
16	江苏大学	24	8
7	北京航空航天大学	23	10
6	长安大学	19	11
20	河海大学	19	11
12	长沙理工大学	18	13
15	西北工业大学	18	13
14	南京航空航天大学	17	15
13	吉林大学	14	16
17	重庆交通大学	12	16
21	郑州大学	12	17
8	大连海事大学	10	19
9	兰州交通大学	9	20
22	天津职业技术师范大学	9	20
24	辽宁工业大学	9	20
23	沈阳建筑大学	8	23
19	大连交通大学	7	24
25	福建农林大学	4	25

2.3 CNKI 数据库的 H 指数

CNKI 数据库 H 指数排名反映的是交通学科研究在本国的影响力。从表格3中可以看出，有5所大学的交通学科研究在本国处于比较好的层次，它们是同济大学、西南交通大学、长安大学、东南大学和北京交通大学。而另外5所大学，中南大学、哈尔滨工业大学、武汉理工大学、吉林大学和河海大学的交通学科研究在本国的影响较好。而在中国教育部2012年本科评估中排名前十的大连海事大学、兰州交通大学和北京航空航天大学交通学科研究在本国的影响较弱，需要加强。

表3 交通学科在CNKI中的H指数

教育部评估排名	大学名称	H(CNKI)	H(CNKI)排名
4	同济大学	133	1
2	西南交通大学	116	2
6	长安大学	96	3
1	东南大学	95	4
3	北京交通大学	94	5
5	中南大学	81	6
10	哈尔滨工业大学	69	7
11	武汉理工大学	65	8
13	吉林大学	65	8
20	河海大学	63	10
8	大连海事大学	53	11
12	长沙理工大学	54	11
9	兰州交通大学	44	13
17	重庆交通大学	46	13
7	北京航空航天大学	41	15
21	郑州大学	37	15
19	大连交通大学	33	17
14	南京航空航天大学	32	18
15	西北工业大学	28	19
16	江苏大学	28	19
18	北京理工大学	25	21
23	沈阳建筑大学	24	22
25	福建农林大学	18	23
24	辽宁工业大学	9	24
22	天津职业技术师范大学	5	25

2.4 国际化H指数(WOS+EI)

Web of Science和EI数据库是面向全球范围的国际化数据库,因此这两个数据库的H指数可用来衡量学科国际化研究影响力或水平,如表4所示。从表4中观察到,交通学科研究国际化水平比较高的有4所院校,分别是同济大学、东南大学、北京交通大学和北京航空航天大学。而处于研究国际化水平第二层次的有四所大学,分别是哈尔滨工业大学、北京理工大学、中南大学和西南交通大学。有10所大学的交通学科研究国际化水平属于一般层次。有7所大学的交通学科研究国际化水平较弱。总体来看，处于研究国际化水平一流和准一流的交通学科只占少数，建设一流的学科群任重道远。

表4 本地化与国际化比较

教育部评估排名	大学名称	本地化 H(CNKI)	国际化 H(WOS+EI)
4	同济大学	133	36.49
3	北京交通大学	94	35.81
1	东南大学	95	32.262
7	北京航空航天大学	41	30.115
10	哈尔滨工业大学	69	28.442
18	北京理工大学	25	27.997
5	中南大学	81	24.519
2	西南交通大学	116	22.508
11	武汉理工大学	65	19.607
15	西北工业大学	28	17.802
8	大连海事大学	53	16.03
13	吉林大学	65	14.46
16	江苏大学	28	13.912
6	长安大学	96	13.879
14	南京航空航天大学	32	13.743
20	河海大学	63	11.423
12	长沙理工大学	54	11.048
21	郑州大学	37	10.026
17	重庆交通大学	46	7.57
9	兰州交通大学	44	6.445
19	大连交通大学	33	6.309
24	辽宁工业大学	9	4.603
23	沈阳建筑大学	24	4.228
22	天津职业技术师范大学	5	3.989
25	福建农林大学	18	2.728

2.5 综合H指数

综合H指数排名反映的是学科在基础研究、应用研究、国内外研究方面的总体影响。从表5可以看中，有4所大学处于交通学科研究综合影响较高的层次，综合H指数处于30~40区间，在中国大陆处于领先的地位，属于中国国内的一流学科。它们是同济大学、北京交通大学、东南大学和北京航空航天大学。有5所大学处于交通学科研究综合影响第二梯队，综合H指数处于20~30区间，它们是哈尔滨工业大学、北京理工大学、中南大学、西南交通大学和武汉理工大学，它们的研究影响较好，本国范围内属于准一流学科地位，要想建设一流的交通学科还需要加强。而处于研究综合影响中游水平的有11院校，综合H指数处于10~20区间，这些院校的交通学科要迈入一流学科还有很长的路要走，需要根据自身研究的薄弱之处不断加强建设。排名最后的7所院校，综合H指数处于0~10区间，交通学科研究能力和研究需要大力加强，否则在以后的发展中可能掉队。特别是在中国教育部本科评估中排名前十名的长安大学、大连海事大学和兰州交通大学，急需加强学科的科研能力建设、科研队伍建设和研究环境建设，否则没有发展后劲，长此下去，可能会导致交通学科逐渐没落。

表5 综合H指数计算结果

教育部评估排名	大学名称	综合H
4	同济大学	37.953
3	北京交通大学	36.844
1	东南大学	33.307
7	北京航空航天大学	30.566
10	哈尔滨工业大学	29.201
18	北京理工大学	28.272
5	中南大学	25.41
2	西南交通大学	23.784
11	武汉理工大学	20.322
15	西北工业大学	18.11
8	大连海事大学	16.613
13	吉林大学	15.175
6	长安大学	14.935
16	江苏大学	14.22
14	南京航空航天大学	14.095

续表

教育部评估排名	大学名称	综合 H
20	河海大学	12.116
12	长沙理工大学	11.642
21	郑州大学	10.433
17	重庆交通大学	8.076
9	兰州交通大学	6.929
19	大连交通大学	6.672
24	辽宁工业大学	4.702
23	沈阳建筑大学	4.492
22	天津职业技术师范大学	3.9945
25	福建农林大学	2.926

3. 结论

学科评价对于学科建设与发展具有指导作用。这个研究建立了一套全面、兼顾质量与数量、综合性的学科评价方法——跨库综合 H 指数。该方法突破了 ESI 的话语垄断、标准垄断与数据限定，以建设性的思维、全面兼容的标准和包容开放性的数据为学科评价提供了一个全面、开放、可行的常规性评价方法。这套方法既可以分开揭示不同视角的学科水平，还可以组合在一起从更广域的视角揭示学科的建设特色和发展水平。

实证研究结果表明，该方法结合数据库的数据特点，从基础研究水平、应用研究水平、本国国内研究水平及国际化研究水平等多个视角揭示了中国大陆 25 所知名大学交通学科的研究特色和研究水平，揭示了一些大学交通学科的研究特点和不足之处，以及今后需要在学科建设方面重点加强的方向。跨库综合 H 指数无论对于学科评价的理论发展还是实践开展都具有一定的贡献和意义。未来可以从学科数据文本挖掘方面开展一些研究，为学科建设提供更具体的方向指导，使学科评价体系更加完善。

◎ 参考文献

[1] 熊璐. 美国《基本科学指标数据库》的研究与应用[D]. 武汉：武汉大学，2005.
[2] 邱均平，赵蓉英，马瑞敏，牛培源，程妮，李爱群. 世界一流大学及学科竞争力评价的意义、理念与实践[J]. 评价与管理，2007(1)：33-38.
[3] 邱均平，赵蓉英，马瑞敏，牛培源，程妮，李爱群. 世界一流大学及学科竞争力评价的意义、理念与实践[J]. 科技进步与对策，2007(5)：138-142.
[4] 邱均平，杨瑞仙，丁敬达，王红星，刘华华，刘敏，王明芝，李慧，王菲菲.2009 年

世界一流大学与科研机构学科竞争力评价的做法、特色与结果分析[J]. 评价与管理, 2009, 7(2): 19-28.

[5] 邱均平, 马凤. 中国高校在建设世界一流大学过程中的进步和问题——基于2011年《世界一流大学与科研机构学科竞争力评价》的分析[J]. 中国高教研究, 2012(1): 17-22

[6] 邱均平, 赵蓉英, 王菲菲, 楼雯, 吴胜男, 周为, 赵月华. 世界一流大学与科研机构学科竞争力评价的做法、特色与结果分析[J]. 评价与管理, 2012, 10(2): 18-24.

[7] 邱均平, 楼雯, 吴胜男, 余厚强. 中国与世界: 一流大学与科研机构竞争力评价与结果分析[J]. 中国地质大学学报(社会科学版), 2013, 13(5): 105-110.

[8] 赵蓉英, 王嵩, 柴雯, 邱均平. 发展与梦想——2014—2015年世界一流大学及学科竞争力评价与结果分析[J]. 评价与管理, 2014, 12(3): 26-34.

[9] 邱均平, 楼雯. "985"大学世界一流学科建设成效研究——基于"武大版"世界大学评价结果的分析[J]. 中国社会科学评价, 2015(2): 115-125, 129.

[10] 邱均平, 欧玉芳. 面向世界一流大学建设的"985工程"高校科研竞争力评价分析——基于"十二五"期间 RCCSE 世界一流大学及学科竞争力评价报告[J]. 中国高教研究, 2016(4): 57-63.

[11] 陈仕吉, 史丽文, 左文革. 科研机构潜势学科的识别方法与实证分析——以中国农业大学为例[J]. 情报杂志, 2012, 31(2): 43-47.

[12] 李茂茂, 史丽文, 陈仕吉, 左文革. 基于 ESI 的国内外机构农业科学学科评价研究[J]. 图书情报工作, 2011, 55(S2): 280-283, 309.

[13] Hirsch J E. An Index to Quantify an Individual's Scientific Research Output [J]. Proceedings of the National Academy of Sciences of the United States of America, 2005, 102(46): 16569-16572

[14] Hirsch J E. An Index to Quantify an Individual's Scientific Research Output that Take into the Account the Effect of Multiple Coauthorship [J]. Scientometrics, 2010, 85(3): 740-755.

[15] Kosmulski M. A New Hirsch-type Index Saves Times and Works Equally Well as the Original h-index [J]. ISSI Newsletter, 2006, 2(4): 3-7.

[16] 张静. 国外 H 指数研究综述[J]. 社会科学管理与评论, 2009(4): 50-63.

[17] Olen R Brown. The h_b-index, a Modified h-index Designedto More Fairly Assess Author Achievement [J]. Redox Report, 2012, 17(4): 176-178.

[18] Tehmina A, Ali D, Dunren C, Atia A. MuICE: Mutual Influence and Citation Exclusivity Author Rank [J]. Information Processing and Management, 2016, 52(3): 374-386

[19] Hu X J, Ronald R, Chen J. In Those Fields Where Multiple Authorship is the Rule, the h-index Should be Supplemented by Role-based h-indices [J]. Journal of Information Science, 2010, 36(1): 73-85

[20] Leo E, Raf G, Ronald R. Measuring Co-authors' Contribution to an Article's Visibility[J]. Scientometrics, 2013, 95: 55-67

[21] 金贞燕,赵丹群. h指数与学术排名评价指标体系的关联性分析[J]. 图书情报工作,2011,55(4):23,33-38.
[22] 吴景芝. h指数在学科专业研究水平评价上的应用——以植物病理专业国内发表文献为例[J]. 图书情报工作,2011,55(20):28-31,110.
[23] Ozcan K. The Evaluation of the Research on the Social Sciences in Turkey:A Scientometric Approach[J]. Energy Education Science and Technology Part B-Social and Educational Studies,2012,4(4):1893-1908.
[24] 刘琨. 2017年QS世界大学学科排名解析——以矿业工程学科为例[J]. 煤炭高等教育,2017,35(6):17-22,40.

基于知识流动级联模型的作者影响力评价①

谢瑞霞 李秀霞 韩霞

（曲阜师范大学传媒学院）

摘要：[目的/意义]为更全面地评价作者影响力，综合引用和合著两要素构建知识流动级联模型下作者影响力评价的新方法——I_{Ca}（cascade influence）指数。[方法/过程]基于知识流动的级联模型，构建论文引文级联和作者合著级联，结合作者的网络影响力作为作者影响力评价模型的三要素，利用熵权法为三要素赋予客观权重，通过 TOPSIS 方法定义 I_{Ca} 指数。以情报学领域为例构建作者合著网络，对作者影响力的排名变化进行分析。[结果/结论]结果表明：引文级联、合著级联是作者知识传播的重要途径，网络影响力是作者作为知识传播者对网络知识流动的贡献值。I_{Ca} 指数综合了作者知识创造和知识传播两个层面，能够更全面地对作者影响力做出综合性评价。

关键词：引文级联；合著级联；作者影响力；知识流动

Author's Influence Evaluation Based on Cascading Model of Knowledge Flow

Xie Ruixia　LI Xiuxia　Han Xia

(School of Communication, QuFu Normal University)

Abstract：[Purpose/Significance]In order to more comprehensively evaluate the author's influence, a comprehensive method of citing and co-authoring to construct a new method for author's influence evaluation under the knowledge flow cascade model is the Cascade Influence index. [Method/Process]Based on the cascading model of knowledge flow, this paper construct the essay citation cascading and author co-ordinated cascade, combined with the author's network influence as the three elements of the author's influence evaluation model, and use the entropy weight method to give objective weight to the three elements, define the index by the TOPSIS method. Taking the field of information science as an example to build the author co-author net-

---

① 作者简介：谢瑞霞，女，1992 年生，硕士研究生，研究方向：信息计量、学术评价；李秀霞，女，1971 年生，教授，硕士生导师，研究方向：信息处理与数据挖掘；韩霞，女，1992 年生，硕士研究生，研究方向：信息分析。

work and analyze the ranking changes of the author's influence. [Result/Conclusion] The results show that citation cascading and co-ordinated cascade are important ways for authors to spread knowledge. Network influence is the contribution of the author as a knowledge disseminator to the flow of network knowledge. The index combines the author's knowledge creation and knowledge dissemination, and can evaluatethe author's influence comprehensively.

Keywords: citation cascading; co-ordinated cascade; author's influence; knowledge flow

2018年2月，中共中央办公厅、国务院办公厅印发了《关于分类推进人才评价机制改革的指导意见》（以下简称《意见》），并强调人才评价的重要性，人才评价是人才发展体制机制的重要组成部分，是人才资源开发管理和使用的前提。人才评价存在于各行各业，在科研领域，人才评价即为对作者影响力的评价。作者是科学研究的核心，是知识的创造者和传播者，作者影响力是学术资源分配、优秀人才引进、学术奖励分发的重要指标，对作者学术水平和学术影响力的评价也成为人们研究的热点。国内外学者也从多个角度对作者影响力评价方法进行了深入探讨。

影响力一词最早出现在管理学中，其被定义为"用一种为别人所乐于接受的方式，改变他人所乐于接受的方式，改变他人的思想和行动的能力"[1]。这是管理学中领导者的影响力，显而易见，作者影响力只是其中的一部分，可以认为是一个学者在学术界的领导力。目前作者影响力并没有明确的定义，根据管理学中影响力的定义，我们尝试着界定作者影响力的概念，根据影响作者影响力评价的参数——论文数量、被引频次等因素，我们可将作者影响力定义为"通过一定的途径（论文被引、合著网络）将自身的知识传递给他人，启迪他人创新和影响其知识结构的能力"。

1. 作者影响力评价方法

1.1 基于论文计量指标的评价方法

作者影响力评价研究之初，大多数学者以作者的论文影响力评价指标为该作者的影响力评价标准。1927年，Gross和Gross将论文被引次数作为评价指标，是最早将被引次数运用到论文影响力评价中的实践研究[2]。之后，学者们对被引次数进行多次修正和完善，2005年，物理学家Hrisch提出评价作者学术影响力的h指数[3]，该指数是指按照某一作者发表论文的被引次数降序排列，且有h篇论文被引次数不低于h次，则该作者的学术影响力值就是h指数，但h指数忽略了作者的论文数量、作者署名顺序、低频被引论文等因素，为弥补该指数的不足，后续研究中提出一系列的作者学术影响力评价指标。Egghhe提出g指数，将论文的被引次数按降序排列，被引次数最高的g篇论文的总被引次数应不低于g^2，该指数侧重于论文被引频次的累计贡献[4]；针对同一篇论文作者不同的署名顺序，Hagen提出作者贡献率等级分配公式，根据论文的作者数量及署名顺序计算各署名作者对论文的贡献值[5]；Bertoli-Barsotti对G指数改进，提出融入高被引文献和总被引频次

影响因素的 G_N 指数[6]。另有作者针对 h 指数的缺陷，陆续提出 a 指数，c/p 指数，hg 指数等评价指数。

国内学者许鑫和徐一方在 h 指数的基础上，将高被引论文的距今年数纳入评价体系，构建 ht 指数评价作者的学术水平及活跃程度[7]；王菲菲综合发文和引文两个维度，利用社会网络分析的中心度指标对两个维度的影响力进行测度，进而得出作者影响力的排序[8]；在评价期刊质量的特征因子算法的基础上，马瑞敏和韩小林提出评价作者影响力的改进特征因子算法，并与传统的被引频次进行了对比[9]；李海英等在 x 指数的基础上，将论文的作者数量和作者署名顺序融入评价体系，提出 v 指数[10]；郑洪平针对 h 指数存在的问题，考虑作者合作度和署名顺序提出 h_{p-c} 指数[11]；田甜针对 g 指数不能区分作者贡献差异等缺点，提出考虑总被引频次等参数的 g_{n-c} 指数[12]；陈敬宇基于 h 指数，先后提出融入作者合作因素的 hc 指数和融入发文时间的 hc(t) 指数[13]。

1.2 基于作者合著的评价方法

1965 年，Price 发表了第一篇研究科研合著网络的论文，开了分析合著网络的先河，该论文以计量指标研究了科研合作的方式等内容[14]。Kretschmer 提出合著网络的概念，并分析了研究人员发表文献成果的合作关系[15]。Barabási 等基于作者数量和累计发文量，构建了 1991—1998 年数学和神经科学领域的作者合著网络，以社会化网络指标节点度、平均最短距离、离散度、聚类系数等参数分析该合著网络的动态演化特征，结果表明：合著网络是一种无标度网络，网络的演化呈择优连接机制[16]。Fiala 等人将网络中的 PageRank 算法拓展到作者合著网络中来计算作者的影响力，进而识别出高影响力作者[17]。Liu Xiaoming 基于改进的 PageRank 算法——AuthorRank 的中心度计算方法，对数字图书馆领域作者合著网络的节点影响力进行研究[18]；Yan 和 Ding 对作者合作网络的演变网络进行分析，并证明了中心性指标对作者影响力分析的重要性[19]；OECD 以"纳米科学和纳米材料"与"粒子物理学和宇宙学"合作研究为例，采用 PageRank 算法识别出合著网络中有重要影响力的机构[20]；Abbasi 的研究表明，科学家合著网络的中心性指标，不仅可以用来判断科学家的影响力，还可以用来预测其未来的学术表现[21]。

国内学者陈卫静、郑颖研究了科学合作网络中作者的影响力，并从合作角度实例分析了合作网络中影响力较强的节点[22]；尹莉在考虑已有的论文数量、被引次数和 h 指数等指标的基础上，提出了在学术社交网络中影响力、曝光度和社交性等针对论文、作者和机构等对象的新指标，并以计算机领域为例对作者进行排名，对指标的相似度进行分析[23]；张金柱等人用作者-关键词二分网络以及数据规模对合著网络的演变进行了预测[24]；张金柱、胡一鸣以共同邻居、到达路径等相关性指标为对象，揭示了合著网络的演化机制并对其变化进行了解释[25]；李纲等人将合著网络的节点权重融入作者影响力的测度，提出类 h 混合中心性指标确定节点权重，从合著影响力判断高水平作者[26]；李日纲、郑彬彬从作者研究兴趣出发，对作者选择合作伙伴的倾向性进行研究，实践证明：研究兴趣对研究者选择合作伙伴具有显著的影响[27]。

基于以上研究我们发现，基于论文计量指标的作者影响力评价方法大多以被引次数、论文数量、最高被引次数等参数为基准,基于作者合著的评价方法则是以网络中心性指标为依据。引言中我们提到,作者影响力是通过一定的途径将自身的知识传递给他人,启迪他人创新和影响其知识结构的能力,引用和合著是作者传递知识的主要途径,因此,本文基于知识流动的级联模型,综合作者被引和合著两个层面,构建作者影响力评价模型,以期对作者影响力的评价更精确。

2. 作者影响力评价模型的构建

2.1 评价指标的选取

作者影响力是经过一定的途径对他人的知识结构或学术思想产生的影响,作为知识的创造者和传播者,作者影响力的产生途径可分为论文被引用和作者合著产生的知识流动。基于知识流动的结构,闵超等人提出引文级联的概念[28],级联是指某个事件触发后续一系列事件的过程,以微博为例,一条承载着原创者思想和观念的微博经用户的逐层转发后,形成以该微博原创者为源头的有向无环信息级联图。同样地,在论文引用中也存在一篇论文引发一系列引用的现象,前人称之为引文级联。同理,在作者合著网络中,也存在作者 a 和作者 b 建立合著关系,后续经由作者 b 将作者 a 的知识传递给其他合著者的情况,形成合著级联的现象。由此本文基于级联模型,从知识流动的角度对作者影响力进行综合性评价。

2.1.1 基于引文级联的作者影响力

论文是作者学术水平的重要体现,是作者思想和知识的结晶。论文被引用是作者思想和知识传递给他人的一种方式,进而改变引用者的知识结构。论文引用也是级联模型的一种,一篇论文经一次引用可产生二次引用,二次引用也能反映源头论文研究工作的发展、延续和评价,所以以论文被引次数评价作者时,一级引证文献和二级引证文献都应作为评价因素。综合作者在论文中的署名顺序,构建引文级联模式下作者影响力评价模型公式(1)和(2)。

$$I_C = \sum_{i=1}^{n} (C_{i1} + C_{i2}/C_{i1}) \times d_i \quad (1)$$

$$d_i = \frac{1}{j \times \sum_{j=1}^{j=m} \frac{1}{j}} \quad (2)$$

其中,I_C 为作者引文级联的影响力,n 为该作者发表论文的篇数,C_{i1} 为作者第 i 篇论文的一级引证次数,C_{i2} 为第 i 篇论文的二级引证次数。d_i 为作者对第 i 篇论文的贡献值,j 代表作者的署名顺序,m 代表论文的作者总数。

2.1.2 基于合著级联的作者影响力

合著是作者进行知识交流的主要形式,在合著网络中,作者既是知识创造者,也承担着传递知识、促进知识流动的责任。如图 1 所示，作者 e 与作者 g、作者 c 有直接合著关系，通过合著过程中的知识流动，作者 g 和作者 c 接收到作者 e 的知识灌输，经过知识的内化吸收，对其知识结构产生一定的影响；另外，作者 g 与作者 h、作者 f 又有直接合著关系，此时，作者 g 向其合著者传递的不仅有自己创造的知识，也包括从其合著者接收内化的知识，所以作者 e 经过合著关系影响到了其直接合著者和间接合著者，此处我们将基于合著级联的作者影响力定义为 I_{Co} 指数。

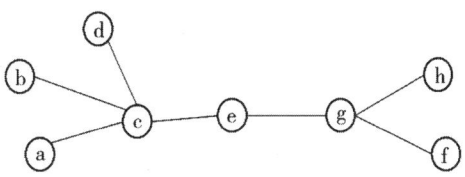

图 1　合著网络示例

$$I_{Co} = Co1 + Co2/Co1 \tag{3}$$

其中，$Co1$ 代表与作者直接合著的作者数，$Co2$ 代表经由作者直接合著者与作者形成间接合著的作者数。

在合著网络中，作者对于知识流动的作用也很重要，虽然作者 e 仅与作者 c 和作者 g 有合著关系，但是作者 e 是连通两个合著团体的重要桥梁，如果移除作者 e，则该网络会变成两个小的合著团体，相互之间没有知识交流，对自身能力的提升也会造成一定的影响。所以我们也将表征网络节点知识流动重要性的介数中心度纳入评价指标，定义为网络影响力 In 指数。

2.2　评价模型的构建

2.2.1　指标权重的确定

以引文级联、合著级联和介数中心度来计算作者影响力，由于评价指标的不一致性，我们选择赋权的方法来定义三种指标对于作者影响力的影响程度。此处我们采用客观赋值法——熵权法来确定指标的客观权重，尽量降低人为因素对评价结果的干扰，若作者在某一指标上的值几乎相等时，其熵值也就接近最大值 1，熵权近于最小值 0，则该指标对评价作者无法提供有用的信息，该指标可以取消；反之，若作者在某一指标上的值差异很大时，其熵值接近最小值 0，熵值接近最大值 1，则该指标对评价作者提供了较多可用的信息，该指标应该赋予大的权重。

2.2.2　作者影响力的计算

1981 年，TOPSIS（technique for order preference by similarity to an ideal solution）法由 Hwang 和 Yoon 首次提出，TOPSIS 法也称逼近理想解排序法或理想点法，是在现有的评价

对象中,根据评价对象与理想化目标的接近度,对评价对象进行相对优劣评价进而对其排序的方法。利用 TOPSIS 模型构建 I_{Ca} 指数的过程是:首先利用已赋予权重的作者 I_C 指数、I_{Co} 指数和 In 指数构建原始数据矩阵 Amn, 找到 I_C 指数、I_{Co} 指数和 In 指数均最优的向量 Z^+(正理想解)和最劣的向量 Z^-(负理想解)(公式(5));其次根据公式(6)分别计算各合著作者与正理想解和负理想解的距离 D_i^+ 和 D_i^-;最后,采用公式(7)获得各评价作者与理论正理想解(理想作者)的相对接近度 I_{Ca} 指数。

$$Amn = (aij)m*n(i \in m, j \in n) \tag{4}$$

$$\begin{cases} Z^+ = \{\max(I_C), \max(In), \max(I_{Co})\} \\ Z^- = \{\min(I_C), \min(In), \min(I_{Co})\} \end{cases} \tag{5}$$

$$\begin{cases} Di^+ = \sqrt{\sum_{j}^{n}(aij - Zj^+)^2} \\ Di^- = \sqrt{\sum_{j}^{n}(aij - Zj^-)^2} \end{cases} \tag{6}$$

$$I_{Ca} = \frac{D_i^-}{D_i^+ + D_i^-} \tag{7}$$

3. 实证分析

3.1 数据来源及处理

以我国情报学领域的作者合著网络为研究对象,选取收录于 CSSCI 的情报学核心期刊(包括两栖期刊):《情报学报》《情报杂志》《情报理论与实践》《情报杂志》《图书情报工作》《情报资料工作》《图书情报知识》《图书与情报》《数据分析与知识发现》(原名为《现代图书情报技术》),共计九种期刊。以这九种期刊为数据源,限定时间范围为 2013—2017 年,共检索到文献 11360 篇,去除期刊投稿须知、会议通知、序、通知公告等无关项后,共计得到目标文献 10967 篇,提取这些文献的文献题录信息,包括作者及所属机构等,以.txt 文件格式导出 CSSCI,将下载的文献题录信息导入 Bicomb 中。考虑到作者重名问题,我们对目标数据进行清洗,第 ,针对作者署名单位不规范问题,采用统一的命名单位,例如:[邱均平]武汉大学.中国科学评价研究中心,[邱均平]武汉大学.科学评价研究中心,[邱均平]中国科学评价研究中心,[邱均平]武汉大学.信息资源研究中心,[邱均平]武汉大学.信息管理学院,将统一命名为[邱均平]武汉大学.信息管理学院。第二,针对不同单位同名的作者,则以合著团队为标准,若重名作者的合著团队相同,则认为是同一作者,若以合著团队无法分辨作者身份,则以发文时间和教育经历为辅助辨别是否为同一作者。对数据进行清洗后,共计有 10608 位作者,我们选取这 5 年内发文量大于 15 的作者为本文研究的合著作者数据集,共 151 位。选取规模最大的合著网络进行分析,该合著网络包括 44 位作者(如图 2 所示)。

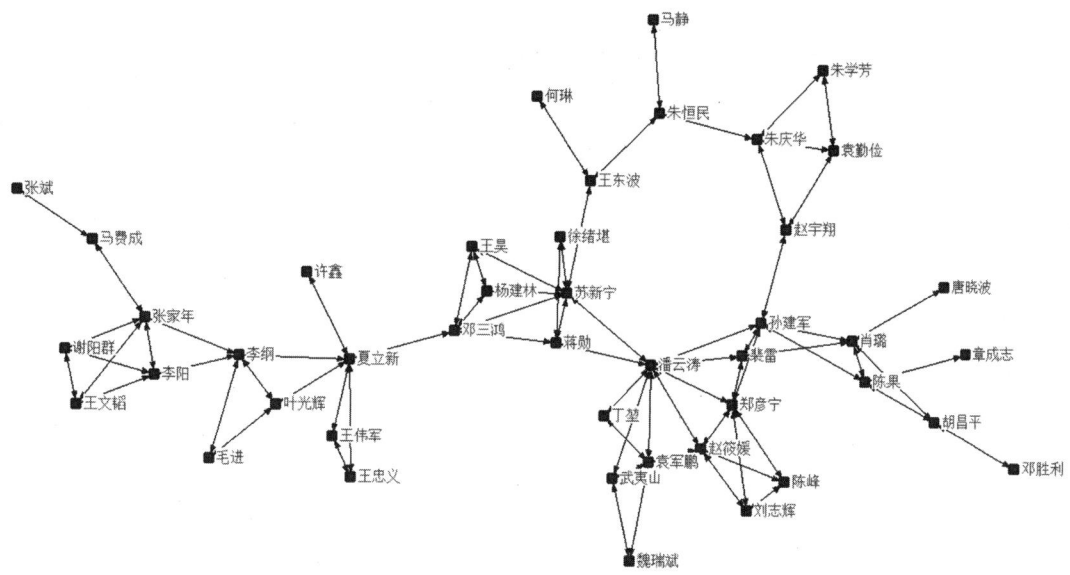

图 2　最大合著网络图

3.2　实证结果

根据公式(1)、公式(2)和公式(3)分别计算得每位作者的引文级联和合著级联,根据可视化软件 Netdraw 中心性分析指标得到每位作者的介数中心度,即作者的 I_n 指数。利用熵权法求得 I_C 指数、I_{Co} 指数、I_n 指数的权重分别为 0.234547、0.091589、0.673864,根据 TOPSIS 方法计算各作者的 I_{Ca} 指数(见表1)。

表 1　作者影响力数据统计(部分)

序号	作者	I_C 指数	I_{Co} 指数	I_n 指数	I_{Ca} 指数
1	李　纲	477.26	6.20	239.5	0.584289
2	朱庆华	209.59	4.50	63.5	0.190985
3	苏新宁	145.25	8.43	350.5	0.703317
4	许　鑫	250.28	6.00	0	0.153038
5	孙建军	207.75	7.83	243	0.531194
6	唐晓波	395.59	5.00	0	0.228783
7	赵宇翔	139.02	5.33	82	0.19529
8	章成志	70.38	4.00	0	0.039099
9	邓胜利	142.77	3.00	0	0.087693
10	夏立新	90.84	7.17	401	0.739701

续表

序号	作者	I_C 指数	I_{Co} 指数	In 指数	I_{Ca} 指数
11	王东波	58.24	5.67	140	0.294172
12	谢阳群	74.7	3.67	0	0.042102
13	袁勤俭	68.27	3.67	9.333	0.042843
14	陈 峰	141.14	4.33	0	0.086642
15	王 昊	55.38	4.67	0	0.028566
16	潘云涛	38.7	10.22	444.667	0.744476
17	郑彦宁	102.69	7.00	56	0.134384
18	武夷山	398.61	5.33	18.333	0.23943
19	胡昌平	147.38	4.33	42	0.129216
20	李 阳	133.56	5.00	38	0.116483
21	邓三鸿	45.93	6.60	391	0.710422
22	王伟军	85.9	4.00	0	0.049832

3.3 实证结果分析

3.3.1 同一作者的不同排名比较

(1)如表2所示,作者影响力排名前三的分别是潘云涛、夏立新和邓三鸿。潘云涛 I_C 指数排名为41、I_{Co} 指数和 In 指数排名均为1,夏立新 I_C 指数排名为19、I_{Co} 指数排名为4、In 指数排名为2,邓三鸿 I_C 指数排名为39、I_{Co} 指数排名为9、In 指数排名为3。三位作者发表的论文被引次数较少,对他人知识结构和思想造成的影响较小,他们通过合著形成了较好的知识流动,其知识储备和学术能力能够对直接合著者和间接合著者形成很好的影响。从图2可知,三位作者处于网络的中心,经由他们形成的知识流动通道较多,对整个合著网络的知识畅通起到了一定的作用。

表2 各指标下作者影响力排名(部分)

作者	I_{Ca} 指数	排名	I_C 指数	排名1	I_{Co} 指数	排名2	In 指数	排名3
潘云涛	0.744476	1	38.7	41	10.22222	1	444.667	1
夏立新	0.739701	2	90.84	19	7.166667	4	401	2
邓三鸿	0.710422	3	45.93	39	6.6	9	391	3
苏新宁	0.703317	4	145.25	9	8.428571	2	350.5	4
李 纲	0.584289	5	477.26	1	6.2	11	239.5	6

续表

作者	I_{Ca} 指数	排名	I_C 指数	排名1	I_{Co} 指数	排名2	I_n 指数	排名3
孙建军	0.531194	6	207.75	6	7.833333	3	243	5
蒋 勋	0.31993	7	122.41	15	6.75	8	147	7
王东波	0.294172	8	58.24	32	5.666667	16	140	8
张家年	0.268702	9	135.65	13	5.8	15	120	9
武夷山	0.23943	10	398.61	2	5.333333	18	18.333	22
唐晓波	0.228783	11	395.59	3	5	20	0	25
朱恒民	0.199749	12	63.29	30	4.666667	23	93.333	10
肖 璐	0.196147	13	57.6	34	6	12	92	11
许 鑫	0.153038	17	250.28	4	6	12	0	25
马费成	0.145218	18	179.03	7	4	31	42	17
张 斌	0.068765	26	113.91	16	2	44	0	25
王文韬	0.04992	28	86.03	21	3.666667	35	0	25
丁 堃	0.021036	42	44.77	40	6	12	0	25
马 静	0.007951	43	26.68	42	3	40	0	25
毛 进	0.007732	44	26.37	43	3.5	38	0	25

(2) 作者影响力排名后三的分别是丁堃、马静和毛进。丁堃 I_C 指数排名为40、I_{Co} 指数排名为12，马静 I_C 指数排名为42、I_{Co} 指数排名为40，毛进 I_C 指数排名为44、I_{Co} 指数排名为38，三位作者的 I_n 指数值均为0。由于此三位作者论文的观点和研究内容获得了少数人的关注，对学者们的影响较小，丁堃作者通过合著产生的知识影响相对较大，但由于三位作者均处于合著网络的边缘，未对网络知识流通作出贡献，若移除这几位作者，对网络连通几乎没有影响，所以其综合影响力相对较小。

3.3.2 不同作者的不同排名比较

(1) 考虑引文级联的重要性。对比李纲和孙建军，I_{Co} 指数中，李纲排名为11、孙建军排名为3，I_n 指数中，李纲排名为6、孙建军排名为5。在合著网络中，与孙建军建立合著关系的作者更多，交流的经验和知识更加丰富，而且孙建军在网络中的位置较李纲更趋于中心，是网络连通的一枚重要媒介。由于 I_C 指数中，李纲排名为1、孙建军排名为6。说明通过论文的写作和被引，李纲作者对其他学者和学术界的贡献值更大、影响力更大。

(2) 考虑网络影响力的重要性。对比王东波和张家年，I_C 指数中，王东波排名32、张家年排名13，I_{Co} 指数中，王东波排名16、张家年排名15。通过引文级联，张家年的论文观点被更多的人认可；通过合著级联，张家年与更多的学者合著，形成了更多的信息传播路径。In 指数中，王东波排名为 8、张家年排名为 9，王东波的位置较张家年更趋于网络中心，经由王东波形成的合著关系更多，若分别移除两位作者，则移除王东波对网络流通畅通性的破坏更大。所以综合以上三者，王东波的影响力略大。

(3) 考虑合著级联的重要性。对比张斌和王文韬，I_C 指数中，张斌排名为 16、王文韬排名为 21，两者相差 5 个排名，两者 In 指数都为 0，张斌所著论文被更多人引用到自己的学术创作中，为促进学术的发展作出了更多的贡献。但是由于在 I_{Co} 指数中，张斌排名为 44、王文韬排名为 35，王文韬在合著网站中所处位置较张斌更重要，是多条知识流动路径的媒介，致使最终影响力排名中，张斌为 26、王文韬为 28，相差 2 个排名。

综上，作为知识的创造者和传播者，作者影响力评价包括引文级联、合著级联和网络影响力三方面，其中，引文级联和合著级联是作者知识传播的重要途径，网络影响力表明了作者在合著网络中传播信息、保证信息畅通的重要性。

4. 总结

基于知识流动的不同途径，本文以引文级联、合著级联和网络影响力为评价作者影响力的指标，由于评价指标的不一致性，采用熵权法对三种指标赋予客观权重，并利用 TOPSIS 方法计算作者综合影响力——I_{Ca} 指数。以情报学领域为例构建作者合著网络，从同一作者的不同排名、不同作者的不同排名两方面对评价结果进行分析，作者论文被引、作者合著都是知识流动的途径，是作者传播影响力的方式，作者网络影响力表明了作者对网络知识流动的贡献，三者都是评价作者影响力不可或缺的因素。I_{Ca} 指数综合了作者引文级联对引用者的影响、作者合著对直接和间接合著者的影响、作者在合著网络中的重要性，是一种既全面又精确的作者影响力评价方法。

◎ **参考文献**

[1] 斯蒂芬·罗宾斯. 组织行为学[M]. 北京：中国人民大学出版社，1997.

[2] Gross P L K, Gross E M. College Libraries and Chemical Education[J]. Science, 1927, 66: 385-389.

[3] Hirsch J E. An Index to Quantify an Individual's Scientific Research Output[J]. Proceedings of the National Academy of Sciences of the United States of America, 2005, 102(46): 16569-16572.

[4] Egghe L. Theory and Practice of the g-Index[J]. Scientometrics, 2006, 69(1): 131-152.

[5] Hagen N T. Harmonic Allocation of Authorship Credit: Source-level Correction of Bibliometric Bias Assures Accurate Publication and Citation Analysis[J]. Plos One, 2008, 3(12): e4021.

[6] Bertoli-Barsotti L. Normalizing the g-Index[J]. Scientometrics, 2016, 106(2): 645-655.

[7] 许鑫，徐一方. Ht 指数——基于时间维度的 H 指数修正[J]. 情报学报，2014, 33(6): 605-613.

[8] 王菲菲. 发文与引文融合视角下的科学计量学领域核心作者影响力分析[J]. 科学学与科学技术管理, 2014(12): 45-55.

[9] 马瑞敏, 韩小林. 基于特征因子算法改进的作者影响力评价研究[J]. 重庆大学学报(社会科学版), 2015, 21(2): 106-109.

[10] 李海英, 许强, 李恩科. 评价领域作者影响力的新指标——v指数[J]. 情报杂志, 2015(12): 38-43.

[11] 郑洪平. h_(p-c)指数——作者合作视角下的纯h指数修正[J]. 情报杂志, 2016, 35(3): 159-164.

[12] 田甜. 一种评价领域作者影响力的改进G指数G_(N-C)的评价与实证研究[J]. 图书情报工作, 2016(10): 108-114.

[13] 陈敬宇. 作者合作与时间因素视角下的作者影响力评估[J]. 情报杂志, 2017, 36(6): 186-191.

[14] Derek J. DeSolla Price. Networks of Scientific Papers[J]. Science (NewYork, N. Y.), 1965, 149(3683): 510.

[15] Kretschmer H. Author Productivity and Geodesic Distance in Bibliographic Co-authorship Networks, and Visibility on the Web[J]. Scientometrics, 2004, 60(3): 409-420.

[16] Barabasi A-L, Jeong H, Neda Z, et al. Evolution of the Social Network of Scientific Collaborations[J]. Physica A: Statistical Mechanics and Its Applications, 2002, 311(3): 590-614.

[17] Flala D, Rousselot F, Jezek K. PageRank for Bibliographic Networks[J]. Scientometrics, 2008, 76(1): 135-158.

[18] Xiaoming Liu, Johan Bollen, Michael L Nelson, et al. Co-authorship Networks in the Digital Library Research Community[J]. Information Processing and Management, 2005, 41(6): 1462-1480.

[19] Yan E, Ding Y. Applying Centrality Measures to Impact Analysis: A Coauthorship Network Analysis[J]. Journal of the American Society for Information Science and Technology, 2009, 60(10): 2107-2118.

[20] Igami, Saka A. Capturingthe Evolving Nature of Science, the Development of New Scientific Indicators and the Mapping of Science[EB/OL]. [2019-01-20]. http://www.oecd-ilibrary.org/science-and-technology/capturing-the-evolving-nature-of-science-the-development-of-new-scientific-indicators-and-the-mapping-of-sci-ence_300005636714.

[21] Abbasi A. H-type Hybrid Centrality Measures for Weighted Networks[J]. Scientometrics, 2013, 96(2): 633-640.

[22] 陈卫静, 郑颖. 科学合作网络中作者影响力测度研究[J]. 情报理论与实践, 2013, 36(6): 85-88.

[23] 尹莉. 学术社交网络中作者排名新指标的计算研究[J]. 情报杂志, 2015(6): 55-61.

[24] 张金柱, 韩涛, 王小梅. 作者-关键词二分网络中的合著关系预测研究[J]. 图书情报工作, 2016, 60(21): 74-80.

[25] 张金柱,胡一鸣. 利用链路预测揭示合著网络演化机制[J]. 情报科学,2017(7):75-81.

[26] 李纲,郑彬彬. 基于类h混合中心性指标改进的作者影响力测度研究[J]. 情报科学,2017,V35(1):3-7.

[27] 李纲,徐健,毛进,等. 合著作者研究兴趣相似性分布研究[J]. 图书情报工作,2017,61(6):92-98.

[28] 闵超,Ding Y,李江,等. 单篇论著的引文扩散[J]. 情报学报,2018,37(4):5-14.

基于主路径的研究领域主题演化识别
——以日常生活信息查询行为领域为例

李萍　任秋菊　韩毅

（西南大学计算机与信息科学学院）

摘要：[目的/意义]应用计量学方法从历史维度识别特定研究领域的演化特征及历史路径对预测研究发展态势具有重要意义，尤其对研究人员选题价值巨大。[方法/过程]本研究以日常生活信息查询行为领域为样本，借助Web of Science获取该领域的主要数据，基于引用关系应用HistCite™绘制该领域的引文网络图，利用Pajek的主路径算法识别出该研究领域的演化路径，基于主路径文献关键词分布的统计来分析该领域的研究历史路径特征。[结果/结论]研究结果表明：日常生活信息查询行为的主路径由10篇文献构成；其历史发展可分为4个阶段，每个阶段都有不同的研究重点；其演化特征主要表现为：主路径演化脉络呈现领域研究主题均匀分布和阶段性研究主题聚类分布；领域研究内容实现了从概念、理论定义到对特定群体ELIS模型及方法体系的建立与完善。

关键词：日常生活信息查询；引文网络图；主路径；关键词；历史演化路径

The Recognition of Subject Evolution in Research Field Based on Main Path Analysis：Taking the Field of Everyday Life Information-seeking Behavior for Example

Li Ping　Ren Qiuju　Han Yi

（College of Computer and Information Science，Southwest University）

Abstract：[Purpose/Significance]It is of great significance to identify the evolutionary characteristics and historical path for a specific research field from the historical dimension in predicting the development, especially selecting the topics for researchers. [Method/Process]In the study, the field of everyday life information-seeking behavior was taken as a sample, the data was retrieved in Web of Science, the HistCite™ was applied to draw the citation network map based on the citation relation, the main path algorithm in Pajek was utilized to identify the evolutionary path for the everyday life information-seeking behavior and the historical path characteristics was revealed based on the statistical distribution of keywords in main path literature. [Result/Conclusion]The research results have showed that: the main path in everyday life information seeking behavior was consisted by 10 documents; its historical development can be divided into 4 stages, and each stage has different research focus; its evolution characteristics mainly include: the research subjects in the sample domain is evenly distributed, and the research topics in every stage are clustered; the research contents in ELIS, such as from definition of concepts and theory to the model and methodology for specific groups, are constructed and improved in time dimension.

Keywords: everyday life information seeking; citation network diagram; main path; keywords historical evolution path

在早期，对用户信息行为的研究主要集中在结构化的工作、学习等方向较为明确的学科领域，而对随机性高且对环境高度依赖的日常生活信息查询行为方向的研究没有得到足够的重视[1]。在20世纪70年代前后，一些学者对不同工作领域及社会阶层的市民日常生活信息查询行为进行了初步探究。Savolainen将日常生活信息查询(everyday life information seeking, ELIS)定义为"在日常生活中人们用于自我定位或解决与完成工作任务没有直接关系问题的各种(认知和表述)信息内容的获取"[2]，自此开启了日常生活信息查询行为领域研究的蓬勃局面。国内外学者分别针对处于不同年龄阶段、社会阶层及社会角色的研究对象展开调研，对其日常生活信息查询行为进行调查与分析，主要使用的方法包括访谈法、日志法、摄影法、观察法和调查问卷法[3]。从对ELIS领域概念外延、理论的研究及对模型和方法体系的提出与建立，发展到针对特定人群的日常生活信息查询行为进行研究，实现对其模型的完善及相关研究方法体系的改进与拓展。

1. 国内外研究进展

Dervin对西雅图和华盛顿地区居民信息需求的调查开启了国外日常生活信息查询行为研究的先河[4]；20世纪80年代，Chatman针对低收入者、退休女性和清洁工等的日常生活信息查询行为进行研究，并提出了贫穷、圆周生活、规范行为等理论[5]；Savolainen(1995)正式定义了"日常生活信息查询"的概念，并提出了ELIS模型[2]；同年，张晓林等用问卷的方式对居民信息需求行为的调查[6]开创了国内日常生活信息查询行为的先河。在之后20多年研究中，学者们针对特定研究对象的ELIS展开了调研，典型的有：McKenzie研究了孕期女性的ELIS行为模式[7]；Shenton等人对4~18岁的儿童和青少年的日常生活信息查询行为进行了调研[8]；Wsetbrook对家庭暴力受害者的日常生活信息查询行为展开调研[9-10]；肖永英、李琳琳等人对农民工[11]、低收入者[12]等人群ELIS进行了研究；丁恩俊阐述了国内外的ELIS理论及模型，并总结研究中值得关注的问题及今后可能的研究方向[13]；申东阳以特定地域的大学生为研究对象，研究了大学生在日常生活信息查询行为中人际关系利用的特征及影响因素，并认为：不同属性(学历、年龄段、家庭背景、性别)的大学生对人际关系利用具有明显的差异[14]；韩毅、袁庆等通过个案访谈、小规模调研及调查问卷等方法进行调研，探讨了大学生日常生活信息查询行为中利用人际关系的主要特征及查询的主题类型[15-16]。

2. 研究对象与研究内容

国内外学者对日常生活信息查询行为领域各方面的研究都较全面和成熟，但对于该领域的整个研究进程及历史演化路径的研究相对较少。因此，本研究将以日常生活信息查询行为研究中的已有文献为对象，利用主路径方法来研究该领域的历史演化路径，并分析主路径文献的内容特征，确定该领域研究内容的主题分布。

具体来说，在该研究过程中，需要理清以下内容：日常生活信息查询行为领域研究文献的引文网络分析、主路径演化分析、对演化脉络基于关键词的内容特征分析，以及该领域研究的历史路径取向总结。

3. 研究设计

3.1 研究方法

本文采用加菲尔德等人基于 Web of Science 开发的 HistCite™ 对该领域内的文献创建引文网络图，再借助 Pajek 对得到的引文网络图进行主路径的提取和分析，最后使用 Refviz 对相关文献的关键词及摘要中的关键词汇进行提取与分析。

3.2 数据收集与整理

本研究主要针对 ELIS 研究领域的已有文献展开，因此需要收集该领域的重要研究成果。主要以 Web of Science 的核心集合数据库作为数据来源，以（TS=("everyday-life" OR "everyday" OR "daily-life" OR "citizen" OR "no-work") AND TS=("information-seeking" OR "information-seeking*")）为检索式进行基本检索，并将其限制于"information science library science"领域，最终筛选出 238 篇文献作为待分析对象。

4. 研究结果

4.1 引文网络图分析

通过 HistCite™ 对已有数据进行引文网络分析，得到引文网络图（见图1）。图中，每个节点代表一篇文献，且每个节点根据文献的发表年限进行顺序编号（之后对于该图的分析皆用编号代替文献），每个节点由圆圈代表，圆圈大小与 LCS（本地被引数）呈正相关；节点之间的连线方式是由施引文献指向被引文献的有向箭头。如图1所示，图中共包含238个节点，11497条引用连线，其中 LCS 最大值为62，节点代表的文献发表年限范围是1989—2018年。

通过引文网络分析，可认为图中圆圈较大的节点，如4、6、21、44等代表的文献是该领域中的高被引文献、关键文献，也是该研究领域知识传承与继承的关键节点。其中圆圈最大的4号节点对应的文献是 Savolainen 在1995年所发表的，文中他首次提出了"everyday life information seeking（ELIS）"这一术语，并明确定义了日常生活信息的外延，同时提出了 ELIS 模型[2]。因此，该文可认为是日常生活信息查询领域研究的正式确立和开始标志，对后期学者们对该领域的研究有引领和开拓作用。此外，在图中还存在许多边缘的孤立点（LCS=0），这表明这些文献在该领域引文网络的主题脉络演化中可能没有产生实质性影响[17]，因此对于这类文献的分析有两个方向：①认为该文献在该领域的作用不大，可以忽略；②认为该类文献可能是该领域一个新兴的研究方向。

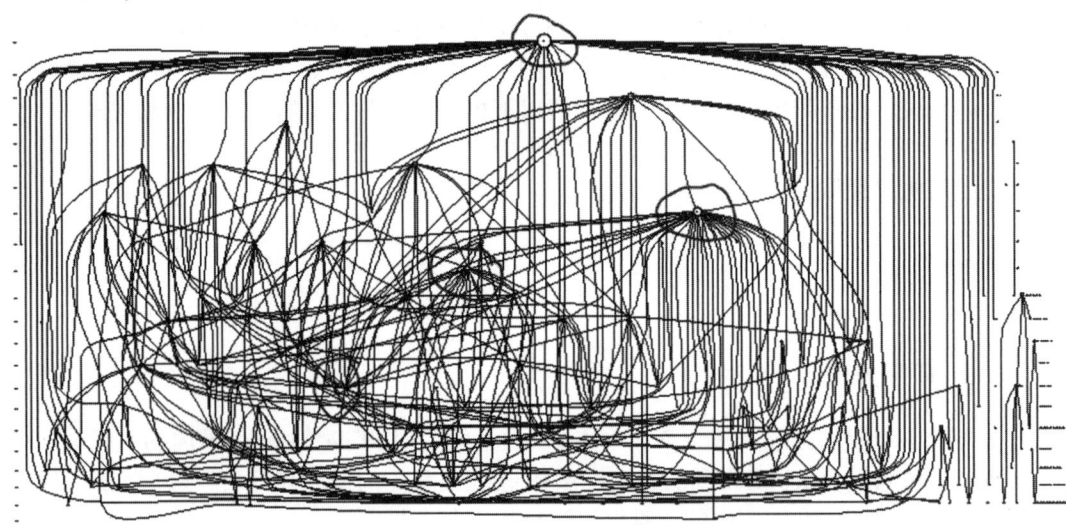

图 1　ELIS 领域的引文网络图

4.2　引文网络主路径分析

本研究使用 Pajek 对引文网络图进行主路径分析，研究 ELIS 领域的主路径及该领域的发展演化脉络，从纷繁芜杂的引文网络体系中离析出科学的主要发展脉络[18]，并描述整个学科领域的发展概况。

首先，将 HistCite™ 中构建的引文网络图（.net 文件）导入 Pajek，选择 Citation Weight（引文权重）集成下的三大算法 SPC、SPLC、SPNP 来提取该领域的演化主路径，得到的结果如图 2、图 3、图 4 所示。

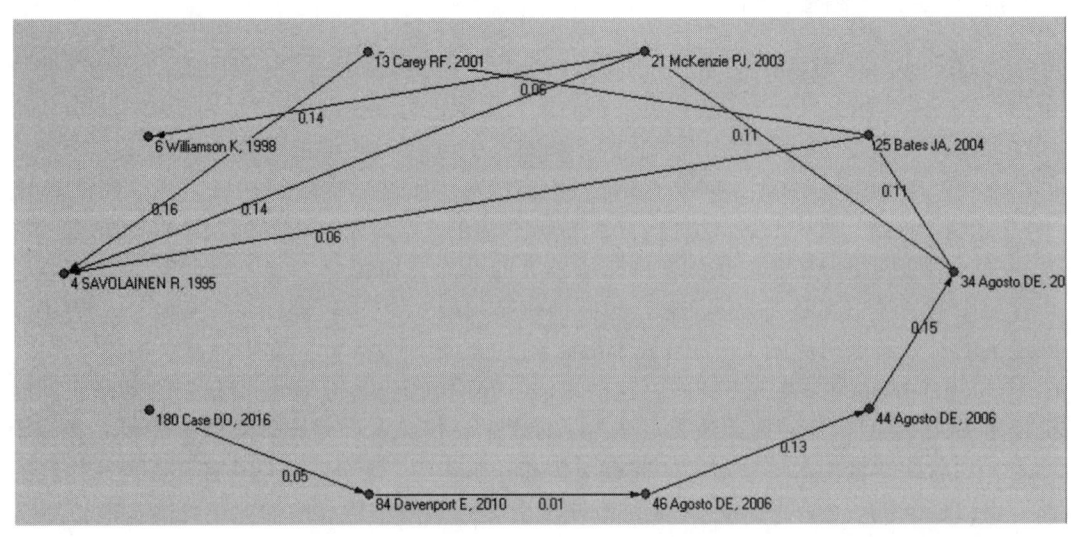

图 2　ELIS 领域的主路径（SPC）

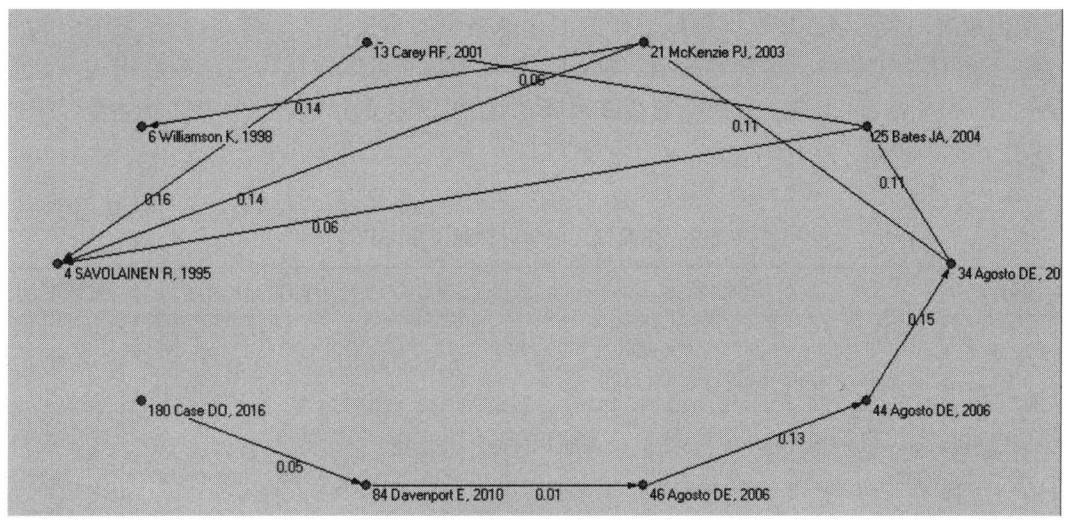

图 3 ELIS 领域的主路径(SPLC)

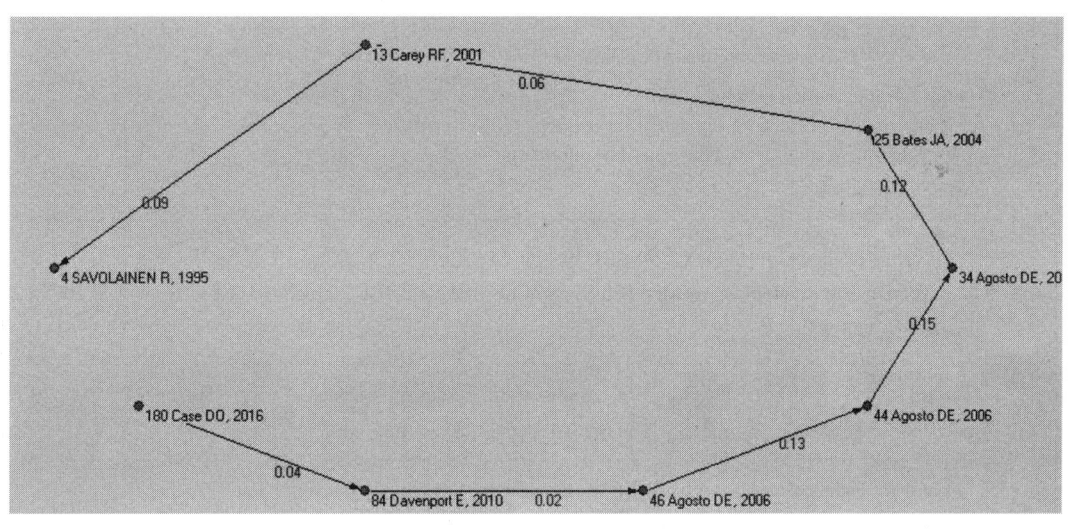

图 4 ELIS 领域的主路径(SPNP)

根据主路径分析结果来看，SPC 和 SPLC 算法提取的主路径图是完全相同的，而 SPNP 算法析取的主路径脉络较为简略，与前两者相比缺少了节点 6 和 21（主路径图中的编号是直接沿用的引文网络图中的编号），及 4—6、4—21、6—21 和 21—34 这 4 条知识扩散分支（见图 2），但以上三大算法识别出来的主体脉络大概一致。

如图 2 所示，主路径脉络图主要由 ELIS 领域的 10 篇关键文献构成，根据文献的发表年限，从时序角度反映了该领域大致的研究演化脉络，从结果来看，早期文献占较大优势,这体现了主路径分析结果具有一定的先发效应[19]。图中,节点间的引用关系由带箭头的有向线段表示,节点间连线上对应的数值表示该段连接在整个主路径中的遍历权重值(数值越大则表示该连接在该领域的研究演化脉络中的重要性占比越大)。在整个引文网络主路径图中,从节点的标签来看,Savolainen、Wilson可以被认为是该领域正式发起人物,其次是Agosto出现了三次,其在该领域发展中期产生的影响较大。表1为主路径上的核心文献清单。

表1 主路径上的核心文献清单(SPC)

编号	文献题名	作者	发表时间
4	Everyday life information-seeking approaching information-seeking in the context of way life	Savolainen	1995
6	Discovered by chance: The role of incidental information acquisition in an ecological model of information use	Williamson K	1998
13	Gaining access to everyday life information seeking	Carey R F, McKechnie L E F, McKenzie P J	2001
21	A model of information practices in accounts of everyday-life information seeking	McKenzie P J	2003
25	Use of narrative interviewing in everyday information behavior research	Bates J A	2004
34	People, places, and questions: An investigation of the everyday life information-seeking behaviors of urban young adults	Agosto D E, Hughes-Hassell S	2005
44	Toward a model of the everyday life information needs of urban teenagers, part 1: Theoretical model	Agosto Denise E, Hughes-Hassell Sandra	2006
46	Toward a model of the everyday life information needs of urban teenagers, part 2: Empirical model	Agosto Denise E, Hughes-Hassell Sandra	2006
84	Confessional Methods and Everyday Life Information Seeking	Davenport Elisabeth	2010
180	What's the use? Measuring the frequency of studies of information outcomes	Case Donald O, O'Connor Lisa G	2016

在主路径的起点(1995年)之前,即ELIS这一概念被正式定义之前,很多学者也在该领域做了较多研究。20世纪70年代前后,学者倾向于对特定地域普通民众的信息需求和

信息行为进行研究，具有代表性的有：Dervin(1976)分析了普通市民日常生活信息需求[4]；Chen(1979)等人随机选取了新英格兰2400户家庭的成人居民进行日常信息行为的调查研究[20]。90年代后，学者们开始了对特定人群的信息行为进行分析，如Janet和Roma(1990)首次关注了女同性恋者的信息需求，指出公共图书馆等机构应该为这一特殊人群提供相应的信息支持[21]。自此之后，最具有代表性的是Chatman基于社会学理论和方法，研究了不同社会阶层(如低收入者、退休女性和清洁工)的ELIS行为，并陆续提出信息贫穷、圆周生活、行为规范等理论[5]，这些理论为ELIS模型的研究与建立提供了理论基础。对于这些较为重要的研究没出现在检索结果或主路径中的原因，可以从以下几点解释：①在早期的研究中，没有正式提出日常生活信息这一概念，因此在许多研究中主题使用不统一，如直接使用研究对象名词、非工作等相关词汇代替日常生活。为了保证检索结果的检准率，在检索式中倾向于使用正式词汇。②自1995年概念正式提出开始，在后期的研究中主要是以正式主题核心展开的，因此之前的研究在整个主路径的连通性上重要性占比较低。

通过对10篇关键文献(见表1)进行主题及内容分析，根据遍历权重值及时间演化的分布，将ELIS领域研究的发展演化脉络划分为四个阶段：第一阶段是主路径的起始节点4、6，权重值最高；第二阶段是权重值较高的节点13及权重值较低的施引文献25；第三阶段是权重值较高的节点21、34、44和46；最后一个阶段是权重值较低的节点84、180。

4.2.1　第一阶段：概念提出及理论模型框架建立与完善

在该阶段中，主要包含主路径节点4和6。Savolainen[2]、Williamson[22]的这两篇文献可以被认为是ELIS领域演化的"引领者"，其遍历权重值在整个主路径网络中占比最大，并且对后期的研究产生了较大影响。

4.2.2　第二阶段：研究方法与理论范式研究

在该阶段中，主要是以节点13引领的一个研究进程，其遍历权重值较大，这表明在主路径上的影响程度较大。以第一阶段为基础，该阶段主要以Carey[23]、Bates[24]等人为代表，他们主要针对ELIS领域实践研究中研究者与研究对象之间的关系，及采用的研究和实验方法等方面展开研究，并根据方法体系的现状提出了自己的观点与改进措施，实现对该领域实验方法的完善，这为以后的实践性研究提供了方法和技术基础。

4.2.3　第三阶段：不同研究对象的理论和查询模型建立

在该阶段中，出现在主路径上的节点21、34、44和46的遍历权重值较高，表明这些节点对主路径发展的重要性较大，在后期的研究中受到广泛关注及大量引用。其中，主要以McKenzie[25]、Agosto和Hughes-Hassell[26-27]等学者为代表，主要以特定群体为研究对象对日常生活信息查询行为展开研究实践，建立该领域中特定群体的ELIS模型，使该领域的ELIS模型更加全面、完善。

4.2.4　第四阶段：研究反思与批判

该阶段处于主路径脉络图的末尾阶段，主要的节点包括84和180，其遍历权重值较小，因此对该研究领域的影响较小，从侧面反映出该阶段的研究内容没有得到广泛关注，也可能预示某个较为前沿或新的研究方向的出现。该阶段主要以 Davenport[28]、Case[29] 等人为代表，文献主要专注于对该领域研究的实验方法进行批判性评述，及分析在实验中研究对象对接收信息的应用及该信息对研究对象的影响，将有利于提高该领域研究方法应用的准确性，及对可能出现的发展前沿进行预测。

4.3 以关键词为基础的内容分析

4.3.1 关键词词频分析

本研究主要用 RefViz 对主路径上的关键文献进行关键词汇的提取，并对关键词词频进行统计与分析。首先从 Web of Science 中将 10 篇关键文献的文摘、关键字等导出，再导入 RefViz，进行词频分析（主要对文献中摘要的词汇及关键词进行提取），得到的结果如图 5 所示。在关键词汇的提取中，缺少了 2010 年发表的主路径文献，主要原因是无法在 Web of Science 中找到文献的摘要，对于没有摘要的文献，RefViz 在分析中会进行自动删除。

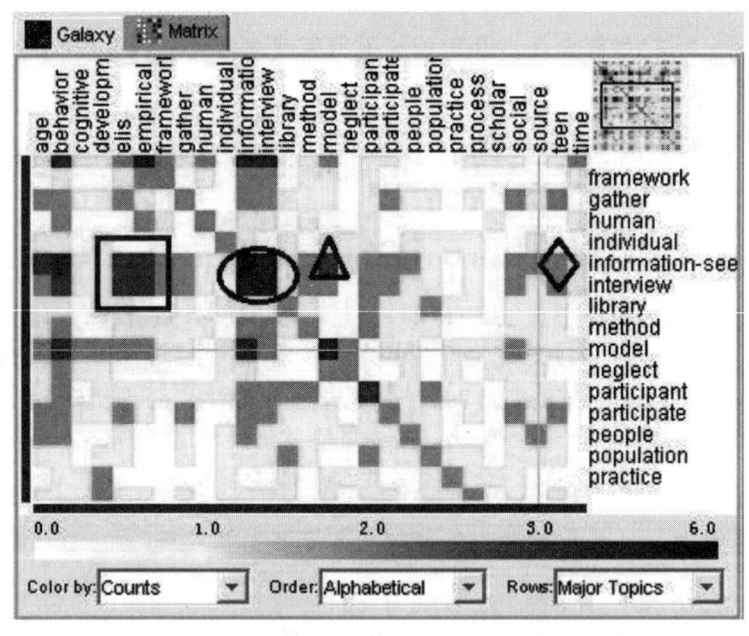

图 5　关键词分布相关性图（参见彩图 9）

在该图中，主要针对提取的主题词之间交汇的词频及词汇与词汇之间的相关性进行分析，横纵轴表示提取出的主题词，图中带颜色的区块表示词频数大小，色彩越深，则表示该区域交汇词汇的词频数越高。图中，椭圆圈出的区域表示 information-seeking 词频数达 5，主要由 Agosto、Savolainen、Bates 等人的代表文献构成；三角形圈出区域中的交叉词汇为 information-seeking 和 model,词频数为 2,主要出现在 Savolainen 和 Williamson 的文献;菱形圈出的区域为 information-seeking 和 teen 的词汇交汇,词频为 2,主要出现在 Agosto2005 年及 2006 年的两篇文献中;正方形圈出的区域的交叉词汇为 information-seeking、ELIS、interview 等,主要出现在 Savolainen 和 Agosto 等人的文献。

通过对图 5 颜色区域进行部分解释与分析,可以得出相同与不同的关键词汇的交汇分布呈现一定的规律性。对于高频词汇(相同词汇交汇的频次)来说,该研究领域主题分布较为一致;而对于不相同词汇的交汇频次,结果呈现阶段性主题分布。此外,对从主路径上关键文献的关键词和摘要中提取的关键词汇进行单独词频分析,其词频统计结果如图 6 所示。

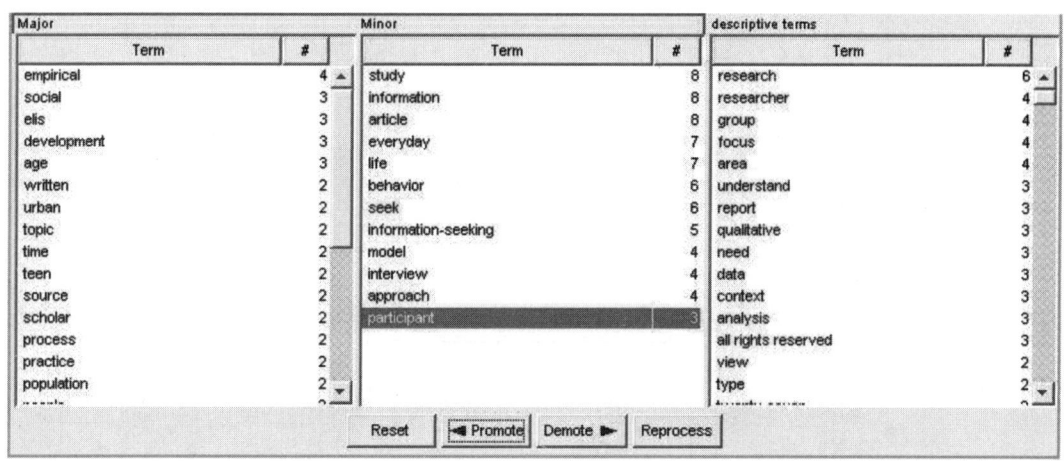

图 6 关键词词频统计图

由图 6 可以看出,频次较高的词汇 information、everyday、seek、life、information-seeking 等几乎在主路径上的每篇关键文献中都出现了,这间接反映了 ELIS 领域研究的主题词汇,且其主题的时间分布较为均匀。根据关键词汇的分析结果可反映该研究领域的研究热点,使研究者明确该领域的研究主题,相比于早期而言,对于 ELIS 的概念界定不明确,有部分学者使用"citizen information""daily information"或"no-work information"等,由于布尔检索式的限制,对于英文同义异形词不能进行统一化,使得主题检索的结果不理想。因此在一个新兴学科领域中,通过对其关键文献进行基于关键词的内容分析,有利于明确特定领域的研究主题词汇,对检索该领域的研究文献及成果有一定的帮助。

4.3.2 关键词的演化分布特征

根据主路径演化脉络的时间发展,分析关键文献中的关键词汇在主路径演化脉络中的分布情况,以文献的发表年限为时间标识来表示出关键词汇在主路径脉络中的演化特征,结果如图 7 所示。

计量与评价

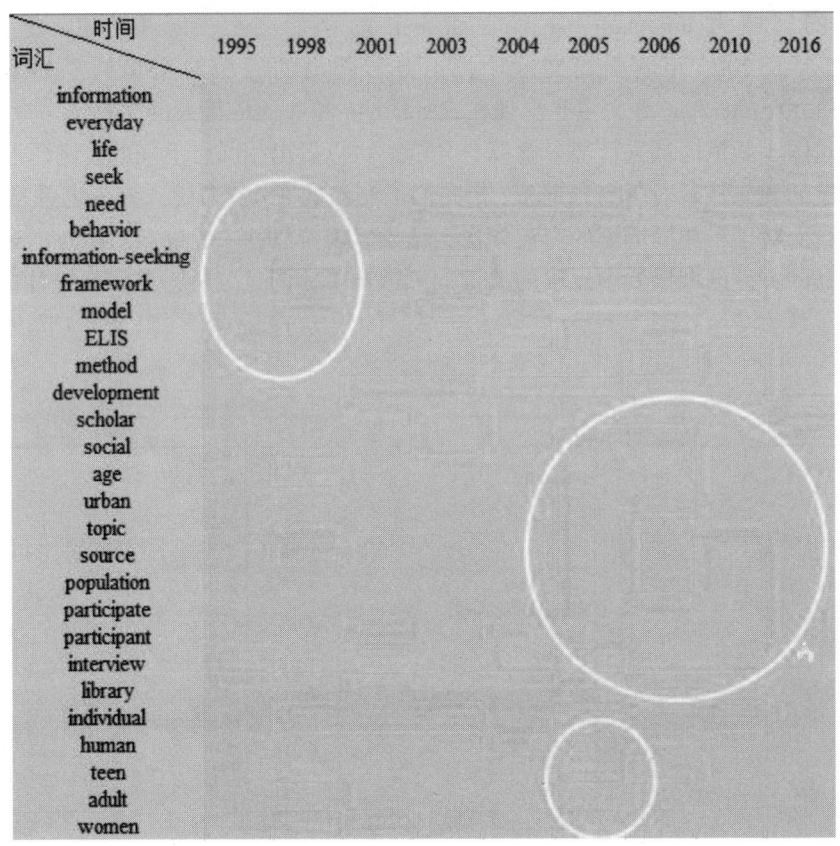

图 7 关键词在主路径上的分布图(参见彩图 10)

该图反映了主路径上关键文献的关键词汇分布情况，其中粉色区域代表纵轴所对应的词汇在横轴所对应的时间段内出现过。如图 7 所示，information、everyday、life、seek 等较为均匀地分布于主路径所有时间演化脉络上，这表明这类词汇是该领域的核心主题词汇。自 1995 年 Savolainen 对 ELIS 进行界定后，大多学者以该概念为核心主题进行相应研究，因此上图高频词汇的分布状况很好地解释了该领域演化脉络主题的均匀分布特征。

根据低频词汇的分布结果可以发现，关键词分布规律呈现阶段性的聚类分布。如图中标记所示，最上面圆圈内的相关词汇有 model、framework、ELIS、information-seeking 等，出现在该主路径的起点附近，这类词汇被认为是该领域对理论与研究模型及框架的建立，为后期的研究提供了理论和模型基础，该类词汇可代表主路径演化第一阶段的相关主题词汇。在 2006 年前后的研究关键词汇更多地出现了诸如 age、urban、topic、source、population、participate、participant、human、teen、adult、women 等与具体研究对象有关的词汇，这表明在该时间段内更多的学者倾向于对该领域的实践性研究，即研究特定人群的日常生活信息查询行为。根据相应的主路径文献内容分析，在该段时期，学者们更加倾向于研究日常生活信息查询行为的影响因素、途径等内容，并针对不同人群建立各自的 ELIS 模型，该类词汇与主路径演化脉络第三阶段的研究主题较为契合。基于以上的分析结果发现，一个研究领域内的核心关键词汇在整个研究发展脉络中呈现均匀分布，而其他一些关键词汇基于阶段性的研究内容呈现聚类分布特征。

4.4 日常生活信息查询行为领域的演化脉络

4.4.1 ELIS领域不同发展阶段的内容特征

通过对以上分析结果总结，得到ELIS领域研究的历史路径取向，如表2所示。

表2 ELIS的主路径演化脉络特征

阶段	代表人物	研究内容	关键词
第一阶段 （1995—1998）	Savolainen Williamson	日常生活概念提出及理论模型框架建立与完善；为后期在日常生活信息查询行为领域的研究提供理论及模型基础	information, everyday, seek, life, information-seeking, framework, model
第二阶段 （2001—2004）	Carey McKechnie McKenzie Bates	对不同研究对象理论实践的过程的完善；对该领域实验方法的完善及研究对象关系的分析为以后的实践性研究提供了方法和技术基础	information, everyday, seek, life, information-seeking, development, method, framework
第三阶段 （2003—2006）	McKenzie Agosto Hughes-Hassell	针对不同研究对象的理论模型的建立；主要以特定的群体为目标展开实验研究，建立该领域中特定群体的ELIS模型，使得整个ELIS模型更加全面、完善	information, everyday, seek, life, information-seeking, participant, teen, women, interview
第四阶段 （2010—2016）	Davenport Elisabeth Case	对该领域实践中的方法的管理与信息查询结果的应用；有利于提高该阶段方法应用的准确性，及对可能出现的前沿领域进行鉴定	information, everyday, seek, life, information-seeking, interview, development

如表2所示，根据主路径关键文献的内容分析，将演化脉络划分为了4个主要的发展阶段，明确了各阶段的起始时间、代表人物、主要研究内容和代表的关键词。从整体分析结果发现，ELIS领域的研究经历了概念、理论及模型框架体系的建立，到研究方法体系及具体研究对象的查询模型建立，该领域的研究发展实现了从理论模型到实践性研究的全面发展，并在后期的研究中，对ELIS模型进行不断完善，部分学者就已有的研究成果进行批判性评价。

通过对主路径文献关键词汇的提取与分析，研究了其词频分布及在主路径上的演化分布，发现：该领域的核心主题词汇均匀分布在整个演化脉络的各阶段，而其他一些关键词汇则基于阶段性研究的内容特征呈现聚类分布。

4.4.2 日常生活信息查询行为研究领域发展前沿预测及展望

通过对引文网络主路径的演化脉络及内容特征的分析,能清晰地了解该领域的研究现状,并实现对关键文献的识别及对历史演化过程中具有代表性的发展阶段的认识。基于 ELIS 领域的演化脉络分析发现:在研究进程中,各方面的研究内容及成果已经开始走向成熟,但对于模型、方法体系等方向的研究还需待完善;此外,根据主路径内容特征的分析结果可知,在该领域发展的第四阶段中,存在可能的新的研究方向。根据以上分析,从以下四个方面对该领域研究的发展前沿进行预测与展望:

(1)拓展 ELIS 领域中更大的研究对象领域:从特定职业、角色到业余职业、角色的研究对象 ELIS 模型的研究[3];对同一研究对象在不同情境下的 ELIS 模型研究;互联网背景下特定人群 ELIS 模型研究等,实现对 ELIS 模型的进一步完善。

(2)与特定群体的 ELIS 模型完善研究方向相反的是,如何实现对不同研究对象 ELIS 的共性研究,并提出能够适应于各类群体的新型 ELIS 模型,实现对该领域模型研究从复杂到单一过程的转化,这可能是今后 ELIS 研究发展的趋势之一。

(3)将 ELIS 模型的研究延展到更广阔的人类信息活动的背景下,与其他的信息行为(信息实践、信息利用及分享等[3])结合起来进行探索与研究,且在研究过程中需注意 ELIS 与信息利用等相关行为之间的密切关系及相互影响机制。

(4)对于 ELIS 的研究中,从方法的评述、用法及适应对象等方向对方法体系进行了改进与完善,以提高研究结果的准确性,并实现针对不同的研究对象及背景提供适当的研究方法。

5. 结语

本研究基于引文网络主路径分析,实现对日常生活信息查询行为领域的演化路径的绘制,并提取出由 10 篇关键文献构成的主路径,通过对关键文献进行基于文本和关键词的内容分析,将该领域的演化路径划分为了四个阶段,并描述了该研究领域的主路径上关键词汇的分布及演化,实现了对 ELIS 领域发展演化脉络的析取及其内容特征的研究。根据演化脉络四个发展阶段的研究结果,得出 ELIS 在整个研究发展脉络中,经历了从概念、理论定义到对特定群体模型及方法体系的建立与完善,并对该领域的发展前沿进行了预测。在该领域的研究进程中,实现了从理论模型到实践性研究的全面发展,及对 ELIS 模型及方法体系不断地更新与完善,并对研究中不足的方面进行批判性评价,且提出了相应建议。

在该研究中,通过主要实现思路及技术线路,形成了以引文网络分析为基础的主路径演化脉络的内容特征研究的初步研究程序,可将该研究程序应用于其他领域的演化脉络内容特征中,有利于明确研究领域的主流文献及关键事件,从而对未来发展前沿做出较为准确的预测。但本研究只针对了 Web of Science 核心数据库的文献,存在文献收录不全面,导致引文网络的构成缺乏完整性,因此不能完全地反映整个领域的发展状况;本研究中主路径上的文献在数据库中的内容涵盖不全面,如部分关键文献缺乏摘要等,这可能对关键词汇分析的结果有所影响;在引文网络主路径分析中,从特定学科领域中析取出的主路径脉络呈现单一的线性结构[30],这使得在演化过程中演化路径分支的缺失可能会导致忽略某一阶段可能出现的新研究方向。因此,本研究只针对引文网络主路径进行静态网络研究,更多的问题还有待进一步研究。

◎ 参考文献

[1] 李琳琳,韩毅,李鹏. 日常生活信息查寻研究进展[J]. 图书情报工作,2012,56(12):90-95.

[2] Savolainen R. Everyday Life Information Seeking:Approaching Information Seeking in the Context of "way of life"[J]. Library & Information Science Research,1995,17(3):259-294.

[3] 肖永英,何兰满. 国外日常生活信息查询行为研究进展(2001—2010)[J]. 图书情报工作,2012,56(5):112-118.

[4] Dervin B. Strategies for Dealing with Human Information Needs:Information or Communication?[J]. Journal of Broadcasting & Electronic Media,1976,20(3):323-333.

[5] Chatman E A. Life in a Small World:Applicability of Gratification Theory to Information-seeking Behavior[J]. Journal of the Association for Information Science & Technology,1991,42(6):438-449.

[6] 张晓林,李桂华,彭原. 市民信息需求与利用行为的调查分析[J]. 情报学报,1995(4):276-282.

[7] Mckenzie P J. Communication Barriers and Information-seeking Counterstrategies in Accounts of Practitioner-patient Encounters[J]. Library & Information Science Research,2002,24(1):31-47.

[8] Shenton A K,Dixon P. The Nature of Information Needs and Strategies for Their Investigation in Youngsters[J]. Library & Information Science Research,2005,26(3):296-310.

[9] Westbrook L. Understanding Crisis Information Needs in Context:The Case of Intimate Partner Violence Survivors[J]. Library Quarterly Information Community Policy,2008,78(3):237-261.

[10] Westbrook L. Crisis Information Concerns:Information Needs of Domestic Violence Survivors[J]. Information Processing & Management,2009,45(1):98-114.

[11] 李琳琳. 农民工日常生活信息查询行为模型构建研究[D]. 重庆:西南大学,2013.

[12] 何兰满,肖永英. 城市低保者日常生活信息获取行为实证分析——以广州市海珠区为例[J]. 图书馆论坛,2013(11):77-84.

[13] 丁恩俊. 日常生活信息行为理论及模型研究回顾[J]. 情报探索,2015(8):30-33.

[14] 申东阳. 大学生日常生活信息查询中人际关系利用的影响因素研究[D]. 重庆:西南大学,2017.

[15] 韩毅,申东阳,袁庆,等. 日常生活信息查询中人际关系的利用特征研究——以重庆大学生为例[J]. 图书与情报,2018(1):115-125.

[16] 袁庆, 申东阳, 沈兰妮, 等. 日常生活信息查询中人际关系利用的影响因素模型构建——以重庆大学生为例[J]. 图书情报知识, 2018(2): 95-104.

[17] 章小童, 阮建海. 引文网络主路径分析法演化脉络及研究现状的文献计量分析[J]. 情报资料工作, 2016(5): 61-66.

[18] 韩毅, 金碧辉. 引文网络主路径分析方法的形成与演化[C]. 中国科技政策与管理学术年会, 2010.

[19] 樊志伟, 韩芳芳, 刘佳. 引文网络的主路径特征研究——以富勒烯领域为例[J]. 图书情报工作, 2013, 57(3): 17-21, 60.

[20] Chen Ching-Chih, Hernon P. New Hampshire Citizens' Information Seeking Patterns [J]. Information Needs, 1980: 42.

[21] Creelman J A E, Harris R M. Coming Out: The Information Needs of Lesbians[J]. Collection Building, 1990, 10(3/4): 37-41.

[22] Williamson K. Discovered by Chance: The Role of Incidental Information Acquisition in an Ecological Model of Information Use[J]. Library & Information Science Research, 1998, 20(1): 23-40.

[23] Carey R F, Mckechnie L E F, Mckenzie P J. Gaining Access to Everyday Life Information Seeking[J]. Library & Information Science Research, 2001, 23(4): 319-334.

[24] Bates J A. Use of Narrative Interviewing in Everyday Information Behavior Research[J]. Library & Information Science Research, 2004, 26(1): 15-28.

[25] Mckenzie P J. A Model of Information Practices in Accounts of Everyday-life Information Seeking[J]. Journal of Documentation, 2003, 59(1): 19-40.

[26] Agosto D E, Hughes-Hassell S. Toward a Model of the Everyday Life Information Needs of Urban Teenagers, Part 1: Empirical Model[J]. Journal of the Association for Information Science & Technology, 2006, 57(11): 1418-1426.

[27] Agosto D E, Hughes-Hassell S. Toward a Model of the Everyday Life Information Needs of Urban Teenagers, Part 2: Empirical Model[J]. Journal of the Association for Information Science & Technology, 2006, 57(11): 1418-1426.

[28] Davenport E. Confessional Methods and Everyday Life Information Seeking[J]. Annual Review of Information Science & Technology, 2010, 44(1): 533-562.

[29] Case D O, O'Connor L G. What's the Use? Measuring the Frequency of Studies of Information Outcomes [J]. Journal of the Association for Information Science & Technology, 2016, 67(3): 649-661.

[30] 韩毅, 周畅, 刘佳. 以主路径为种子文献的领域演化脉络及凝聚子群识别[J]. 图书情报工作, 2013, 57(3): 22-26, 55.

（作者贡献说明：李萍：负责文章内容撰写部分；任秋菊：内容整理及排版；韩毅：提出文章思路，进行写作指导。）

"双一流"建设的国际标准与中国道路

宋博[1] 邱均平[2]

(1. 郑州大学公共管理学院;
2. 杭州电子科技大学中国科教评价研究院)

摘要:[目的/意义]世界大学排行榜从统计学意义上揭示了一流大学的国际标准,研究世界大学排行榜的评价指标有利于为中国大学对标国际标准提供参考和依据。[方法/过程]通过对五大世界大学排行榜排名指标的分析,发现世界一流大学具有教学卓越、科研顶尖、国际视野、享誉全球、重视服务的基本特征。[结果/结论]为精准对标国际标准,我国"双一流"建设应做好顶层设计,优化中层管理,完善实施措施,达到教书育人有温度,科学研究有深度,社会服务有广度,对外开放有气度。

关键词:"双一流"建设;中国道路;国际标准;大学排行榜

On the International Standard and Chinese Approach for Construction of "Double First Class"

Song Bo[1] Qiu Junping[2]

(1. School of Politics and Public Administration, Zhengzhou University;
2. School of Chinese Academy of Science and Education Evaluation, Hangzhou Dianzi University)

Abstract:[Purpose/Significance] The World University Rankings reveal the international standards of first-class universities in a statistical sense. Research on the evaluation index of university rankings can provide reference and basis for Chinese universities to benchmark international standards. [Methods/Process] Through the analysis of the ranking indicators of the five world university rankings, it is found that the world-class universities have the basic characteristics of excellent teaching, top scientific research, international vision, global reputation and service-oriented. [Result/Conclusions] In order to accurately match the international standards,

---

① 作者简介:宋博,1988年生,女,河南商丘人,武汉大学博士生,主要从事高等教育管理与科学评价研究。邱均平,1947年生,男,湖南涟源人,武汉大学二级教授,博士生导师;杭州电子科技大学资深教授,博士生导师,研究方向为高等教育管理与科学评价。

China's "double-first-class" construction should do a good job in top-level design, optimize middle-level management, improve the implementation measures, so as to achieve the following goals: teaching and educating people with temperature, scientific research with high and deep degree, all-round and accurate social services with breadth, and openness with grace.

Key words: construction of "double first class"; Chinese approach; international standard; the world university rankings

引言

大学评价是衡量大学办学质量和水平的关键举措和实施保障。世界大学评价的指标体系在一定程度上代表了当今国际社会对大学的普遍要求，体现了世界一流大学的国际标准。"世界著名学术评价机构的评价指标体系在一定程度上反映了一流大学与一流学科的本质特征，从统计学意义上揭示指标体系所反映的国际共识"[1]。要提高中国高等教育的国际竞争力，首先要精准对标大学评价的国际标准，在具有国际可比性的指标上达到甚至领先现有标准。大学同时兼具显性基因和隐性基因，而且是隐性基因决定了显性指标，大学排名是大学隐性基因的外显，没有内在的卓越也就不可能有排名上的一流。无论怎么借鉴和模仿，我们也不可能在中国办出第二个哈佛或斯坦福，中国的世界一流大学是不可能从国外移植或复制的，而只能扎根中国大地在中国的制度环境和社会环境中独立生长，慢慢培育。因此，中国的"双一流"建设既要观照国际评价标准和体系，又要把握大学发展的中国逻辑和向度。

1. 大学评价的国际实践

就目前国际大学评价的实践来看，世界大学排行榜是国际社会评判大学的重要工具，世界大学排行榜在一定程度上反映了大学的本质特征，可以作为国际大学对比的重要标准和依据。本文选取的国际知名世界大学排行榜有：美国的《美国新闻与世界报道》(*U. S. News & World Report*)发布的年度全球最佳大学排名(以下简称 U. S. News)；英国 Quacquarelli Symonds 国际教育市场咨询公司发布的世界大学排行榜(以下简称 QS)；英国《泰晤士高等教育》(*Times Higher Education*, THE)与汤森路透集团(Thomson Reuters)合作逐年发布的世界大学排名(以下简称 THE)；中国上海交通大学一流大学研究中心逐年发布的"世界大学学术排名"(Academic Ranking of World University，以下简称 ARWU)；以及中国武汉大学中国科学评价研究中心、中国科教评价研究院以及中国科教评价网联合研发的世界一流大学与一流学科评价(以下简称 RCCSE)。研究它们的指标体系设置及权重分配，对我国"双一流"建设准确对标国际标准有着重要的参考意义。

五个大学排名机构基本都具有 10 年以上的大学评价经验，评价基本依据客观可测量和具有国际可比性的数据。中外大学评价机构做世界大学评价的出发点和目的略有不同，国外大学排行榜要么是为学生和家长在世界范围内选择大学提供参考，要么是出于商业的目的为资本在大学间的流动提供依据。中国的两家排名机构的初衷则在于找出中外大学的差距，找准中国大学的国际坐标，预测中国大学的发展趋势，助力中国的世界一流大学建设。尽管评价的依据和侧重点略有不同，但采取的评价方法和模式却出入不大。这也从一个侧面说明国际社会对世界一流大学的评价标准大致相同（详见表1）。

表1 五个世界大学排行榜信息汇总

排行榜	U.S. News	QS	THE	ARWU	RCCSE
评价目的	择校依据	教育投资	商业导向	找差距	定位信息
评价方法	客观指标为主	主客观指标同等考虑	客观指标为主	客观指标	客观指标为主
评价重点	综合	声誉	声誉	科研	综合
数据来源	声誉调查、高校数据采集、文献数据库	声誉调查、高校数据采集、文献数据库	声誉调查、高校数据采集、文献数据库	高校数据采集、文献数据库	影响力调查、高校数据采集、文献数据库

为了更清晰地了解这些标准，更具体地了解五个排行的评价标准，本文详细分析了其指标体系设计及权重分配。选取的五大知名世界大学排行榜中，主要围绕教育学质量、科研能力、声誉影响、国际化水平等指标比较世界大学发展水平和能力。表2汇总了2018年五个世界大学排行榜的指标体系和权重分配，从中可以看出一级指标涉及的内容是非常全面和广泛的，这符合多维度评价和多元评价的国际标准和趋势。但各个排行榜在指标体系的构建和权重的分配上却是大相径庭，尽管每个排行榜都有三个以上的一级指标，只有教育教学和科学研究是五个排行榜都有的一级指标。与其他不同的是，THE排行榜中涉及工业收入，ARWU排行榜中选取了人均绩效。

表2 世界大学排名的指标体系及权重分配

评价维度	评价指标	U.S. News	QS	THE	ARWU	RCCSE
教育教学	师生比 Q_3、T_2			20%	4.5%	
	博士-学士学位授予比例 T_3			2.25%		
	博士学位教师比例 T_4			6%		
	专职教师数 R_1					12%
	进入ESI排名学科数 R_4					10%
	获得诺奖/菲奖校友数 A_1、R_3				10%	9%
	获得诺奖/菲奖教师数 A_2				20%	

续表

评价维度	评价指标	U. S. News	QS	THE	ARWU	RCCSE
科学研究	N&S 上发表论文数 A_4				20%	6%
	各学科领域高被引研究者人数 A_3、R_2				20%	8%
	被 SCIE、SSCI 收录论文数 A_5、R_5				20%	
	被引论文数 T_9、R_6			30%		12%
	单位教师论文引用数 Q_4		20%			
	论文发表数 U_3	10%				
	书籍 U_4	2.5%				
	学术会议 U_5	2.5%				
	标准化论文影响力 U_6	10%				
	出版物总引用次数 U_7	7.5%				
	出版物被引数前 10% U_8	12.5%				
	出版物被引比例前 10% U_9	10%				
	高被引论文数前 1% U_{10}、R_8	5%				6%
	高被引出版物前 1% U_{11}	5%				
	全职教师人均学术绩效 T_7、A_6			6%	10%	
声誉影响	教学声誉 T_1			15%		
	学术声誉 T_8			18%		
	学术同行评价 Q_1		40%			
	全球学术声誉 U_1	12.5%				
	区域学术声誉 U_2	12.5%				
	网络影响力 R_9					10%
	全球雇主评价 Q_2		10%			
国际化水平	国际教师比例 Q_5、T_{10}、T_{11}		5%	2.5%		
	国际学生比例 Q_6		5%	2.5%		
	与国际作者共同发表的研究论文比例 U_{12}、T_{12}	5%		2.5%		
	国际合作论文所占比例/所在国家国际合作论文比例 U_{13}	5%				
	国际合作 R_{10}					21%

续表

评价维度	评价指标	U.S. News	QS	THE	ARWU	RCCSE
社会服务	知识转化/发明专利数 T_{13}、R_7			2.25%		6%
	师均学校收入 T_5			2.5%		
	师均研究收入 T_6			6%		
总计		100%	100%	100%	100%	100%

数据来源：《美国新闻与世界报道》世界大学排行榜：http://www.Usnews.com/edUcation；《泰晤士报》世界大学排行榜：https://www.timeshigheredUcation.com；QS 世界大学排行榜：http://www.topUniversities.com；上海交通大学学术排行榜：http://www.shanghairanking.com；中国科教评价网：http://www.nseac.com。

为了便于统计和进一步比较，本文将 U.S. News、QS、THE、ARWU、RCCSE 的二级指标分别用 $U_1 \cdots U_n$、$Q_1 \cdots Q_n$、$T_1 \cdots T_n$、$A_1 \cdots A_n$、$R_1 \cdots R_n$ 表示。分别计算了教育教学、科学研究、声誉影响、国际化程度和社会服务的均值，结果如表 3 所示，五个排行榜中，累计观测点 50 个，科学研究的指标 22 个，权重达到 44.6%。可见在大学世界大学排名中，科学研究占据绝对优势，是体现大学国际竞争力的王牌。其次是声誉影响和教育教学，分别占据 23.6%、18.75%。教育教学是大学存在的根本意义所在，教育教学是大学的根本职能。世界一流的大学越来越重视声誉影响，除了 ARWU 全部选取了客观性指标外，其余的四个排行榜均将声誉影响纳入评价指标体系，在 QS 中声誉影响占据了 50% 的权重。此外，随着经济全球化、信息全球化，国际性也成了一流大学的主要特征，国际化程度和国际影响也成了衡量一流大学的重要指标。占据权重最低的是社会服务指标，只有 THE 和 RCCSE 采用了该指标。

表 3 世界大学评价的维度及其均值

评价维度	观测点	总值	均值
教育教学	Q_3 T_2 T_3 T_4 R_1 R_4 A_1 R_3 A_2	93.75	18.75
科学研究	A_4 A_3 R_2 A_5 T_9 R_6 T_9 R_6 Q_4 U_3 U_4 U_5 U_6 U_7 U_8 U_9 U_{10} R_8 U_{11} T_7 A_6	223	44.6
国际化程度	Q_5 T_{10} T_{11} Q_6 U_{12} T_{12} U_{13} R_{10}	48.5	9.7
声誉影响	T_1 T_8 Q_1 U_1 U_2 R_9 Q_2	118	23.6
社会服务	T_{13} R_7 T_5 T_6	16.75	3.35

2. 从大学排行榜看一流大学的国际标准

综合五大排行榜的指标体系设置和权重分配的特点，我们发现世界一流大学有很多共性特征，如教育卓越、科研顶尖、国际视野、享誉全球、强调服务等。

(1)教学卓越。教育教学是大学最根本的职能,是大学存在的全部意义所在。因此,教学卓越应是世界一流大学的最根本的特征。同时教育教学也是一所大学的隐性基因,具有迟效性、长效性、外溢性等特点。为了便于比较,国际上往往用教师队伍的质量和水平、学生的组成、师生比、学位授予数、优秀校友等可量化的指标来衡量一所大学的教育教学水平。

(2)科研顶尖。科技改变生活、科技改变人类命运已成为人类的共识。高水平的科研成果也成为人们对大学的普遍要求。同时科学研究是一所大学的显性指标,科研水平是大学教学水平和综合实力的外显。因此,在世界大学排行榜中,科学研究占据绝对优势。但仔细分析各排行榜的指标体系不难发现,世界大学评价早已告别数量取胜的时代,质量才是核心竞争力。如 U. S. News 在评价大学科研时主要考察的是前 10% 和 1% 的高被引的高水平论文数,和前 10% 和 1% 的高被引的高水平论文占全部论文的比例。在教师评价上也主要是考察高水平论文数、高被引论文数等。

(3)国际视野。信息化和全球化助推了高等教育的国际化,同时也加剧了高等教育的国际竞争,国际优质的教师、教育资源也在高等教育国际化的进程中重新洗牌、优化重组。五大排行榜国际化指标观测点主要包括国际教师比例(Q_5、T_{10}、T_{11})、国际学生比例(Q_6)、与国际作者共同发表的研究论文比例(U_{12}、T_{12})、国际合作论文所占比例/所在国家国际合作论文比例(U_{13})等。这些指标在一定程度上代表了一所大学的国际化程度及其在国际上的影响力。一般而言,国际师生比越高说明该大学的国际化程度越高,吸引力越强;国际可以合作更是体现了大学的国际影响力和认可度。要提升中国高等教育的国际竞争力和影响力就必须要提升国际化意识,参与国际事务,加快国际化进程[2]。

(4)享誉全球。世界一流大学无一不重视大学的声誉和品牌建设。大学的声誉是大学的综合实力、社会贡献的综合体现,同时大学的声誉也助推了大学的综合实力的提升。因此,几乎所有排行榜都将声誉作为评价大学的重要指标,在 QS、THE、U. S. News 和 RCCSE 的指标体系中所占的权重分别是 50%、33%、25%、10%,在五个世界大学排行榜中指标权重的均值为 23.6%。一方面,声誉有助于提升大学的软实力,良好的声誉可以吸引来自世界各地的优秀学子,实现"得天下英才而育之"。良好的声誉有助于汇聚全球顶尖人才,实现"大学有大师"。另一方面,良好的声誉可以吸引世界各地的投资资金,有助于改善大学的硬实力。

(5)强调服务。社会服务是任何一个国家和地区兴办高等教育的主要目的之一,也是时代赋予大学的重要使命,是优质的教学、卓越的科研落地的途径,服务能力的高低也是检验大学教学和科研的试金石。大学应该为养育它的社会服务,尤其是近代以来大学的社会服务职能是世界各国最为关注的大学职能。由于各国国情不同、经济社会发展水平不同,不同地区对大学社会服务的要求也有很大的差异,因此很难找到衡量高等教育的服务能力的国际指标。由此,在世界大学排行榜中服务能力是占据权重最少的指标,不是服务能力不重要,而是能统计到的仅有来自工业的收入(T_5、T_6)和知识转化/发明专利数(T_{13}、R_7)。

教育教学、科学研究、国际化、社会服务和声誉影响是一个有机的整体,共同成就了世界一流大学。教学是一切工作的基础,教学是科研的保障,科研是教学延伸;国家化程度和声誉影响相辅相成，一般而言国际化程度越高其声誉影响也就越大，声誉高有助于加快国际化进程；社会服务是检验教学卓越的试金石，也是提升大学声誉的有效路径。这五项国际标准共同构成了当今时代国际社会对大学的普遍要求。

3. "双一流"建设的中国道路

尽管我们可以罗列出很多一流大学的共性特征，却无法给世界一流大学下一个准确的定义，甚至下一个描述性的定义也是很难的。这是因为，世界一流大学在具有众多共性特征的同时，每一所世界一流大学的个性也都是非常明显的[3]。每一所世界一流大学都有自己独特的秉性，哈佛大学不同于牛津，也与斯坦福迥异，但它们同样是一流[4]。因此，建设中国的世界一流大学要对标世界，绝不能自困于在现行标准框架内，而是要充分考虑中国的特色，构建中国主导的目标体系。正如习近平同志在纪念五四运动95周年北京大学师生座谈会讲话上强调的："办好中国的世界一流大学，必须有中国特色。没有特色，跟在他人后面亦步亦趋，依样画葫芦，是不可能办成功的。"因此我们的"双一流"建设，一定要扎根中国大地，涵养中华气概，培育中国精神，坚持中国原则，走出中国道路，办出中国特色。

3.1 做好顶层设计：明确发展理念和办学定位

做好"双一流"建设的顶层设计，首先要依据高等教育发展规律和社会需求逻辑，明确大学发展理念和办学定位。"双一流"建设方案指出要"以中国特色、世界一流为统领，以支持创新驱动发展战略、服务经济社会为导向"。习近平总书记在全国高校思想政治工作会议上指出："教育兴则国兴，教育强则国强，高等教育发展水平是一个国家发展水平和发展潜力的重要标志。在当今知识经济、科技取胜的时代，国家理想、区域发展更是与大学紧紧交织在一起。如果说中华人民共和国成立初期的"重点建设"是国家发展的现实需求，是穷国办大教育的无奈选择；"985""211"工程是应对高等教育国际竞争的战略选择，那么"双一流"建设则是为实现国家理想服务，为中国梦提供智力支撑[5]。"双一流"建设承载着中华民族伟大复兴的中国梦，服务国家战略、促进区域发展。因此，应树立高等教育"大质量观"和人才评价观。所谓高等教育大质量观，是指要以培养优秀人才为核心，以科学研究为基础，以服务社会为导向，以传承与创新中华文化为引领，与中国特色经济建设、政治建设、文化建设、社会建设和生态文明建设相协调的"五位一体"的质量观。

3.2 优化中层管理：中国特色大学管理与评价体系

习近平总书记在全国高校思想政治工作会议上指出，要坚持不懈培育优良校风和学风，使高校发展做到治理有方、管理到位、风清气正。着力于构建现代大学制度和治理体系，创新大学治理模式。深化办学体制改革和教育管理改革，充分激发教育事业发展的生机活力。充分发挥大学评价的作用，以绩效为杠杆，真正实现"以评促建、以评促改、以评促管、以评促发展"。构建高等教育评价的中国标准和中国体系，争取在国际高等教育评价中有更多的话语权。坚持分类评价，鼓励特色发展，形成比较优势，以点带面、逐个突破，个别卓越、整体提升。完善过程评价，已有的大学排行榜要么是直接评价结果，要么是从投入和产出两个层面开展评价，很少有涉及过程评价。无论是人才培养还是科学研究，其影响都具有滞后性、持效性、长效性的特点，因此，在评价过程中应克服急功近利的短视思想，注重过程评价。

3.3 完善实施措施

（1）改革教师考评机制。U.S. News 在评价大学科研时主要考察的是前 10% 和 1% 的高被引的高水平论文数，和前 10% 和 1% 的高被引的高水平论文占全部论文的比例。在教师评价上也主要是考察高水平论文数，这在一定程度上给了教师相对宽松的科研环境，使其将更多的时间和精力投入到人才培养的教学活动，同时也是在鼓励教师潜心研究、追求卓越。而我国长期以来的评价导向是"重数量、轻质量；重应用、轻基础"，使得高校教师为晋级评优忙于论文的堆砌，做了大量低水平重复性工作。甚至因此严重影响教学活动，目前"科研优先、教学次之"亦成为高校教师生存的潜规则。科研中的低水平重复性劳动不仅无助于大学的卓越科研，而且影响乃至降低大学的科研影响力，同时亦极大消耗教师精力，使其无法全身心投入"立德树人"相关活动之中，导致人才培养质量的弱化[6]。

（2）完善科研激励机制。2016 年 5 月，国家出台了《关于做好新时期教育对外开放工作的若干意见》，提出"深入推进管办评分离，形成以政府监管、学校自律、社会评价为一体的质量保障体系"。根据该《意见》的精神，大学评价是衡量大学办学质量和水平的关键举措和实施保障。虽然一直有人非议一流不是评出来的，但评价无疑是促进"双一流"建设的重要举措和关键环节。

（3）做好创新精神教育。创新能力不足、成果转化率是目前我国高等教育最大的短板，大学对国家、地区经济社会发展的贡献率远远低于美、英、德、日等国。科技发展水平与我国的经济体量不匹配，也有我们庞大的高等教育规模不匹配。这就要求我们创新人才培养模式，提高科技创新水平，提高高等教育社会服务能力。创新不是在实验室，而应该渗透在方方面面，包括知识创新、技术创新、方法创新、理论创新和文化创新。理论创新：在国家和社会面临重大生存压力和考验时能给出具有决策意义的方法和建议。精准投入、制度改革、科学管理和文化建设不断提高核心竞争力和办学水平，实现高等教育内涵式发展。[6]

结束语

标准与特色对应的是哲学上的共性与个性。共性指不同事物的普遍性质，个性指事物区别于其他事物的特殊性质。共性和个性是一切事物固有的本性，共性决定事物的本质；个性揭示了差异性，体现了丰富性。"双一流"建设强调以"中国特色、世界一流"为核心。所谓的世界一流是国际公认的一流大学的共性，是国际上对一流大学提出的普遍标准和要求，而中国特色则是中国大学的个性。因此国际标准和中国特色不仅不冲突，而且相辅相成。特色是亮点，是对标准的超越。中国特色为国际标准贡献了中国智慧，丰富和发展了国际标准的内容。因此，"双一流"建设的文件中提到："积极参与国际教育规定规则的制定，国际教育教学评估和认证，切实提高我国高等教育的国际竞争力和话语权，树立中国大学的良好品牌和形象。"我们的一流大学首先应该要达到国际标准，在这个基础上才能谈中国特色。只有在具有国际可比性的指标上居于前列，才能争取到高等教育的国际话语权，才有可能参与甚至主导国际标准的制定，强化中国特色，树立中国品牌与形象。大学评价的世界标准与中国原则的融合，源于中国博大精深而又能海纳百川的包容性的传统文化，源于习近平总书记对当今世界格局和高等教育发展的未来走势的科学预判、英明决策。这是我们对中华文明的充分自信，同时也是中国智慧对世界作出的贡献，我们的高等教育也应有这样的自信。

◎ 参考文献

[1] 周光礼, 武建鑫. 什么是学术评价的全球标准——基于四个全球大学排行榜的实证分析[J]. 中国高教研究, 2016(4)：51-56.

[2] 宋金宁, 王金龙. 从大学排行榜指标体系看高等教育国际化[J]. 上海教育评估研究, 2017, 6(3)：7-10.

[3] 刘念才, 程莹, 刘莉. 世界大学学术排名的现状与未来[J]. 清华大学教育研究, 2005(3).

[4] 习近平. 青年要自觉践行社会主义核心价值观——在北京大学师生座谈会上的讲话[Z]. 2014.

[5] 马陆亭. "双一流"建设承载着国家理想[J]. 群众, 2017(11)：49-50.

[6] 张淑林, 崔育宝, 李金龙, 裴旭. 大学排名视角下的我国"世界一流大学"建设现状、差距与路径[J]. 清华大学教育研究, 2018, 39(1)：24-34.

[7] 张彦. 擦亮底色 增强特色, 开创世界一流大学建设新局面[J]. 中国高等教育, 2018(11)：13-14.

作者-发明人融合网络视角下的领域科技关联主题识别[①]

罗瑞[1,2]　许海云[1,3]　刘自强[4]

（1. 中国科学院成都文献情报中心；

2. 中国科学院大学；

3. 中国科学技术信息研究所；

4. 南京师范大学新闻与传播学院）

摘要：[目的/意义]对科技关联主题的关注有利于挖掘科学知识和技术知识的演变规律，找到有重大发展潜力的科技发展方向，优化科技战略决策。[方法/过程]从知识的载体和科技创新的主体——"科学工作者"切入识别科技关联主题。借助成果数、高中介中心性、无形学院以及既是发明人又是作者等多视角，遴选甄别兼顾基础研究与应用研究的双重身份的科研工作者，由此获得科技关联主题，并以基因工程疫苗领域（GEV）为例开展了实证研究。[结果/结论]科技关联主题往往是重要的科技创新主题。从"人"的视角出发，推动了重要科技创新主题的更精准的识别。同时，这些主题具有高度科技关联性，可能会在不久实现利用，值得提前进行科技布局。

关键词：科学-技术关联；发明人；作者；主题识别；基础研究；应用研究

Science and Technology Correlation Topic Recognition Based on the Author-inventor Fusion Network

Luo Rui[1,2]　Xu Haiyun[1,3]　Liu Ziqiang[4]

（1. Chengdu Documentation and Information Center, Chinese Academy of Sciences；

2. University of Chinese Academy of Sciences；

3. Institute of Scientific and Technical Information of China (ISTIC)

4. School of Journalism and Communication, Nanjing Normal University）

[①] 本文系国家自然科学基金项目"基于科学-技术主题关联分析的创新演化路径识别方法研究"（项目编号：71704170）成果，四川省科技创新软科学项目"基础研究与应用研究关联视角下的产学研合作对象识别与协同创新模式研究"（项目编号：2019JDR0091）成果，国家重点研发计划"现代服务业共性关键技术研发及应用示范"重点专项"成渝城市群综合科技服务平台研发与应用示范"课题一"成渝城市群综合科技服务体系架构与平台运营模式研究"（项目编号：2017YFB1401701）成果，并得到中国科学院青年创新促进会资助（项目编号：2016159）。

作者简介：罗瑞，硕士研究生；许海云，副研究员，通讯作者；刘自强，博士研究生。

Abstract: [Purpose/Significance] The science and technology correlation topics help to mine the evolution of scientific knowledge and technical knowledge and to find the direction of scientific and technological development with significant development potential, optimizing scientific and technological strategic decision-making. [Methods/Process] Taking the GEV (genetically engineered vaccines) field as an example, this paper identified science and technology correlation topics from the perspective of "researchers" who is the carrier of knowledge and the main body of scientific and technological innovation. This paper selected important researchers through the number of achievements, high betweenness centrality, invisible college and the researchers who have two roles, and thus identified the science and technology correlation topics. [Result/Conclusions] We found that the science and technology correlation topics are often important scientific and technological innovation topics. The perspective of "researchers" can help identify important scientific and technological innovation topics more accurate. At the same time, these topics are highly scientific and technological associated and may be utilized in the near future, and it is worthwhile to advance the technology layout.

Keywords: science and tchnology correlation; inventor; author; topic recognition; basic research; application research

1. 前言

面向决策支撑的科技主题分析不能脱离知识演化的内在规律。知识演化分析可以深层次揭示科学与技术知识发展变化及其相互作用的特征与规律，进而从科学与技术知识的关联关系中发现可能的新知识增长点。通过深入科学与技术的发展机理，深入揭示其知识单元之间的相互关联，可以辅助科研人员提前预知意义深远的新发现。由此帮助情报分析与科技管理人员及时了解科技发展态势，为科技战略决策、创新资源配置和产业发展布局提供重要的情报支撑。

目前有关科技关联主题识别的研究多从科技文献本身着手分析，但由于科技文献在传递科学知识上的时滞性，难以掌握科技创新的最前端。在科技的发展过程中，论文作者和专利发明人是科学与技术知识的直接生产者，承担了知识发展过程中的传输作用。相比于直接对科研成果进行分析，直接筛选重要的科研工作者有助于未来对重要科研工作者的研究内容进行追踪性研究。由此无需等待优质科研成果成为"热点文章"或"高被引文章"才被发现，大大降低时滞性。此外，相比于文献这种表达出来的"显性知识"，是一种具象化的知识[1]，本文还可以对科研工作者难以表达出来的"隐性知识"进行探索性分析。因此，可以通过对这类科研工作者进行重点分析、筛选和解读来识别科技关联主题。再进一步追踪科技工作者的创新工作，了解创新前沿。

本文主要是以科学与技术发展过程中扮演重要角色的科研工作者为主体进行领域科技关联主题的识别，通过论文数、专利数、在知识网络中的位置和作用以及既是重要的作者又是重要的发明人等指标筛选科研工作者。再解读这些科研工作者的研究内容，进而识别领域科学-技术关联主题。最后,对本研究的结果进行分析讨论,归纳其优势和劣势,为未来的领域科学-技术关联主题识别提供参考。

2. 国内外研究现状

2.1 科学与技术关联研究

2.1.1 科学与技术关系辨析

科学与技术在本质上是相互区别的,其赖以发展演化的动因和规律不同,科学与技术不能等同分析。同时,科学与技术知识是互动发展的,关系紧密且复杂。科学与技术知识之间的交互与转移具有其规律性,它们之间的相互作用,形成了创新过程中知识演化的复杂体系。

在探索两者的关系上,Bassecoulard 指出科学研究是为了更好的技术发展[2]。中科院院士白春礼指出:科学研究是技术研发的理论基础,技术研发是科学研究的物质延伸,两者有着不可分割的紧密联系[3]。中科院自然科学史研究所所长张柏春研究员指出技术和科学自古就有关联,但属于两种知识传统[4]。巴斯德象限中,将科学和技术关联的研究界定为因解决问题而产生基础研究[5]。刘则渊等把科学研究象限模型的巴斯德象限变换为科技象限模型的新巴斯德象限,研究中指出巴斯德象限属于基础研究与应用研究并存的象限,不仅存在源于应用引起的基础研究,还存在直接源于理论背景、又有明确应用目的的应用研究。或者说,它本来就是具有应用导向的基础研究与具有基础理论背景的应用研究的二者的结合[6]。

纵观人类历史,在技术与科学分离的时期,从石器时代到电气时代,人类走了十万年;从泰勒斯的静电到法拉第的电磁感应,科学走了两千五百年。从工业革命开始,科学与技术之间的相互独立的关系就被两者的合作替代了。自从技术与科学结合,从电气时代到今日数字时代高峰,还不到两百年。21 世纪,仅仅几年时间,移动网络、大数据、人工智能的发展已开始侵蚀人类的地位。科技进程日益加速,对人类的影响日甚一日[7]。从这些描述来看,科学与技术进行关联后,两者的发展速度更快,对社会产生的影响也更显著。

由此可见,科技创新过程交织着由科学流向技术和由技术流向科学的两种创新要素,两者共同决定了科技发展的脉络和走向,特别在科学技术迅猛发展的今天,科学与技术知识内部及其相互之间的知识转移与互动关系是科学技术进步和创新发展的重要方面。综上,我们认为科学研究是为了创造知识,而技术研究则是为了将知识应用于实践,两者在性质、功能、研究形式等方面存在明显差异。但科学与技术在内涵上也无法完全割裂开来,两者以知识的产生、开发以及应用为纽带,形成了具有广泛语义内涵的科学技术。

2.1.2 科学与技术关联的计量分析

McCalman(2011)指出，非专利文献尤其是高质量的科学论文是发明专利的重要知识基础和源泉，专利则为科学发展提供条件和手段[8]。期刊论文涉及研究领域的知识来源与研究，专利文献主要表征创新知识可以应用的技术领域，因此，论文是基础研究成果的主要表现形式，专利文献是技术创新成果的主要表现形式[9]。尽管论文和专利不能代表科技创新产出的全部成果，但通过论文计量分析可以获取基础研究的总体趋势[10]，通过专利计量分析可以发现技术活动的充分和详细的信息[11-13]。Kostoff(2001)认为对于科学与技术关系评估的研究可以支持结合科学与技术的技术路线图的制作[14]。Van 等用非专利文献的数量作为科学强度，证实科学强度的构建效度可以作为评估科技发展状况的动态指标[15]。因此，在科学与技术的相关研究中可以用论文表征科学产出，用专利表征技术产出[16]。科学论文与专利信息平台是科学与技术的理想代表[17]。

文献是科学与技术知识的主要载体，是知识发现过程的累积形态，毋庸置疑，对于科学技术演化关系的计量分析，文献是最好的途径。文献增长规律从文献数量变化的角度对科学技术知识演化规律进行宏观总结，很好地解释了科学知识增长、技术开发累积数量的发展规律。随着科学与技术关联关系的日益明晰，围绕科学与技术关联的计量分析逐步展开，主要包括以下几个方面。

(1)基于引用关系的科技关联探测。论文与专利间的相互引用是知识在科学与技术间流动和扩散的重要途径。Narin 等(1985)、Schmoch(1993)从专利引用论文角度建立技术与科学的关联，发现科学和技术之间有着多方面的相互作用，且在不同领域强弱不同[18-19]；王建芳利用文献计量方法，分别从科学端与技术端研究了科学与技术开发互动发展的演化过程，通过核心知识单元的对应分析、时间维度的演化关系体现科学到技术的知识扩散过程，分析知识转移的关键点[20]。

Glänzel 等(2003)、Meyer 等(2010)从论文引用专利角度出发，建立起学科领域与技术领域之间的联系，发现技术关联度高的应用型科学更具影响力[21-22]；由于单向分析难以反映高科技时代下科学与技术间的渗透、融合，有学者利用双向引用法探测科学-技术关联；Gao 等(2012)提出论文-专利混合共被引分析法，从共被引情况分析科学与技术间的相互作用，双向探测科学和技术在知识流动中的相互融合[23]；Huang 等(2015)通过分析燃料电池领域论文与专利的互相引用，发现该领域科学与技术的交叉引用现象尽管不是很高，但呈现逐渐增加趋势，表明科技关联与融合态势逐渐增强[24]。

(2)基于其他特征项的科技关联探测。对于科学与技术知识内部构成及其知识流动关系的揭示，必须深入知识体系内部，从知识单元之间的关联关系角度进行分析。论文与专利中有些特征项间的关联关系可以有效反映科学与技术之间的互动。Bassecoulard 等(2004)以化学文摘数据库(CA)为数据源，通过建立论文与专利的词汇对应表将科学与技术关联起来[25]；赖院根等(2010)将期刊论文与专利文献资源的整合划分为两个层面：领域层面和主题层面。领域层面通过建立中图分类与国际专利分类特征项的语义关联实现类目映射；主题层面的整合选择主题词表对期刊论文和专利文献进行标引，在此基础上再计算它们的文献相似度，从而建立起两者在主题层面的对应关系[26]；Wang 等(2011)、张俊(2014)以研究人员为关联特征项，分析科学与技术的互动关系以及学术型发明人(既是论文作者也是专利发明人)在其中的作用，发现科学知识与技术知识彼此存在显著的正向影响[27-28]。

(3)科技关联模式探测。随着对科技关联关系认识的加深，研究人员开始提炼两者彼此互动的一般模式。Guan 等(2007)认为科学与技术不是单向的线性模式(linear model)，而是双向互动模式(pair of dancer)的双螺旋模式(double helix model)，两者在信息互馈中螺旋上升发展[29]；Huang 等(2016)对比了纳米技术领域科学与技术主题在时间轴上的布局，识别科学先于技术、技术先于科学、科技同步发展等不同形式的研究主题[30]；Gardner 曾归纳出科学与技术的四种关系：划分观点——两者相互独立，理想状态观点(科学先于技术发展)，唯物主义观点(技术先于科学)，互动模式——两者互动发展[31]；刘小玲等(2015)将科学与技术的关系模式总结为四种：科学与技术之间的融合、科学与技术之间的互动协作、科学与技术间的知识传递、技术对科学的依赖[32]。

2.2 存在的主要问题

已有的探索科学-技术关联关系的研究大多从文本的角度直接进行分析，直接从文本内容进行解读的预测方法大多是基于"词"与"词"之间的关联去解读科学与技术之间的关联强度。这类方法存在一定的限制。由于专利文献和科学论文属于两种不同的知识载体，前者着重对于技术的解读，后者着重对于科学理论的解读，并且专利的技术用语与文献中的科学用语存在语法、语义不一致的问题，因此存在较大的差异，同样的事物在专利文献和科学论文种存在词的不一致问题以及概念不一致等问题，因此必须事先在词的概念上进行统一。此外，通过对科研论文和专利文献计量的科学技术关联关系的研究展示了当前的主题和内部活动，这些研究仅仅展示了具体静态发展，不能把握一个领域中科学与技术相互推动的动态关系[30]。而转向对重要的科研工作者进行研究，可以避免文本分析中，基础研究术语与应用研究术语不能实现完全的语义关联，导致基础研究与应用研究术语的"不兼容"，造成科技创新主题识别的失真的问题。此外，通过筛选兼顾基础研究与应用研究的科研工作者，可以进一步从科技工作者角度，追踪科技工作者的研究工作，从而可以关注重要的科研工作者所研究的内容，有助于挖掘科研工作者的"隐性知识"，如访谈形式、追踪社交媒体动态等，而不仅仅是等到科技文献发表或公开后才给予追踪。"隐性知识"是知识创新的源泉[1]，通过这种追踪，有助于未来对创新知识的识别，更具时效性和动态性。

鉴于此，本文从知识的"生产者"——科学工作者出发，对科学和技术的关联进行解读。通过筛选知识网络中值得重点关注的作者和发明人，对这类人群的研究内容展开探讨，对有潜力的主题展开识别。

3. 基于作者-发明人融合网络识别领域科技关联主题

3.1 技术路线图

本文主要从作者和发明人出发筛选科技关联主题。首先，以科研人员为突破口进行科学技术关联主题的识别，绕开了文本分析中常见的歧义问题。并且，通过对科研人员的筛选能够缩小需要关注的主题内容范围，更精准地对需要关注的主题的文本内容进行解读，结果可能也会更准确。其次，科研工作者是科研内容高度浓缩的体现，这体现出一种"降维"思维，将含有多主题的研究内容浓缩映射到单个的科研工作者，上升至无形学院，是对主题做"降维"提炼后分析的体现。最后，从知识的"生产者"出发，通过多种形式，如访谈等了解其研究内容，相比于直接对已经生成的"知识"做分析，这是对"隐性知识"的一种挖掘，可以解读到文本主题分析中难以发掘的知识。

在具体实践中，以合作网络为分析基础，首先对单一的作者合作网络和发明人合作网络进行解读，再对作者合作矩阵和发明人合作矩阵的权值直接进行相加，构建作者-发明人混合合作网络，筛选重要的作者、发明人和"双重身份工作者"。之后针对这类重要的"科研工作人员"提取出值得关注的科学主题、技术主题和科学技术关联主题。具体技术路线如图1所示。

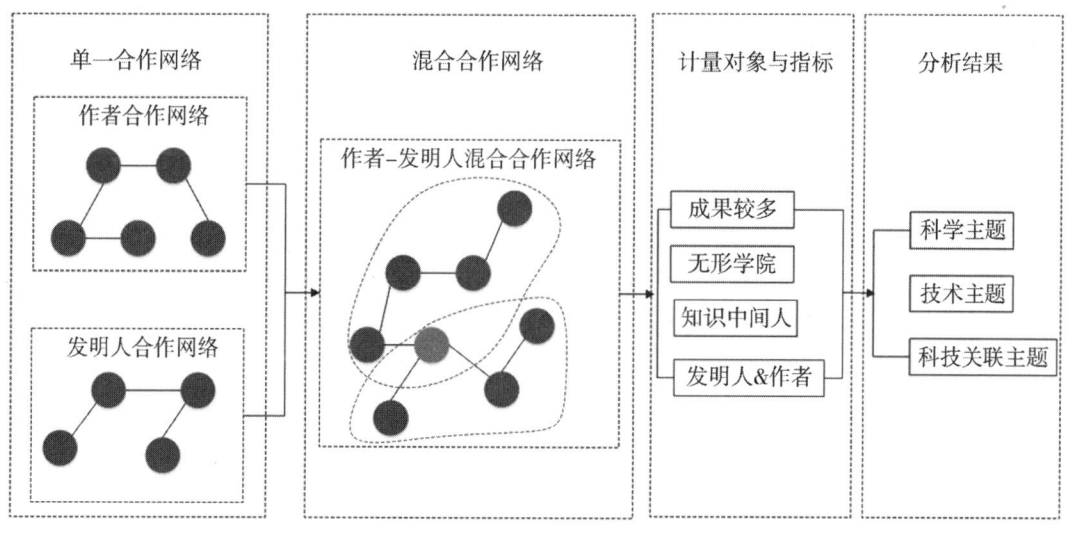

图 1　技术路线图(参见彩图 11)

3.2 合作网络计量对象与指标

在构建三个合作网络后，再通过以下几个维度筛选出值得关注的科学工作者，并进一步对这类科学工作者的研究主题进行解读。

(1) 较多成果。

成果数即对应着发文量和专利量,是科研工作人员科研能力的最直接体现。科学-技术关联主题的出现建立在有一定发文量和发明量的基础之上。论文文章和专利文献的数量累积到一定程度,意味着该研究者的科学研究水平和技术研究水平达到一定水平,科学和技术进行关联的可能性才会更大。因此在识别科学-技术关联主题时,作者和发明人需要有一定的成果累积。

(2) 无形学院。

无形学院的筛选以合作网络为基础。合作网络不同于耦合网络,流通的知识更偏向于隐性知识,即难以提取的知识在合作网络中流动,而耦合网络和共被引网络下知识的扩散主要是以显性知识为主。科学活动过程中的知识,显性知识只占据了很小的一部分,大部分知识是隐性知识。作者与作者的合作、发明人与发明人之间的合作是科学与技术发展过程中科技活动的直观体现,是促进科学和技术的一种常见的科技交流现象。此类无形学院其实也就是常说的"知识社区"。刘萍学者在《基于异构社会网络的知识社区挖掘及学者相似度研究》一书中指出:知识社区的成员因为围绕相同的研究兴趣进行交流,各种观点相互碰撞可以激发创造性,产生更多的新观点以及问题的解决方案[33]。因此第二个视角将从知识社区的识别角度出发,尝试对重要的科学研究无形学院展开甄别。

(3) 知识中间人。

高中介中心性的节点是基于网络全局路径筛选的节点。相比于度中心性和接近中心性,它体现了为有科学合作空白或者技术合作空白增加合作机会的潜力。在作者合作网络和发明人合作网络中,高中介中心性的作者和发明人分别在科学发展和技术发展中承担"中间人"的角色。在网络中,这一类节点最容易产生关联和融合,因此这一类科研工作者是有潜力使得科学和技术进行关联的科研人员。

(4) 双重科研身份。

在科研工作者中,有一批工作人员既是重要的发明人又是重要的作者,在科学领域与技术领域均大放异彩。此类科研工作者本身就是科学知识和技术知识关联的载体,其研究内容很可能就已经具备高度的科学-技术关联性。也有可能这类科研人员本身所具备的知识结构存在科学和技术的大量交叉,有研究科学-技术关联主题的潜力,是值得关注的一批科研工作人员。

4. 实证分析

4.1 数据获取

本文选择基因工程疫苗(gene engineered vaccine)领域作为实证分析领域。基因工程疫苗也称遗传工程疫苗,是指使用重组 DNA 技术克隆并表达保护性抗原基因,利用表达的抗原产物或重组体本身制成的疫苗[34]。疫苗行业是生物医药领域的一个子产业,也是生物医药领域中比较高端的细分领域,具有较高的技术壁垒、资金壁垒和政策壁垒[35],而基因工程疫苗是新型疫苗类型的主要组成部分，也是生物医药领域的重点发展分支之一。疫苗行业关乎国家的战略安全，受到了各国的广泛关注。本文实证数据来自 Web of Science 论文数据库，检索日期截至 2017 年 6 月，共获取 4668 篇研究论文和 4324 篇专利。

本文主要利用 DDA(derwent data analyzer)[36]工具进行作者和发明人的数据清洗工作。利用机构地址字段对作者和发明人进行限定，即同名作者或发明人，若机构地址存在交叉情况则暂定为同一人。下面依据拟定的四个计量指标，对数据展开分析。

4.2 数据分析

4.2.1 作者合作网络分析

筛选论文数在 6 以上的作者，共 135 位作者作为分析对象。利用 Gephi 可视化工具对合作网络进行绘制，在网络图中，论文数越多的作者在网络中的节点就越大。合作次数越多，则连线颜色越深。同时，对网络图中个节点的中介中心性进行计算，图中节点颜色越深，则中介中心性越高。最终绘制的高频作者合作网络图如图 2 所示。

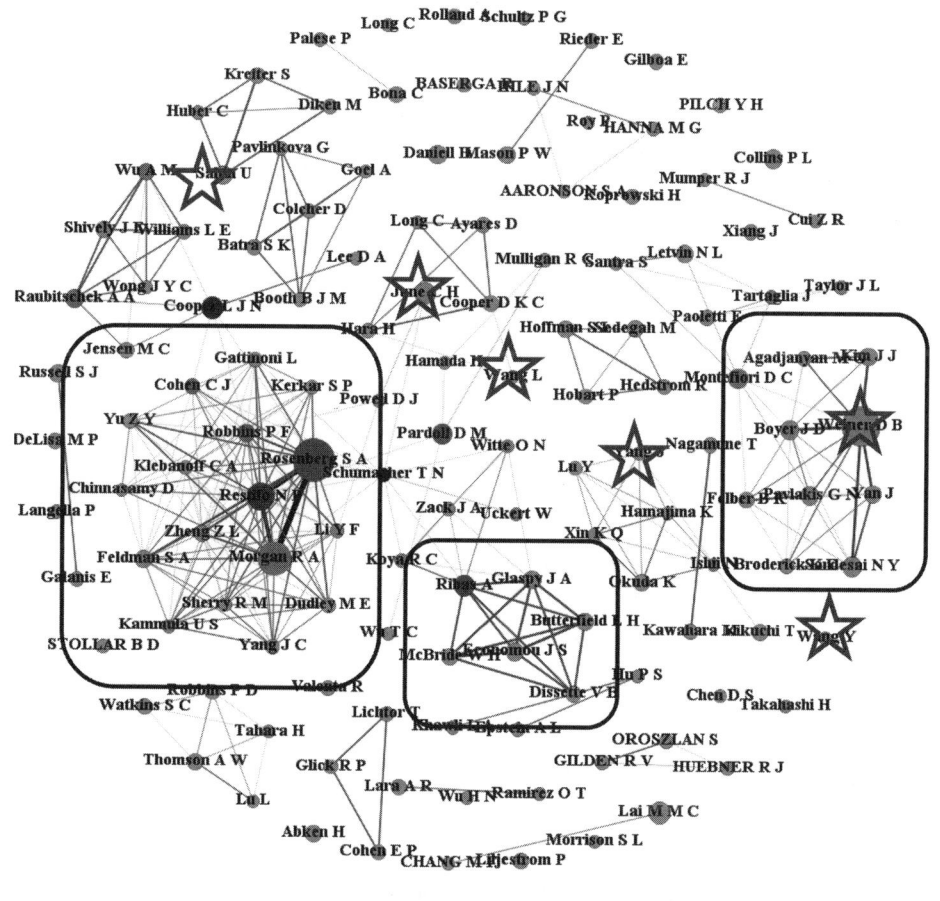

图 2　高频作者合作网络图

从图 2 中来看，可以对重要的作者展开分析。就论文数居高且中介中心性偏高的作者以及图中所示的无形学院而言，其关注的内容基本分为两类：癌症治疗和 HIV 治疗。其中，排在前列的高频词主要有：

表 1 重要作者高频词展示表

高记录数和高中介中心性	cell, tumor, TCR gene, cell receptor, genetically engineered, expression, response, CAR-T, immune response, cancer, CD8 cell, DNA vaccine, specific cell, gene therapy, murine, antigen specific, CD4
主题内涵	关注肿瘤过继性免疫疗法，包括 TCR-T 和 CAR-T
学院①：以 Rosenberg S A 为首	cell, tumor, TCR gene, cell receptor, genetically engineered, cancer, melanoma, CD8 cell, CD4, lymphocyte, specific cell, gene therapy, antigen, transduced, CAR-T, adoptive transfer, peripheral blood
主题内涵	关注肿瘤过继性免疫治疗的 T 细胞优化策略
学院②：以 Ribas A 为首	cell, tumor, DC, AFP, dendritic cell, MART, antigen, murine, immunization, peptide, antitumor, genetically engineered, melanoma
主题内涵	负载肿瘤特异性抗原（AFP、MART）的树突状细胞（DC）疫苗诱导抗肿瘤免疫的研究
学院③：以 Weiner D B 为首	immune response, DNA vaccine, HIV, IL IL, antigen specific, cell, plasmid DNA, cellular immune, increase, rhesus macaque, vaccination, pDNA vaccine, CD8 cell, adjuvant, plasmid
主题内涵	关注 HIV 相关 DNA 疫苗的免疫原性测试；白细胞介素在 DNA 疫苗中的分子佐剂效应

结合以上科学主题内容，分析和研究人员在网络中占据的位置后发现：癌症治疗无论是记录数高的作者，还是中介中心性高或无形学院都对这一主题有所涉猎，即癌症治疗已经多角度渗透到科学知识的传播网络中。而 HIV 治疗主要集中在学院③。

4.2.2 发明人合作网络分析

筛选专利数在 10 位以上的发明人，共 153 位发明人作为分析对象。利用 Gephi 可视化工具对合作网络进行绘制。在网络图中，专利数越多的作者在网络中的节点就越大，合作次数越多，则连线颜色越深。同时，对网络图中个节点的中介中心性进行计算，图中节点颜色越深，则中介中心性越高。最终绘制的高频发明人合作网络图如图 3 所示。

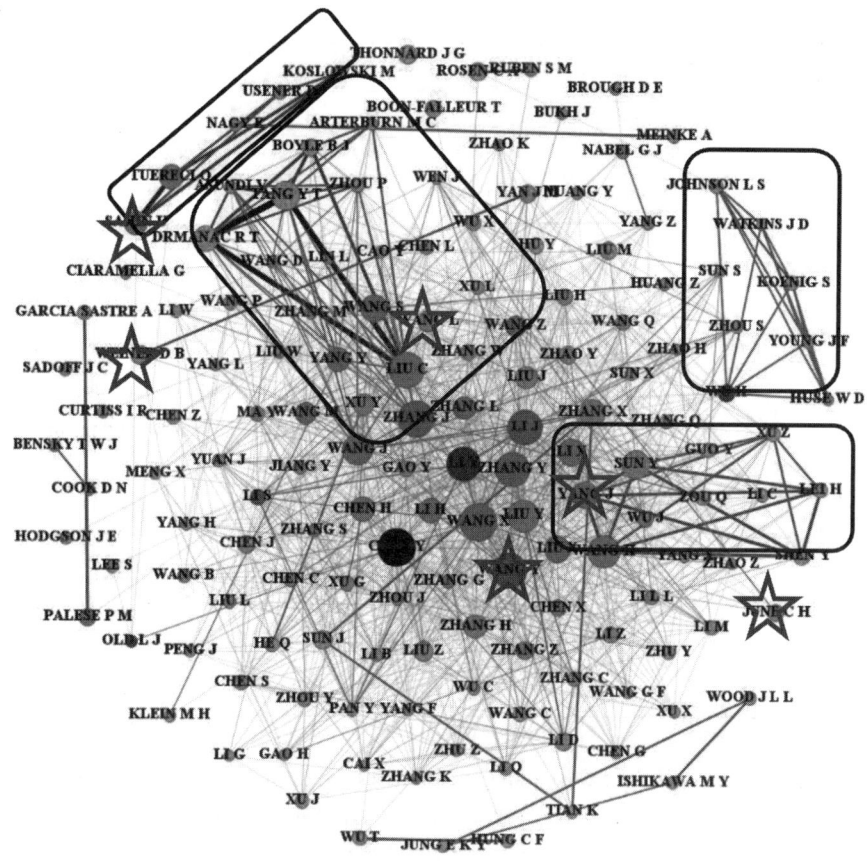

图 3 高频发明人合作网络图

从图中来看,可以对重要的发明人展开分析。就专利数居高且中介中心性偏高的发明人以及图中所示的无形学院而言,其关注的内容基本分为两类:癌症治疗和呼吸道合胞病毒抗体。具体解读如表 2 所示。

表 2 重要发明人高频词展示表

高记录数和高中介中心性	gene, nucleic acid, amino acid, protein, SEQ ID, cell, antigen, acid sequence, recombinant, virus, vaccine, antibody, genetically engineered, DNA vaccine, vector, strain, acid vaccine, acid molecule, epitope, base pair, fusion protein, cancer
主题内涵	关注肿瘤基因疫苗的制备,侧重基因重组疫苗的构建,例如抗原表位融合基因的克隆表达等
学院①:以 TUERECI O 为首	nucleic acid, associated antigen, tumor associated, acid molecule, Pharmaceutical composition, acid coding, acid sequence, antisense nucleic, acid codes, acid hybridizes, interfering RNA, small interfering, host cell, RNA siRNA, isolated nucleic, molecule encoding

245

续表

主题内涵	结合 RNAi 技术的核酸疫苗的构建
学院②：以 TANG Y T 为首	nucleic acid, amino acid, gene, polypeptide, sequence, disease, protein, given specification, antigen, SEQ ID, disorders, cell, vaccine, cancer, acid sequence, active domain, mature protein, nucleotide sequence
主题内涵	重组多肽疫苗的构建及活性研究。与传统化疗药物相比，抗肿瘤多肽类药物以其分子量小、特异性强、毒性低等特点作为新的治疗肿瘤药物一直广受人们关注[37]
学院③：以 WU H 为首	nucleic acid, gene, antibody, antigen, acid sequence, acid vaccine, plasmid, respiratory syncytial, cell, immunospecifically binds, virus RSV, amino acid, RSV antigen, antibody immunospecifically, variable light, VL domain
主题内涵	关注呼吸道合胞病毒(RSV)治疗性单克隆抗体的制备及免疫保护作用研究
学院④：以 SUNY 为首	nucleic acid, protein, gene, antigen, antibody, SEQ ID, acid vaccine, amino acid, plasmid, vaccine, genetically engineered, acid sequence, DNA vaccine, eukaryotic expression, recombinant plasmid, enzyme linked
主题内涵	关注 DNA 疫苗的真核表达与免疫效果研究

从以上内容解读来看，重要的发明人关注的技术主题大多是癌症治疗和呼吸道合胞病毒(RSV)抗体。通过与论文的关注内容对比来看，对于癌症的治疗方法都有关注到 CAR-T 疗法。此外，专利中还有对新型多肽类药物应用到癌症治疗过程的关注。

结合以上专利方法和研究人员在网络中占据的位置进行分析后发现：癌症治疗无论是记录数高的发明人，还是中介中心性高或无形学院都对这一主题有所涉猎，从不同的角度对癌症治疗的思路进行扩展。这些新的研究思路也为日后实际应用到癌症治疗奠定基础。而合胞病毒可以运用在治疗癌症药物中[38]。

4.2.3 作者-发明人混合网络分析

为了进一步挖掘科学与技术的关联，识别关联主题，本文对作者-发明人混合合作网络进行了可视化。

混合网络的绘制以作者合作矩阵和发明人合作矩阵为基础，具备"双重身份"的"科学工作者"的合作频次由作者合作矩阵和发明人合作矩阵中的数值相加而得，即可获得作者-发明人混合合作矩阵。再利用 Gephi 对结果进行可视化(图 4)。图 4 中红色节点代表作者，蓝色节点代表发明人，黄色节点代表具备"双重身份"的"科学工作者"；节点大小代表中介中心性，中介中心性越大，节点越大；边的颜色代表合作频次，频次越大，颜色越深。

从图 4 整体来看：

(1)作者合作处于网络的外围，合作团体更小、更多。而专利合作处于网络的中央位置，合作团体更大、更密集。

（2）具备"作者"和"发明人"双重身份的科学工作者不多，但都在图中占据了重要位置。在科学和技术方面均有所成就的科学工作者共有6位，分别是：Weiner D B、June C H、Sahin U、Wang L、Wang Y 和 Yang J。其中 Wang L、Wang Y 和 Yang J 主要是以"专利"作为主要的研究成果，在专利方面的合作相较于论文方面的合作更为频繁。而 Weiner D B、June C H 和 Sahin U 则主要是以"论文"作为主要的研究成果，在论文方面的合作更频繁。

（3）科学与技术的交互体现在具备"作者"和"发明人"双重身份的科学工作者身上，从中介中心性上即可看出。以上六位科学工作者的中介中心性在混合网络中排在Top20，尤其是June C H是网络中中介中心性最强的科学工作者，从图中也可以发现，其处于科学和技术交互的活跃位置，对科学与技术的桥接作用显著。

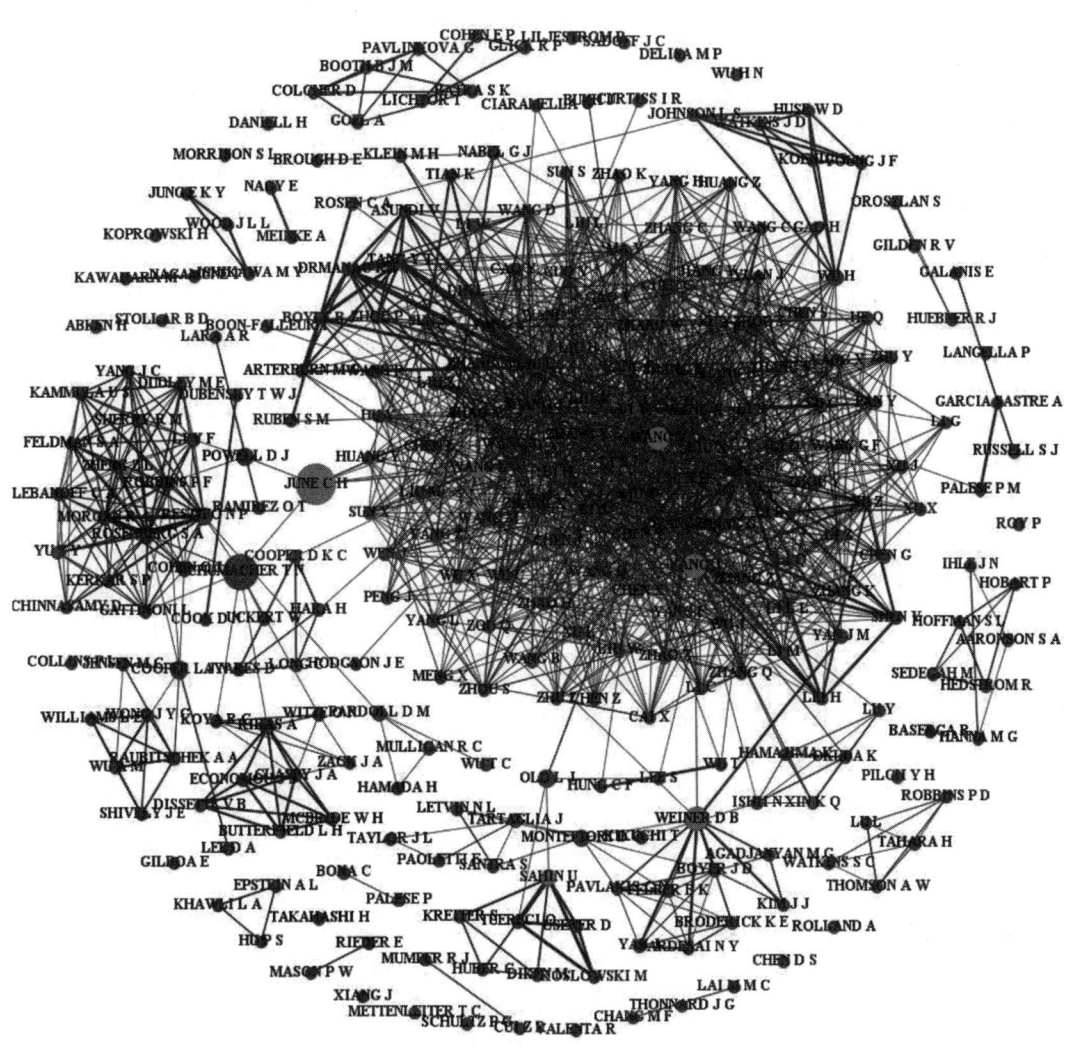

图4　作者-发明人混合网络图

进一步对这类研究人员的研究内容进行解读发现：

① Weiner D B 的相关论文和专利中的研究内容有交叉之处，如：在论文和专利中都有针对流感、HIV(艾滋病)、HPV(人乳头状瘤病毒)的疫苗以及有关刺激免疫应答的研究。在这些内容存在交叉的研究中，不一定专利先于论文，也有论文先于专利进行研究的情况。科学研究与技术研究呈现一种双向流动的状态。如：与流感疫苗相关的研究中，专利先于论文。Weiner D B 在 2008 年即申请了用于产生针对流感病毒的哺乳动物免疫应答的疫苗的 DNA 质粒。随后，在 2015 年发表了能对小鼠的致死性流感提供保护的新型合成质粒。在与 HIV 疫苗的相关研究中，论文先于专利。Weiner D B 在 2006 年即发表了新型工程化 HIV-1 包膜 Gp140 DNA 疫苗构建体的免疫原性测试的学术论文成果。在 2007 年，申请了第一项与 HIV 疫苗相关的专利。

② June C H 的相关论文与专利大多是关于抵抗癌症和白血病等疾病的疫苗的制备。癌症和白血病属于世界五大疾病，是医学史上的难题。June C H 从 1998—2016 年不间断地做了相关研究。从这个角度来看，对于较为复杂、难以一时解决的难题，往往会在科学发展和技术发展两种视角下并行发展，并不是一种单向发展的态势，只有综合两者，才会让难题有解决的可能性。其中，June C H 在 2016 年的论文中提出一项有关癌症治疗的细胞免疫疗法，在该项研究中，改造的 CART 细胞旨在靶向一个特异性非常高的靶点——一个 MUC1 蛋白上的 Tn 糖肽，很多肿瘤细胞中都会表达该肿瘤抗原[39]。这篇论文在 Web of Science 上是一篇高被引论文，经过梳理后发现，June C H 的 31.25% 的论文都是高被引论文。在专利部分，June C H 多是研究编码嵌合抗原受体的新分离的核酸序列，即进行 CART 细胞治疗的改造，这与学术论文研究方向相辅相成。

③ Sahin U 的论文和专利主要是关于癌症的预防、诊断与治疗的相关组合物。其论文中有一项有关纳米微粒的个性化疫苗在专利部分前期已经做了相关研究，奠定了一定的基础。同 June C H 一样，Sahin U 的研究方向主要也是关于癌症的治疗与预防。不同于 June C H 治疗癌症的方法，Sahin U 学术论文中主要是研究对抗癌症的 RNA 疫苗。在所有的学术论文中，"Personalized RNA Mutanome Vaccines Mobilize Poly-specific Therapeutic Immunity Against Cancer"这篇论文是高被引论文同时也是热点论文。这篇论文主要是引入了个性化突变疫苗的概念，并实施了基于 RNA 的多新表位方法，以刺激免疫对抗一系列癌症。Sahin U 的专利同学术论文的研究内容也相同，大多是针对 RNA 疫苗的设计开展研究。科学研究与技术研究相辅相成。

④ Wang L 的论文与专利的主题内容较为丰富。其中主要的研究主题有：动物：新城疫、狂犬病、猪疫苗、鸡疫苗、鸡传染性支气管炎、口蹄疫、猪呼吸综合征病毒；人类：抗癌、HIV 的预防、乙肝、过敏性鼻炎和疟疾等，其中专利数远多于论文数。有关癌症的学术论文只有一篇，主要是关于利用无毒病毒纳米纤维来提高抗 P53 抗体的抵御癌症的能力。有关 HIV 的学术论文也仅有一篇，主要是关于将 gpi 锚定的工程细胞因子作为分子佐剂纳入，增强 HIV vlp 的免疫原性。Wang L 中有关艾滋病疫苗的专利只有一项，即通过将 HIV 病毒的 Nef、Env 整合到载体病毒内来制备 HIV 疫苗。当这类疫苗进入人体内后，会产生较强的免疫反应，从而达到治疗艾滋病的效果。而有关癌症治疗的专利较多，主要包括：a. 利用单克隆抗体(mAb)结合并中和人碱性成纤维细胞生长因子(FGF)来治疗癌

症。b. 编码嵌合抗原受体的新分离的核酸序列，用于刺激哺乳动物中基质细胞群的 T 细胞介导的免疫应答。从以上可以看出，与 HIV 治疗或者癌症治疗相关的学术论文和专利的思路大不相同，同时，Wang L 不同于 Sahin U，没有出现高被引或者热点论文。

⑤Wang Y 的专利主题十分丰富，且数量远远超过论文数量。同 Wang L 研究人员的研究主题一样，在专利中同样可以分为：动物：有关猪、鸡、犬类等疾病的疫苗；人类：主要是抗肿瘤和乙肝疫苗。接下来将主要对乙肝疫苗和肿瘤这两大疾病的治疗方法进行探析。从论文来看，仅有一篇有关乙肝疫苗的论文，主要是利用 il-15 质粒提高 CD8T 细胞的寿命，以此来抵御乙肝病毒。从专利来看，主要有以下几类治疗方式：a. 用于治疗乙型肝炎的 DNA 疫苗包含携带乙型肝炎抗原基因的 DNA 疫苗质粒。b. 使用黏膜免疫疫苗来对抗乙肝病毒。Wang Y 有关癌症的学术论文和专利文献数量都多于乙肝治疗相关的文献。其中有关癌症治疗的学术论文主要是新型肿瘤抗原 RNAi 靶向 cml66 以抑制 hela 细胞的增殖、侵袭和转移。有关癌症治疗的专利文献主要是编码新的嵌合抗原受体来抵御癌症。

⑥Yang J 的专利主题十分丰富，且数量远远超过论文数量。该研究人员的科学论文和发明专利均涉及以下主题：抗癌和避孕疫苗。这两大主题也相去甚远。其中抗癌的治疗方法专利中主要是通过给予黄病毒或瘟病毒衣壳蛋白和核酸诱导细胞凋亡，论文中则是阐述利用 Her2 特异性嵌合抗原受体修饰 T 细胞进行肿瘤治疗。而有关避孕疫苗，在专利中主要是制备了包含特异性真核表达质粒和壳聚糖的雄性 DNA 避孕疫苗。论文中则是编码 DNA 质粒来丰富小鼠的半胱氨酸-1（mcrisp1)用于避孕疫苗的免疫原性研究。

从以上科学-技术交互主题内容解读来看，研究内容为当今人类世界共同的难题，如艾滋、癌症、流感等，这类具备双重身份的科学工作者在混合网络中的位置基本位于作者合作和发明人合作的"桥梁"位置，如 Weiner D B、June C H 和 Sahin U。这三位科学工作者在作者合作网络图和发明人合作网络图中的中介中心性虽然不弱，但均没有在混合合作图中强。而 Yang J、Wang Y 和 Wang L 等研究内容较为丰富的科学工作者则大多更专注于专利方面的研究，其中介中心性大多还是来自于发明人合作网络的贡献。从这一点上来看，Weiner D B、June C H 和 Sahin U 的高中介中心性是基于作者合作和发明人合作的累积效果得来，从另一方面说明了这三位科学工作者在科学和技术交互过程中发挥的作用更强。结合这三者的研究主题，可以发现 HIV、HPV、癌症和白血病这类较难攻克的研究问题是在科学技术交互丰富的领域出现的。

5. 结论

科学与技术关联主题是科技创新主题中的重要类型，是高技术领域的主要来源，因此对该类主题的识别具有重要意义。本文与以往的科技关联主题识别的视角大不相同，主要以重要发明人和重要作者分别作为"技术"和"科学"的载体，通过对这类科研工作者的研究内容进行解读来识别领域科技关联主题。科技关联主题往往是重要的科技创新主题。因此，实现了从"人"的视角出发，驱动重要科技创新主题的更精准的识别。

从重要作者的研究主题和重要发明人的专利申请主题来看，两个主题集合存在较大程度的交叉：即都关注一直尚未解决的科学难题，如癌症的治疗、HIV 治疗、HPV 疫苗的制备等。其中，癌症和 HIV 属于世界五大绝症，HPV 疫苗在近年来一直受到国内外关注。从这类主题来看，当一项科研难题处于一定科研价值高度之后，科学论文和专利文献两大科技成果集合中均会体现。

从作者-发明人混合合作网络图来看：既是作者又是发明人的科学工作者的研究主题都是当今世界亟须解决的科学难题。其中在科学-技术交互中承担重要中介作用的双重身份科学工作者的研究主题更是聚焦在了癌症、HIV、HPV 白血病和流感等困扰人类多年的难题上。这也从侧面说明，一项较难突破的科学难题，往往需要科学知识和技术知识的双向流动，在各个方面进行累积，在未来才可能取得长足的进步。这类主题在科学和技术之间已经存在一定的交互，可能未来会有所突破。

另一方面，通过直接对双重身份的科学工作者进行追踪，例如访谈和社交媒体的关注，可以及时了解其研究动向，挖掘到隐性知识之间可能存在的关联，拓宽知识研究的范围和视野，对未来的科学知识和技术知识追踪起到一定作用。

本文在数据处理方面仍存在作者和研究人员身份的唯一标识上准确度的问题，因此，难以保证所有研究人员的成果均得到充分分析。尽管研究过程中已经建立了按照专利权人去对人名进行区分的选项，但是效果仍然未能达到完全匹配。未来，随着文献计量数据元数据的开放和人名规范的更加完善，这一问题也会得到相应解决。

◎ 参考文献

[1] 苏杭. 隐性知识在图书馆知识服务中的策略研究[J]. 医学信息，2018，31(20)：14-16.

[2] Bassecoulard E, Zitt M. Patents and Publications[M]//Handbook of Quantitative Science and Technology Research. Dordrecht：Springer，2004：665-694.

[3] 白春礼. 加速科技成果转化 推动科技供给侧改革[J]. 新重庆，2017(4)：12-14.

[4] 张柏春. 对"李约瑟之问"的再思考——张柏春研究员访谈[J]. 中国科学院院刊，2017，32(12)：1397-1400.

[5] D E 司托克斯. 基础科学与技术创新：巴斯德象限[M]. 周春彦，谷春立，译. 北京：科学出版社，1999.

[6] 刘则渊，陈悦. 新巴斯德象限：高科技政策的新范式[J]. 管理学报，2007，4(3)：346.

[7] 麻省理工科技评论. MIT 科技评论万字长文 追踪有史以来影响世界的颠覆性技术[Z]. 2017.

[8] Mccalman P. Reaping What You Sow：An Empirical Analysis of International Patent Harmonization[J]. Papers，1999，55(1)：161-186.

[9] Kwon S, Porter A, Youtie J. Navigating the Innovation Trajectories of Technology by Combining Specialization Score Analyses for Publications and Patents：Graphene and Nano-enabled Drug Delivery[J]. Scientometrics，2016，106(3)：1057-1071.

[10] Tijssen R J W. Is the Commercialisation of Scientific Research Affecting the Production of

Public Knowledge? Global Trends in the Output of Corporate Research Articles [J]. Research Policy, 2004, 33(5): 709-733.

[11] Jaffe A B, Fogarty M S, Banks B A. Evidence from Patents and Patent Citations on the Impact of NASA and Other Federal Labs on Commercial Innovation [J]. The Journal of Industrial Economics, 1998, 46(2): 183-205.

[12] Schmookler J. The Interpretation of Patent Statistics [J]. Journal of the Patent Office Society Patent Office Society, 1950, 32(2): 123

[13] Schmookler J. The Utility of Patent Statistics [J]. Journal of the Patent Office Society Patent Office Society, 1953, 34(6): 407-412.

[14] Kostoff R N, Schaller R R. Science and Technology Roadmaps [J]. Engineering Management IEEE Transactions on, 2001, 48(2): 132-143.

[15] Van Looy B, Magerman T, Debackere K. Developing Technology in the Vicinity of Science: An Examination of the Relationship Between Science Intensity (of Patents) and Technological Productivity within the Field of Biotechnology [J]. Scientometrics, 2007, 70(2): 441-458.

[16] Bhattacharya S, Kretschmer H, Meyer M. Characterizing Intellectual Spaces between Science and Technology [J]. Scientometrics, 2003, 58(2): 369-390.

[17] Verbeek A, Debackere K, Luwel M, et al. Linking Science to Technology: Using Bibliographic References in Patents to Build Linkage Schemes [J]. Scientometrics, 2002, 54(3): 399-420.

[18] Narin F, Noma E. Is Technology Becoming Science? [J]. Scientometrics, 1985, 7(3-6): 369-381.

[19] Schmoch U. Tracing the Knowledge Transfer from Science to Technology as Reflected in Patent Indicators [J]. Scientometrics, 1993, 26(1): 193-211.

[20] 王建芳. 基于计量的科技知识演化关系分析方法研究[D]. 北京: 中国科学院文献情报中心, 2007.

[21] Glänzel W, Meyer M. Patents Cited in the Scientific Literature: An Exploratory Study of "Reverse" Citation Relations [J]. Scientometrics, 2003, 58(2): 415-428.

[22] Meyer M, Debackere K. Can Applied Science be "Good Science"? Exploring the Relationship between Patent Citations and Citation Impact in Nanoscience [M]. New York: Springer, 2010.

[23] Gao J P, Ding K, Teng L, et al. Hybrid Documents Co-citation Analysis: Making Sense of the Interaction between Science and Technology in Technology Diffusion [J]. Scientometrics, 2012, 93(2): 459-471.

[24] Huang M H, Yang H W, Chen D Z. Increasing Science and Technology Linkage in Fuel Cells: A Cross Citation Analysis of Papers and Patents [J]. Journal of Informetrics, 2015, 9(2): 237-249.

[25] Bassecoulard E, Zitt M. Patents and Publications [M]. Netherlands: Springer, 2004.

[26] 赖院根, 曾建勋. 期刊论文与专利文献的整合框架研究[J]. 图书情报工作, 2010, 54(4): 109-112.

[27] Wang G, Guan J. Measuring Science-technology Interactions Using Patent Citations and Author-inventor Links: An Exploration Analysis from Chinese Nanotechnology[J]. Journal of Nanoparticle Research, 2011, 13(12): 6245-6262.

[28] 张俊. 科学与技术的关联性研究——基于学术型发明人的视角[D]. 南京: 南京农业大学, 2014.

[29] Guan J, He Y. Patent-bibliometric Analysis on the Chinese Science — Technology Linkages[J]. Scientometrics, 2007, 72(3): 403-425.

[30] Huang M H, Chen S H, Lin C Y, et al. Exploring Temporal Relationships between Scientific and Technical Fronts: A Case of Biotechnology Field[J]. Scientometrics, 2014, 98(2): 1085-1100.

[31] Gardner P L. The Representation of Science-technology Relationships in Canadian Physics Textbooks[J]. International Journal of Science Education, 1999, 21(3): 329-347.

[32] 刘小玲, 谭宗颖, 张超星. 国内外"科学-技术关系"研究方法述评——聚焦文献计量方法[J]. 图书情报工作, 2015(13): 142-148.

[33] 刘萍. 基于异构社会网络的知识社区挖掘及学者相似度研究[M]. 北京: 科学出版社, 2016.

[34] 唐艳林, 宋桂才, 梁文昌. 畜禽基因工程疫苗的研究进展及应用前景[J]. 吉林畜牧兽医, 2005(12): 18-20.

[35] Clements C J, Wesselingh S L. Vaccine Presentations and Delivery Technologies—What does the Future Hold?[J]. Expert Review of Vaccines, 2005, 4(3): 281-287.

[36] Home-The Vantage Point[EB/OL]. [2017-06-20]. https://www.thevantagepoint.com.

[37] 陈泽锋, 白丽. 抗肿瘤多肽类药物的来源及其机制的研究进展[J]. 免疫学杂志, 2018, 34(12): 93-98.

[38] 张卫东, 蒋礼先, 蔡立刚. 基因工程呼吸道合胞病毒(△NS1 RSV)在治疗癌症药物中的用途[P]. 2013-10-02.

[39] Posey Jr A D, Schwab R D, Boesteanu A C, et al. Engineered CAR T Cells Targeting the Cancer-associated Tn-Glycoform of the Membrane Mucin MUC1 Control Adenocarcinoma[J]. Immunity, 2016, 44(6): 1444-1454.

(作者贡献说明: 罗瑞: 负责数据分析、论文撰写与修改; 许海云: 指导论文的组织、撰写并指导修改; 刘自强: 提出修改意见。)